本书由“核科学与技术”湖南省国内一流建设学科资助

反应堆核嬗变技术

于 涛 谢金森 曾文杰 刘紫静 编著

中国原子能出版社

图书在版编目（CIP）数据

反应堆核嬗变技术 / 于涛，谢金森，曾文杰等编著.
—北京：中国原子能出版社，2019.11
ISBN 978-7-5221-0273-3

Ⅰ.①反… Ⅱ.①于…②谢…③曾… Ⅲ.①反应堆–嬗变–研究 Ⅳ.①TL92

中国版本图书馆 CIP 数据核字（2019）第 276900 号

内 容 简 介

为了让读者了解和理解反应堆嬗变技术，本书重点论述反应堆嬗变的基本原理、主要技术及相关的研究成果。本书分为 8 章，第 1 章阐述核能发展概况以及核能可持续发展面临的挑战，提出本书撰写的背景；第 2 章简述了“一次通过”及“闭式循环”方案的特点，先进燃料循环技术，引出分离-嬗变策略；第 3 章讲述了嬗变对象的产生与毒性，嬗变的概念，核嬗变中子学理论，嬗变核素与中子能谱和中子通量密度的关系；第 4 到第 8 章依次分别详细阐述了压水堆嬗变、快堆嬗变、ADS 概念及其嬗变、熔盐堆嬗变以及聚变裂变混合堆嬗变技术。

反应堆核嬗变技术

出版发行 中国原子能出版社（北京市海淀区阜成路 43 号 100048）
策划编辑 韩 霞
责任编辑 韩 霞
装帧设计 赵 杰
责任校对 冯莲凤
责任印制 潘玉玲
印　　刷 北京画中画印刷有限公司
经　　销 全国新华书店
开　　本 787 mm×1092 mm 1/16
印　　张 14.25　　**字　　数** 330 千字
版　　次 2019 年 11 月第 1 版 2019 年 11 月第 1 次印刷
书　　号 ISBN 978-7-5221-0273-3　　**定　　价** **80.00** 元

发行电话：010-68452845

总　序

南华大学创建于 1958 年，是一所因我国核工业事业需要而创办的高校，也是我国最早成立核科学技术学院的学校之一。在国家核工业事业的各个时期，南华大学始终坚守在核工业阵地，坚持为核工业人才培养不断档，坚持核科学研究不断线，坚持为核工业服务初心不改变，坚持“举核旗、做核事、育核人”的使命担当，为我国核工业系统输送了大量高级专门人才，是我国重要的核科学与技术科学研究与社会服务基地之一。

南华大学现有核工程与核技术、辐射防护与核安全、核化工与核燃料工程和核物理四个核类本科专业，拥有“核科学与技术”一级学科硕士、博士学位授权点和博士后科研流动站。“核科学与技术”学科是湖南省国内一流建设学科，在反应堆工程、辐射防护与核安全、核技术及应用等领域形成了自己鲜明的发展特色和优势。

为进一步促进我国核科学与技术事业的发展，南华大学系统梳理在核科学与技术学科积累的知识和经验，总结国内外核科学与技术的最新研究成果，在“双一流”建设学科的支持下，组织撰写了“核科学与技术”一流建设学科科学丛书，拟出版 11 本著作，其中包括本次首批出版的《反应堆核嬗变技术》《ADS 次临界堆物理谐波展开方法》《小型铅基快堆热工流体特性研究》和《蒙特卡罗中子输运模拟加速方法》，其他著作将陆续出版发行。

南华大学邀请了清华大学、西安交通大学、上海交通大学、华北电力大学、中国核动力研究设计院和中国原子能科学研究院等单位的专家对丛书进行审稿，专家们对书中的内容充分认可，提出了一些宝贵的修改建议和补充意见。我相信该系列科技丛书的出版对推动我国核科学与技术学科的人才培养与科学研究具有重要意义，我非常高兴将此系列丛书推荐给我国从事核科学与技术工作的科研工作者以及高校相关专业的教师和学生。

同时，对以于涛教授为带头人的学科队伍长期坚持核科学领域研究所取得的成果而深感欣慰，希望他们能够继续努力，早日实现习总书记所提出的：**为我国高等教育事业繁荣发展，为实现“两个一百年”奋斗目标，实现中华民族伟大复兴的中国梦作出新的更大贡献。**

于俊崇

前　言

目前，共有 15 GW 的核容量开始供电，核能发电提供了超过 2 500 TW • h 的电力，满足了全球需求的 10.5%，仅次于水电，是第二大低碳能源。核电安全性与经济性不断提升，已经成为世界能源供给的重要战略保障。国际原子能机构（IAEA）、世界核协会（WNA）、经合组织（OECD）和国际能源署（IEA）等世界各重要能源机构对核电发展作出分析预测，全球核电将继续增长。

实现核能的可持续发展需要解决核资源可持续利用、乏燃料安全处置等重要问题。一座标准的 1 000 MWe 轻水堆，每年卸出约 23 t 乏燃料，其中含有大量未用完的可增殖材料 U 和新生成的易裂变材料 Pu 外，还有 ^{99}Tc，^{131}I 等长寿命裂变产物（long lived fission products，LLFP）和 ^{237}Np、^{241}Am、^{243}Am、^{244}Cm 和 ^{245}Cm 等次锕系核素（minor actinides，MA）。乏燃料中 U、Pu 等核燃料需要进一步的回取充分利用，而 LLFP 和 MA 半衰期长、放射毒性大，长期放射性危害对人类赖以生存的生态环境构成了威胁。

世界核能界在开展“先进核燃料循环”体系研究，以期充分利用铀资源，减少核废物，确保核不扩散。分离 – 嬗变（Partitioning and Transmutation，P&T)技术是“先进核燃料循环”的重要组成部分。分离 – 嬗变技术首先将长寿命 MA 和 LLFP 从高放核废物中分离出来，然后再进行嬗变，使其变为稳定或短寿命的核素。分离 – 嬗变可以大幅度减少高放废物中次锕系核素和长寿命裂变产物的含量，降低高放废物的长期毒性和长期危害，减少深地质处置的高放废物量，降低公众对高放废物地质处置长期安全性和长远风险性的忧虑。

广义而言，嬗变就是指核素通过核反应转换成别的核素的过程。核废物的嬗变是指中子与核素发生核反应，将一些长寿命的核素（包括 MA 和 LLFP 等）通过核反应转化成稳定的或短寿命的核素。决定嬗变的因素是中子通量密度和核反应有效截面，嬗变系统要求有高的中子通量密度和较大的核反应有效截面。MA 的嬗变途径主要有 3 条：一是利用加速器驱动的次临界装置较多的富余中子和特有的次临界安全特性，进行嬗变；二是快中子诱发的阈裂变反应；三是高通量密度热中子照射，促使 MA 嬗变过程朝有利方向进行。因此，热中子堆、快中子堆、加速器驱动堆和聚变裂变混合堆都可用于嬗变，国内外主要采用热堆、快堆、加速器驱动洁净核能系统（Accelerator Driven System，ADS）技术开展 MA 嬗变研究。LLFP 的嬗变是通过热中子及超热中子的俘获反应，将其变为短寿命或稳定核素，其技术途径主要有热堆直接嬗变、快堆中布置慢化靶件嬗变等。

为了让读者更好地了解和理解反应堆嬗变技术，本书重点论述反应堆嬗变的基本原理、主要技术及相关的研究成果。本书分为 8 章，第 1 章阐述了核能发展概况以及核能可持续发展面临的挑战，提出本书撰写的背景；第 2 章简述了“一次通过”及“闭式循环”方案的特点，先进燃料循环技术，引出分离 – 嬗变策略；第 3 章讲述了嬗变对象的产生与毒性，嬗变的概念，核嬗变中子学理论，嬗变核素与中子能谱和中子通量密度的关系；第 4 章详细阐述了压水堆嬗变不同的原理方法，分析了以 AP1000 为代表的常规压水堆嬗变研究、惰性基质燃料联合快中子源区（FNZ－CONFU）嬗变研究和高通量超热中子堆嬗变研究；第 5 章介绍了快堆嬗变的原理，嬗变燃料与快堆嬗变特性研究；第 6 章阐述了 ADS 的概念，ADS 的仿真和嬗变实验研究，并对我国加速器驱动次临界堆实验研究装置（CIADS）进行了介绍；第 7 章阐述了熔盐堆嬗变的原理、基于熔盐堆所开展的 TRU 嬗变技术；第 8 章简要介绍了聚变裂变混合堆嬗变技术等方面的内容。本书力求进行较完整与系统的论述。

本书相关的研究成果来自第一作者所主持完成的国家自然科学基金“惰性基质联合快中子源区嬗变 MA 技术（FNZ－CONFU）新方法中子学问题研究（91126018）”和“加速器束流瞬变 ADS 次临界堆中子动力学时空演化特性与响应机理研究（11575079）”项目、主持完成的核反应堆系统与设计国家重点实验室开放基金“TRU 及 ThU 燃料溶盐堆特性及概念方案研究”项目、参与中国原子能科学研究院主持的“加速器驱动洁净核能系统（国家 973 计划）”项目以及其他项目。

本书还主要参考了史永谦、朱庆福教授编著的《加速器驱动次临界反应堆物理学》，周培德教授主编的《快堆嬗变技术》，同时也参考了截至本书收稿时的相关期刊文献，部分文献部分按原文进行了引用，以保持原作的风格；还使用了谢金森、曾文杰、武祥、陈昊威、贾晓淳、赵文博等课题组的博、硕士论文相关的研究内容。

本书受到了“核科学与技术”湖南省国内一流建设学科的资助，在本书的撰写过程中南华大学核科学技术学院院长赵立宏、书记颜桂花、副院长赵修良以及南华大学核科学技术学院全体教职工给予了支持与关心。

本书编写组成员包括于涛、谢金森、曾文杰、刘紫静、赵鹏程、陈珍平、谢超等。本书在撰写过程中力求做到基础性、系统性、完整性。由于著者的学识水平有限，书中还存在认识不足、阐述不妥之处，参考文献的引用可能标注不全，还有不少的优秀文章特别是近期发表的最新论文未能收录，在此表示诚挚的歉意，敬请读者与同行批评指正。

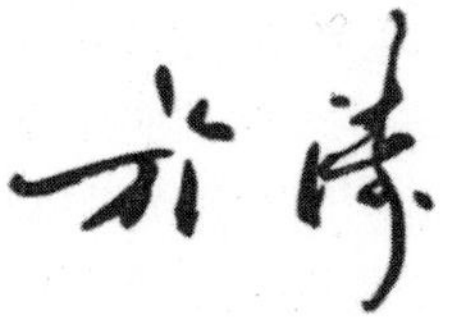

二〇一九年十一月

目 录

第 1 章

核能发展概述

2018 年，全球经济增长速度约为 3.2%，一次能源消费增长 2.9%，是 2010 年以来的最高增速，预计 2014—2035 年全球能源需求将增长 33%。2018 年，核电同比增长 3.3%，共有 15 GW 的核容量开始供电，核能发电提供了超过 2 500 TW • h 的电力，满足了全球需求的 10.5%，仅次于水电，是第二大低碳能源[1]。

政府间气候变化专门委员会预测到 2050 年，要实现全球变暖幅度低于 1.5 ℃的目标，可再生能源必须提供约 77%的电力，核电平均增加约 2.5 倍[2]。世界核协会预测，核电在 2050 年之前必须提供至少 25%的电力，成为清洁可靠的低碳混合能源的一部分。核电作为解决电力行业脱碳方案的重要组成部分，为保护人类和地球免受空气污染和气候变化的危害做出了重要贡献，成为最具成本效益的低碳选择之一。

1.1 世界核能发展概况

2018 年，全球有 9 台机组建成并网，7 座永久关闭，5 台新机组开工建设。截至 2018 年年底，全球在运机组 450 台，总装机容量 39 641.3 万 kW，分布在 30 个国家或地区（见表 1-1）。全球核电机组共有 17 880 堆 • 年的运行经验。1997—2018 年世界核电发电总量变化情况见图 1-1。

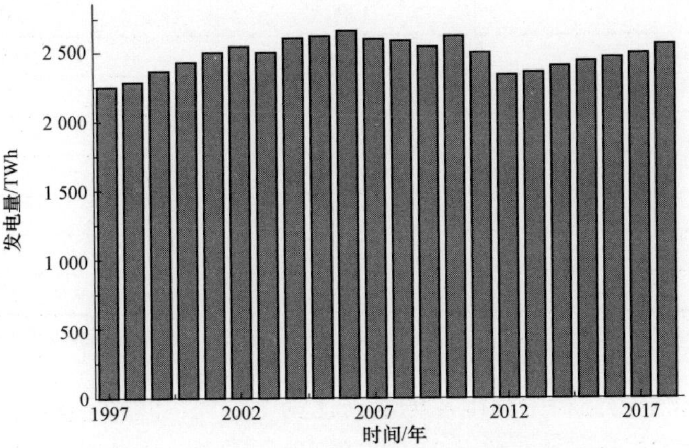

图 1-1　1997—2018 年世界核电发电量情况

注：数据来自于 IAEA。

表 1-1 世界各国和地区在运核电机组情况

国家/地区	反应堆数量	净装机容量/MWe	2018 年核发电量/（TW·h）
美国	98	99 061	808
法国	58	63 130	384
日本	42	39 752	17.5
中国	38	33 384	210.5
中国台湾	5	4 448	—
俄罗斯	35	26 111	179.7
韩国	24	22 501	154.2
加拿大	19	13 554	97.4
乌克兰	15	13 107	81
德国	8	10 799	80.1
英国	15	8 918	65.1
瑞典	8	8 629	60.6
西班牙	7	7 121	56.1
印度	22	6 240	35
比利时	7	5 913	41.3
捷克	6	3 930	22.7
瑞士	5	3 333	20.3
芬兰	4	2 764	22.3
保加利亚	2	1 926	15.8
匈牙利	4	1 889	15.2
巴西	2	1 884	15.9
南非	2	1 860	15.2
斯洛伐克	4	1 814	13.7
阿根廷	3	1 632	7.7
墨西哥	2	1 552	10.3
巴基斯坦	5	1 320	5.1
罗马尼亚	2	1 300	10.4
伊朗	1	915	5.9
斯洛文尼亚	1	688	5.4
荷兰	1	482	3.8
亚美尼亚	1	375	2.2
全球总计	448	391 744	2 490

注：数据来自 IAEA，反应堆数量和净装机容量统计截至 2018 年年底，核发电量为 2018 年数据。

2018 年，全球电力结构中核电发电量占比为 10.3%。世界各国电力结构中，核发电占比超过 10%的有 20 个国家，超过 25%的有 13 个国家，超过 50%的有 4 个国家。截至 2018 年年底，世界在建核电机组 55 台，总装机容量 5 664.3 万 kW，分布在 18 个国家或地区，其中阿联酋、白俄罗斯、孟加拉国是首次建设核电站的国家。在建反应堆大部分为压水堆，数量占到85%。

根据世界各重要能源机构对核电发展的分析预测，全球核电将继续增长。国际原子能机构分高发展和低发展两种情景对核电进行了预测，认为在高发展的情景下，全球核电在2050年装机容量将达到87 100万kW，比当前增长123%。世界核协会预计，到2050年世界核电装机容量将达到 100 000 万 kW，比当前增长 163.85%。经合组织核能署（OECD－NEA）和国际能源署联合预测，到2050年世界核电将达到93 000万kW，比当前增长146.22%。国际能源署预计，到2030年世界核电装机容量将达到54 300万kW，比当前增长43.76%，到2040年装机容量将达到62 400万kW，比当前增长65.21%。美国能源信息署（EIA）预计，到2040年核电装机将达到55 700万kW，比当前增长45.64%。世界重要能源机构对全球核电装机容量的预测见图1-2。

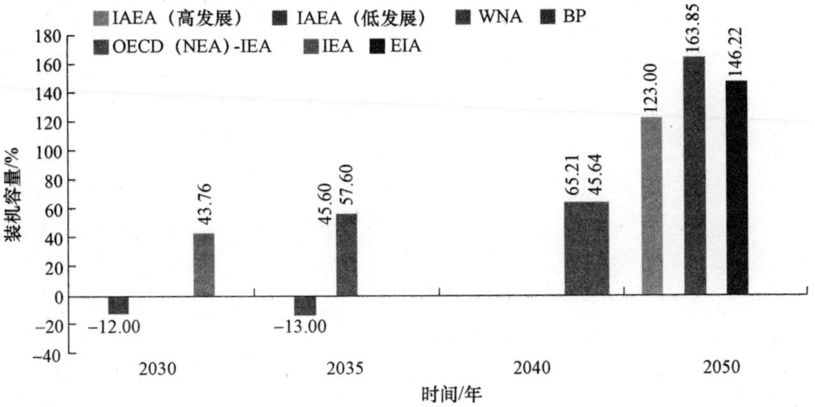

图1-2 世界重要能源机构对全球核电装机容量的预测

1.2 核电安全性与经济性不断提升

目前全世界在运的核电站，绝大部分属于第二代核电站，其运行业绩良好，负荷因子高，技术成熟可靠，具有较好的安全性和经济性。世界在建核电机组以三代核电技术为主，数量占比约为60%。与二代核电相比，第三代核电对核电安全性、经济性的要求更高，发生严重事故的概率进一步降低，机组的设计寿命进一步延长。第三代核电主要技术要求如下：

燃料热工安全裕量：≥15%；

堆芯融化概率：＜1.0×10^{-5}/堆·年；

大量放射性释放概率：＜1.0×10^{-6}/堆·年；

失水事故：6 in以下破口，燃料不损坏；

设计寿命：60年；

换料周期：18～24个月；

机组可利用率：≥87%；

工作人员辐射剂量：＜100 人 • rem/a；

建设周期（从浇灌第一罐混凝土至商业运行）：1 300 MWe 机组为 54 个月，600 MWe 机组为 42 个月。

典型的第三代核电技术包括：美国西屋电气公司（WH）开发的非能动先进压水堆 AP600、AP1000；美国通用电气公司（GE）开发的先进沸水堆 ABWR；法国 AREVA 开发的欧洲压水堆 EPR；我国中核集团与中广核集团联合开发的华龙一号，国电投集团开发的 CAP1400；俄罗斯的 VVER－1200；韩国的 APR－1400；日本的 APWR 等。

与二代核电相比，第三代核电对核电安全性、经济性的要求更高，发生严重事故的概率进一步降低，机组的设计寿命进一步延长。

在严重事故概率方面，三代机组的反应堆堆芯融化概率从原先二代核电要求的小于 1.0×10^{-4}/堆 • 年降低到小于 1.0×10^{-5}/堆 • 年，大量放射性释放概率从原来的小于 1.0×10^{-5}/堆 • 年降低到了小于 1.0×10^{-6}/堆 • 年。

在设计寿命上，三代机组在二代基础上增加了 20 年，对一些关键设备材料的性能要求进一步提高。例如反应堆压力容器锻件尺寸加大，对锻件抗击性能的要求进一步提高；反应堆一回路的主管道由过去的铸件改为锻件等。

在核废料方面，要求进一步减少核废料的产生量，寻找更佳的核废料处理方案，减少对人员和环境的剂量影响。

在经济性方面，要求进一步降低单位千瓦造价，缩短建设周期，提高机组热效率和可利用率。

1.3 核能可持续发展面临的挑战

目前，核能的可持续发展还面临着核资源可持续利用、核反应堆高效与安全性以及核废料的处理处置等问题[4-6]。

1.3.1 核资源的可持续利用

按照现有以水堆为主要的堆型，以 ^{235}U 为主要燃料的核燃料循环方式，具有可开采价值的铀资源将在数十年内耗尽。因此，为了实现核能的可持续发展，必须加大铀、钍资源的利用。

（1）铀燃料的利用

天然铀中只有 0.7%的 ^{235}U 被利用，如不采取措施，把天然铀中的 ^{238}U 利用起来，会出现铀产量不足以供反应堆维持运行的局面，在这种情况下采用铀钚循环是十分必要的[3]。

从核电厂卸出的乏燃料中含有一定数量的钚同位素（^{239}Pu、^{241}Pu），它由 ^{238}U 吸收中子后转变而成。一座 100 万千瓦级的压水堆核电厂，每年能产生约 250 kg 钚，其中易裂变即（^{239}Pu 和 ^{241}Pu）占 70%左右。将这类钚制成铀钚混合氧化物燃料——MOX 燃料，在轻水反应堆中再循环使用，可大幅提高铀燃料的利用率。快中子增殖堆以 ^{239}Pu 为燃料，并装载 ^{238}U，在堆中所装 ^{238}U 转化成为 ^{239}Pu 的量大于烧掉的 ^{239}Pu 的量，将占天然铀 99%以上的 ^{238}U 也利用起来。采用快堆的高能谱中子使 ^{238}U 和快中子复合反应并衰变产生 ^{239}Np，再经过衰变生成 ^{239}Pu，通过放射化学分离出 Pu 形成完整的铀钚循环，可使铀钚循环的核燃料增殖约 60 倍。

（2）钍资源的利用[7-9]

钍资源的利用具有以下优点：

1）由于 ^{232}Th 的热中子俘获截面大约为 ^{238}U 的 3 倍，在相同条件下，^{232}Th 转换为 ^{233}U 的转换率比 ^{238}U 转换为 ^{239}Pu 的转换率要高。同时，由于在热中子反应堆中 ^{233}U 裂变产生的次级中子数比 ^{235}U 和 ^{239}Pu 都多，故中子经济性也较好。因此，钍铀燃料循环在热中子反应堆中有可能实现核燃料自持或近增殖。

2）与铀钚燃料循环比较，钍铀燃料循环产生较少的次锕系核素。MA 是具有高毒性和长寿命的放射性核素，钍基反应堆中积累的 MA 毒性低于铀基反应堆累积的 MA 毒性。

3）ThO_2 作为核燃料芯块，具有较好的化学和辐照稳定性、较高的热导率、较低的热膨胀系数以及耐高温性能（熔点 3 350 ℃），在反应堆内可允许更高的燃料芯块温度和更深的燃耗。

4）钍基燃料对各种堆型的适应性较好，研究表明，钍基燃料可在现有的各种热堆中使用，无需对现有反应堆的燃料组件和堆芯几何尺寸及相应的结构材料等做重大改变。

5）调查表明钍资源的蕴藏量大约为天然铀储藏量的 3～4 倍，是一种较为丰富的资源。

1.3.2 核能的高效性与安全性

目前，世界上绝大多数反应堆是第二代反应堆。然而，随着科技的进步，二代堆的经济性与安全性已逐渐落后于时代的要求，业主从高效性与安全性出发，对新一代反应堆提出了更高的设计目标。

2000 年 1 月，在美国能源部的倡议下，美国、法国、日本、英国等核电发达国家组建了“第四代核能国际论坛”（Generation IV International Forum，GIF），从经济性、安全性和可靠性、可持续性方面，共同合作研究开发第四代核能系统（Generation IV System），提出了 6 种四代堆候选堆型见表 1-2。

第四代核能系统具体技术目标主要是：

可持续性：满足清洁空气目标以及提高系统长期可用率和全世界能源生产的有效燃料利用；最大限度地减少核废物和管理核废物以及减少长期管理工作；

安全性和可靠性：有很高的安全性和可靠性，在安全、可靠运行方面将明显优于其他核能系统；堆芯损坏的可能性和损坏程度非常低，即使损坏，程度也很轻；消除对场外应急响应的需要；

经济性：提供优于其他能源的寿期成本；提供可与其他能源项目相比较的财政风险水平；

防扩散能力和实物保护：加强实物保护，以防止犯罪分子转移或盗窃武器可用材料，以及防范恐怖袭击。

表 1-2 第四代先进核能系统候选堆型

第 4 代核电站	缩写	中子能谱	燃料循环
钠冷快堆系统（Sodium Cooled Fast Reactor System）	SFR	快	闭式
铅合金冷却快堆系统（Lead Alloy－Cooled Fast Reactor System）	LFR	快	闭式
气冷快堆系统（Gas－Cooled Fast Reactor System）	GFR	快	闭式
超高温堆系统（Very High Temperature Reactor System）	VHTR	热	一次
超临界水冷堆系统（Supercritical Water Cooled Reactor System）	SCWR	热和快	一次/闭式
熔盐堆系统（Molten Salt Reactor System）	MSR	热	闭式

1.3.3 乏燃料的处理处置

（1）乏燃料的产生

乏燃料（spent fuel）是指在核反应堆中，辐照达到计划卸料的比燃耗后从堆中卸出，且不再在该堆中使用的核燃料。乏燃料并不是烧尽的废燃料，乏燃料中含有许多有价值的物质：一定量的未裂变和新生成的易裂变核素，如 ^{235}U、^{239}Pu、^{233}U；大量的未用完的可转换核素，^{238}U、^{232}Th 以及在辐照过程中产生的超铀元素，如：^{237}Np 等；核裂变产生的裂片元素，^{90}Sr、^{137}Cs、^{99}Te 等。以一座百万千瓦的轻水反应堆为例进行估算，每年卸出的乏燃料中包括可循环利用的 ^{235}U 和 ^{238}U 约 23.75 t，钚约 200 kg，中短寿命的裂变产物约 1 t，次锕系核素（镎、镅、锔等）约 20 kg，长寿命裂变产物约 30 kg。随着我国核电站装机容量的快速增长，核废料的累积量将快速增加。如果 2030 年核电装机容量达到 8 000～10 000 万 kW，届时乏燃料累积存量将达到 2 万～2.5 万 t，其中所含 Pu 约 160～200 t，MA 约 16～20 t，LLFP 约 24～30 t。乏燃料特别是其中的长寿命高放射性核废料的安全处理处置将成为影响核能可持续发展的瓶颈问题之一。

（2）乏燃料处理现状简介[6]

国际上现有“开环”和“闭式”两种核燃料循环模式。在开环模式中，乏燃料在经冷却和封装后即被深埋于地层深处，因此也被称为“一次通过”模式。这种模式相对费用较低，但由于需要在地质层中长期存放，其环境风险无法预期和有效控制，同时浪费核燃料和其他同位素等资源。闭式循环则是将核乏料通过后处理分离出其中的铀和钚并再次制成核燃料使用，对 MA 和 LLFP 则进行地质深埋处置。这种模式在提高核资源利用效率的同时，还可大幅减少高放射性核废料的处置量。瑞典、加拿大、西班牙和美国等国家采取“一次通过”的方式。中国、法国、英国、俄罗斯、日本等国家开展闭式循环，发展后处理技术、混合氧化铀钚（MOX）燃料等技术。

（3）发展乏燃料后处理的必要性[10-15]

1）提高核资源利用率。理论上轻水堆核电站运行只消耗了天然铀资源的 0.6%左右。

从核电站中卸出的乏燃料中含 95%的铀（^{235}U 和 ^{238}U）和 1%的钚，如果经过后处理，其中的 ^{235}U 可重新制成燃料在压水堆循环使用，可提高铀资源利用率约 30%；如果以乏燃料中的 ^{238}U 作为资源，将其中的钚和 ^{238}U 用于制造快堆燃料，并实现快堆循环，铀的利用率则可提高几十倍。

2）高放废物安全管理。对乏燃料进行后处理后，96%的铀、钚材料回收再利用，约 4%的高放射性废物通过玻璃固化技术，转为具有良好的化学稳定性、热稳定性和机械稳定性的玻璃固化体，则处置安全监管时间与直接处置乏燃料相比，可从 10 万 a 以上减少到万年内。

如果再通过发展先进乏燃料后处理技术，进一步分离出乏燃料中的核素并经快堆或加速器对其进行嬗变，长寿命放射性物质被处理成短寿命物质或稳定物质，放射性废物处置的安全监管时间可减少至数百年。不同乏燃料处理处置方式的放射性毒性比较如图 1-3[16]所示。

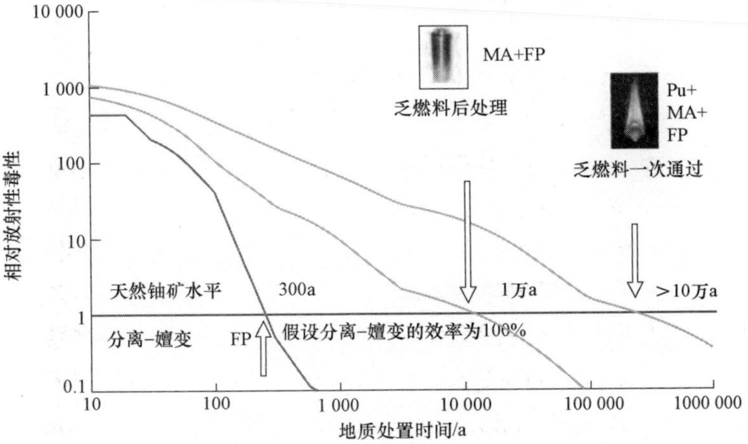

图 1-3　不同乏燃料处理处置方式的放射性毒性比较

1.4　小　结

核能的和平利用是 20 世纪人类在能源领域的重大活动。核电作为一种安全、低碳、可大规模利用的能源，在优化能源结构、保障能源安全、减排、促进经济可持续发展等方面的作用得到广泛认可，同时，随着科技的不断进步，核能的安全性和经济性不断提升。目前核能发展还受到核资源利用、核反应堆高效与安全性以及核废料的处理处置等问题的制约，世界各国在不断提高在运、在建核电机组安全性、经济性和先进性的同时，在小型模块化反应堆、第四代核能系统、加速器驱动洁净核能系统（ADS）、先进的后处理系统等方面不断加大投入力度，为引领未来核电技术和市场竞争的制高点而加强合作攻关，以确保未来核能的可持续发展。

参考文献

[1] IAEA. Reactor Status Reports [EB/OL]. [2019-05-05]. http://pris.iaea.org/PRIS/WorldStatistics/OperationalReactorsByCountry.aspx.

[2] IPCC. Global Warming of 1.5 ℃ [R]. IPCC，2019.

[3] 张所续，马伯永. 世界能源发展趋势与我国能源未来发展方向 [J/OL]. 我国国土资源经济：1-12 [2019-07-30]. https://doi.org/10.19676/j.cnki.1672-6995.0000285.

[4] 于涛，谢金森，刘紫静，等. 基于惰性基质燃料 PWR 嬗变技术研究 [J]. 中国核电，2017，10（2）：178-187.

[5] 于涛. 加速器驱动次临界（ADS）系统束流瞬变动态响应的微机仿真研究 [D]. 北京：中国原子能科学研究院，2005.

[6] Mixture Oxide Fuel. Nuclear Issues Briefing Paper 42，UIC，Australia 2006，5.

[7] 我国科学院学部. 钍的核能利用研究 [J]. 院士与学部，2007，22（4）：303-305.

[8] 赵文博. 熔盐堆 TRU 嬗变与 Th-U 增殖特性研究 [D]. 南华大学硕士学位论文，2017.

[9] 于涛，谢金森，赵文博，等. TRU 燃料热谱 MSR 定期换料及嬗变特性数值研究 [J]. 核动力工程，2018（3）：18-22.

[10] 于涛. 加速器驱动次临界（ADS）系统束流瞬变动态响应的微机仿真研究 [D]. 北京：中国原子能科学研究院，2005.

[11] 于涛，李吉根，凌球，等. ADS 加速器束流瞬变分析程序开发 [J]. 核动力工程，2007，2：124-127.

[12] 骆鹏，王思成，胡正国，等. 加速器驱动次临界系统——先进核燃料循环的选择 [J]. 物理，2016，45（9）：569-577.

[13] 詹文龙，徐瑚珊. 未来先进核裂变能——ADS 嬗变系统 [J]. 我国科学院院，2012，27（3）：375-381.

[14] 卢炜煌. 世界乏燃料后处理现状与分析 [J]. 江西化工，2018（6）：10-12.

[15] 孙学智，罗朝晖. 全球乏燃料后处理现状与分析 [J]. 核安全，2016，15（2）：13-16.

[16] 张琦. 关于加快发展核电站乏燃料后处理的建议 [J]. 我国能源，2019，41（1）：44-47.

第 2 章

乏燃料处理与分离-嬗变技术

目前国际上处置核废物存在两种燃料循环路线，一是“一次通过”循环路线（Once through Cycle，OT），即将从核电站中卸载出来的乏燃料经过储存、固化后直接进行地质掩埋处置；二是“闭式循环”路线（Reprocessing Fuel Cycle，RFC），即将乏燃料经过分离处理，将其中的 U、Pu 等核素回收，再次加工成核燃料（MOX）进行重复利用，将分离出来的长寿命高放射性经玻璃固化等处理后进行地质掩埋处置。两种燃料循环路线如图 2-1 所示[1]。

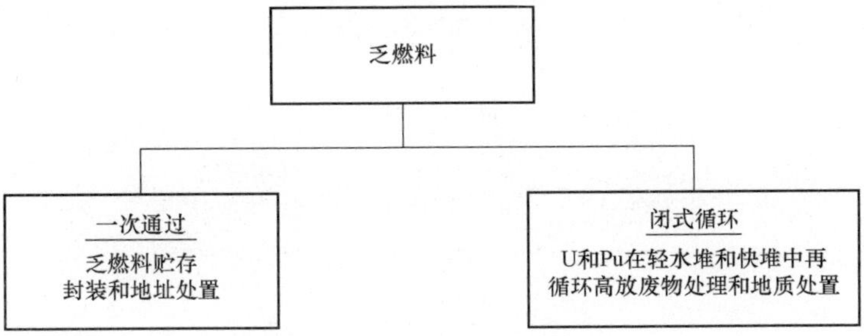

图 2-1　乏燃料循环路线图

2.1 “一次通过”及“闭式循环”方案

2.1.1 “一次通过”方案简介

一次通过循环方案也叫直接处置方案（Direct disposal of SNF route）。一次通过循环方案（即一次通过式利用策略）是指乏燃料经过冷却、临时存储之后直接被处理与处置，不再对其乏燃料进行循环利用，其循环流程如图 2-2 所示[2]。目前大部分国家的反应堆都采用这种循环方案。该方案的优点是流程简单、无核扩散危险、风险小等；它的主要不足之处在于铀资源利用率低、核废物毒性和量大、后处理厂负担重等。

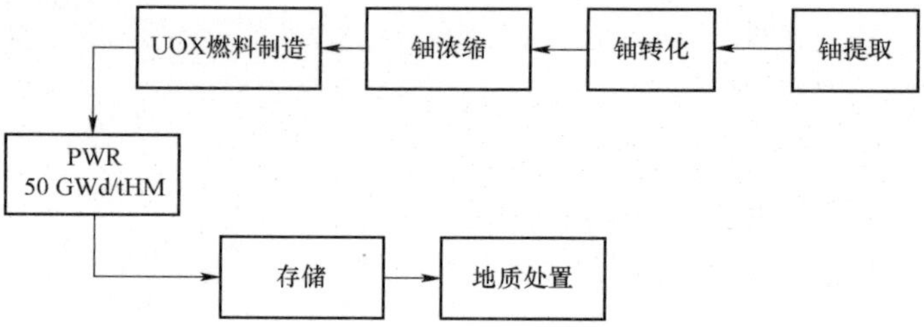

图 2-2　一次通过式循环流程图

一次通过循环方案由 7 个循环单元组成：① 铀的勘探和采矿：任何循环方案都需要铀，而且它是核燃料循环的第一步，一台反应堆一年约需要 200 t 天然铀。② 铀的转化：在这个过程铀被氟化，用于提纯。③ 铀的浓缩：铀存在多种同位素如 ^{235}U、^{238}U，在热堆中中子主要和 ^{235}U 作用，使 ^{235}U 发生裂变。天然铀中 ^{235}U 的含量仅仅为 7‰，而核燃料要求其含量为 3%～5%，所以必须对天然铀进行浓缩。④ 燃料制造：铀以其氧化物形式被制成燃料棒，然后送入反应堆辐照。⑤ 冷却：乏燃料从反应堆中卸出后要在冷却池中冷却一段时间（一般为 5～7 a）。⑥ 临时存储：冷却完成后再将其转移到临时存储厂。⑦ 地质深埋。总之，该方案乏燃料作为废物不再循环利用，具体的循环流程见图 2-3[2]。

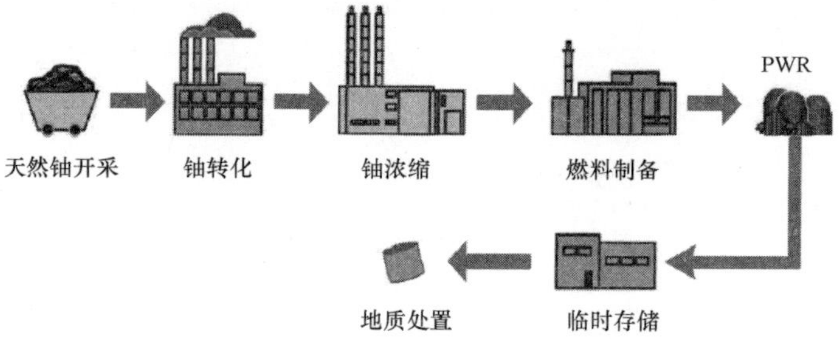

图 2-3　一次通过式循环示意图

2.1.2 “一次通过”方案的问题

“一次通过”循环路线中将核电厂卸下的乏燃料元件存放在储存池中一段时间冷却，然后作为高放废物（HLW），选择稳定的地质岩层，采取多重屏蔽，直接进行深地层埋藏[3]。核燃料“一次通过”循环是最为简单的循环方案，在铀价较低的情况下较为经济，也有利于防核扩散。但该方案存在如下问题：

（1）铀资源利用不充分

“一次通过”循环方式的铀资源利用率约为 0.6%，而乏燃料中约占 96%的 U 和 Pu 被当做废物进行直接处置，造成严重的铀资源浪费。地球上已查明的常规铀资源约为 4.74×10^6 t，待查明的常规铀资源约为 1.0×10^7 t。据 IAEA 的预测，2050 年全世界核电装机容量将从目前的 370 GWe 提高到 1 500 GWe（中值）[4]，这意味着，如果采用一次通过循环方式，地球上的常规铀资源仅能使用 60～70 年，无法满足世界核能可持续发展的需要。

（2）废物体积大

将乏燃料中的废物（裂变产物和次锕系元素）与大量有用的资源（铀、钚等）一起直接处置，将大大增加需要地质处置废物体积。按照全世界目前的核电站乏燃料卸出量（约 1 万吨/年）估算，“一次通过”循环方式需要全世界每六七年就建造一座规模相当于美国尤卡山库的地质处置库。

（3）环境安全威胁大

由于乏燃料中包含了所有的放射性核素，其长期放射性毒性很高，要在处置过程中衰变到天然铀矿的放射性水平，将需要 10^5 a 以上，如此漫长的时间尺度带来诸多不可预见的不确定因素。所以，“一次通过”方式对环境安全的长期威胁极大。

图 2-4 是一次通过的 PWR 核电厂发电 1 GW • a 所产生乏燃料的放射性食入危害（Ingesting Hazard），即食入危害指数（Ingesting Hazard Index）随时间的衰减曲线。图 2-4 中的间断线是 PWR 核电厂发电 1 GW • a 所消耗的原始铀矿石（当量铀矿石）的放射性食入危害。图 2-4 中只显示了总锕系核素（包括铀和钚）和少数几个长寿命裂变产物核素的衰减曲线。由图 2-4 可知，500 a 内以 ^{90}Sr 和 ^{137}Cs 的毒性为主，由于它们的半衰期均为 30 a 左右，所以在 1 000 a 内基本上衰减掉，裂变产物中长期危害主要是 ^{99}Tc 和 ^{129}I 以及锕系核素的毒性影响，因为这些核素极易受地下水侵蚀和浸出并迁移扩散到生物圈。综上所述，“一次通过”燃料循环路线是不符合核能可持续发展战略的。

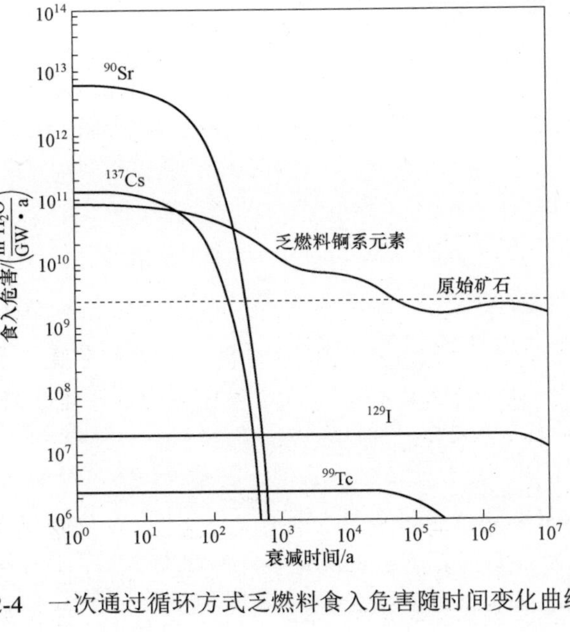

图 2-4　一次通过循环方式乏燃料食入危害随时间变化曲线

2.2 “闭式”循环方案

闭式循环包括从反应堆中卸出的乏燃料中间储存、乏燃料后处理、回收燃料（Pu 和 U）再循环、放射性废物处理与最终处置。回收燃料可以在热中子堆（热堆）中循环，也可以在快中子堆（快堆）中循环。如图 2-5 所示，图中左侧表示热堆（主要是轻水堆，light water reactor，LWR）闭式循环，右侧表示快堆（fast reactor，FR）或加速器驱动次临界系统（accelerator driven sub－critical system，ADS）闭式循环[5]。

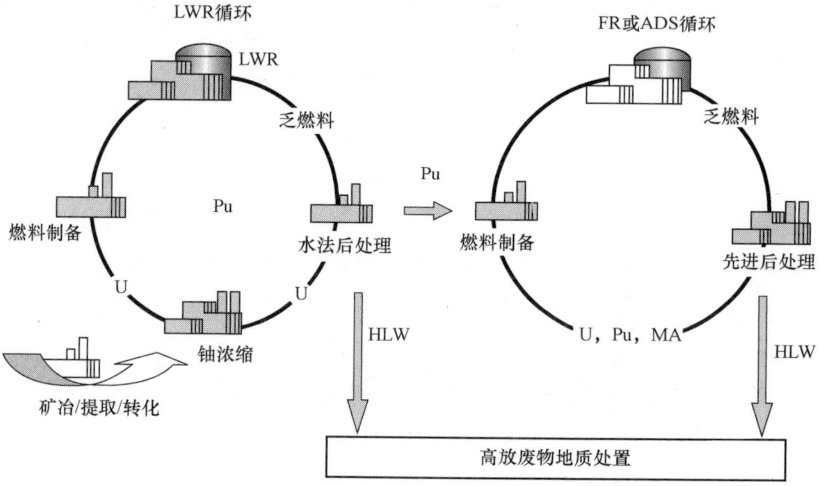

图 2-5 热堆闭式循环与快堆闭式循环示意图

2.2.1 热堆闭式核燃料循环

热堆闭式核燃料循环方案也称为 U、Pu 循环方案和二次通过循环方案（Twice—through fuel cycle，TTC）（TTC 方案）。除了 UOX 燃料，反应堆也可以装载 MOX 燃料。MOX 燃料由 Pu 的氧化物（PuO_2）与贫铀（或者天然铀）的氧化物（UO_2）混合制成。UO_2 乏燃料经短暂的冷却之后被送往回收工厂，对铀和钚进行提取和回收（通常 UO_2 乏燃料中 U 的质量分数为 99%）。该方案不对次锕系元素（Minor Actinides，MA）进行回收，它和裂变产物一起被送往临时存储库，最终被地质深埋。回收得到的钚将被制成 MOX 燃料，送往反应堆重新用于发电。这一循环方案如图 2-6 所示。

热堆电站乏燃料中大约含有 96%的 U、1%的 Pu、3%的 FP 与 MA。经后处理得到的分离钚与贫化铀（或后处理回收铀）混合，制成 MOX（mixed oxide of uranium and plutonium）燃料。MOX 燃料中钚含量一般为 7%～9%（燃耗为 33 GWd/tHM 时，钚中易裂变核 ^{239}Pu 与 ^{241}Pu 的含量分别为 58%和 14%左右），其使用效果相当于 ^{235}U 富集度为 4.5%的 UO_2 燃料。钚在热堆中循环一次可以使铀资源的利用率提高约 14%，同时还可以节省铀浓缩所需的部分分离功。如果分离出的 U 也回到热堆中循环，铀资源的利用率还能提高约 15%。

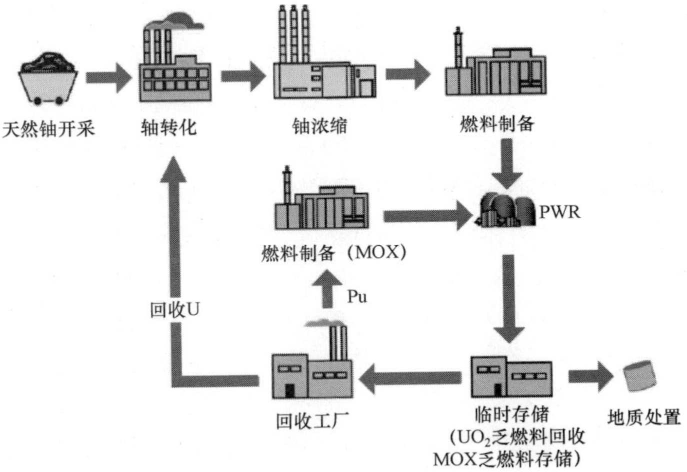

图 2-6　热堆闭式核燃料循环方案示意图

热堆乏燃料后处理/再循环的另一贡献是显著减少需要地质处置的高放废物的体积及其放射性毒性。法国 COGEMA 公司 UP3 后处理厂的运行经验表明，后处理产生的需要地质处置的所有长寿命废物体积低于 0.5 m^3/tHM（其中高放玻璃废物 0.15 m^3/tHM，中放 α 废物低于 0.35 m^3/tHM），而乏燃料直接处置的体积为 2 m^3/tHM。因此，后处理产生的需要地质处置的高放废物体积为乏燃料直接处置体积的 1/4。此外，后处理分离钚在热堆中循环一次后的放射性毒性为乏燃料的 1/3～1/5。

热堆闭式循环的局限性主要是两个方面：① 铀资源的利用率问题；② 高放废物的减容问题。

（1）铀资源的利用率问题

如前所述，钚在热堆中循环对铀资源利用率的提高相当有限（约 14%）。随着燃耗的加深和钚的再循环，将产生如下问题[6]：

1）乏燃料中主要的易裂变成分 ^{239}Pu 的含量将逐步降低。例如当 UO_2 燃料的燃耗从 33 GWd/tHM 提高到 60 GWd/tHM，^{239}Pu 的含量将从 58%降至 44%；MOX 乏燃料中 ^{239}Pu 的含量低于 40%。

2）乏燃料中 ^{238}P 和 ^{240}Pu 的含量随燃耗的加深而提高。当燃耗达到 60 GWd/tHM 时，^{238}P 和 ^{240}Pu 的含量分别高达 3.5%和 27%，前者是一种高释热核素（释热率为 0.5 W/g），后者发射自发裂变中子的截面很大。

3）MOX 乏燃料中 ^{241}Pu 的含量高达 18%以上，尽管其裂变性能优于 ^{239}Pu，但其半衰期只有 4.3 a，乏燃料储存 10～20 a 后，^{241}Pu 将损失一半以上。后处理分离钚如不能及时地再循环，则 ^{241}Pu 的衰变子体 ^{241}Am（能量为 59.6 keV 的 γ 发射体）γ 辐射剂量的增加会给燃料制造带来困难（需要屏蔽）。

此外，热堆中的中子俘获等反应导致可观量的高毒性 MA 的积累（1 GWe 热堆电站每年产生 16 kgNp、5 kgAm、1.7 kgCm）[7]。

至于后处理回收铀（堆后铀）的再循环，由于其中的 ^{232}U 的衰变子体为强 γ 发射体（尤其是 ^{208}Tl 的 γ 能量达 2.6 MeV），使得堆后铀的转化与浓缩需要屏蔽；^{236}U 是一种中子毒物，使得铀浓缩需要的丰度需要提高 10%。所以，国外仅再循环了少部分堆后铀（不到 25×10^4 t），大部分堆后铀作为战略资源储存，供今后快堆增殖使用。

综上所述，热堆燃料循环仅能使铀资源的利用率提高 20%～30%，循环过程又受到许多限制，故其对核能可持续发展的贡献是相当有限的。

（2）高放废物减容问题

如前所述，后处理产生的需要地质处置的高放废物体积为乏燃料直接处置体积的 1/4，减容系数并不高，仍然需要比较频繁地建造地质处置库。而且，后处理高放废液中含有所有的次锕系元素和长寿命裂变产物，若将其玻璃固化产物进行地质处置，则其长期放射性危害依然存在，其放射毒性降至天然铀矿水平，仍然需要 10 a 以上。

2.2.2 快堆闭式核燃料循环

热堆闭式循环是指从热堆乏燃料中提取钚和铀制成 MOX 燃料进入热堆再循环；快堆闭式循环是指从热堆和快堆乏燃料中提取钚和铀制成 MOX 燃料或合金燃料进入快堆再循环[8]。

快堆闭式循环体系的发展主要取决于以下几个因素：① 快堆通常用钚作为裂变材料，钚元素的积累量是快堆闭式循环发展的前提；② 快堆技术的成熟性、经济性是快堆闭式循环的关键；③ 与快堆燃料循环相关的技术环节，包括热堆乏燃料后处理、快堆燃料制备、快堆乏燃料后处理等，是快堆闭式循环的基础。如图 2-7 所示。

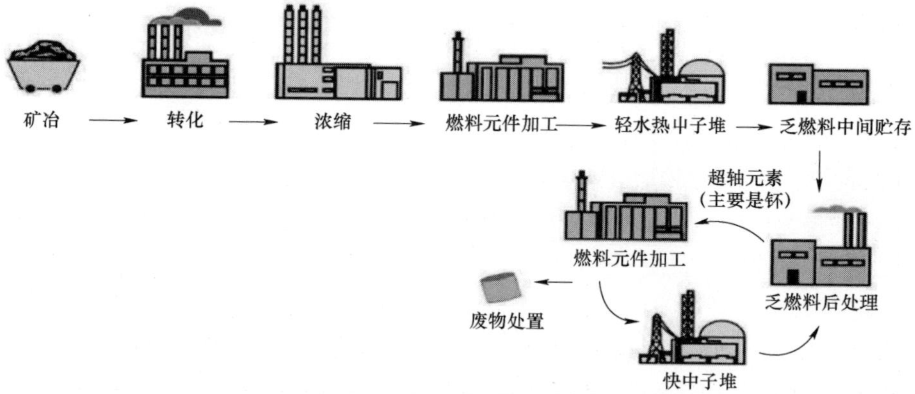

图 2-7　快堆闭式核燃料循环示意图

在铀资源利用方面，核燃料在热堆中“一次通过”的利用率约为 0.6%；热堆闭式循环仅能使铀资源的利用率提高 20%～30%；而采用增殖快堆闭式循环可使铀资源的利用率提高约 100 倍，从而使地球上已探明的经济可开采的铀资源使用几千年；在核废物最小化方面，热堆闭式循环后，理论可降低 90%，而快堆闭式循环还可以通过次锕系元素嬗变，使长期放射性毒性降低两个数量级以上[9]。

在快中子谱条件下（包括快中子临界堆和次临界堆 ADS），所有锕系核素都具有一定程度的裂变性能。所以，快堆不仅可以焚烧 Pu 的各种同位素，而且可以嬗变 MA。LLFP 的嬗变依赖于热中子俘获反应，在快堆包裹层中建立热中子区即可实现 LLFP（如 ^{99}Tc 和 ^{129}I）的嬗变。由此可见，通过快堆核燃料闭式循环（包括分离–嬗变），不仅可以充分利用铀资源，实现铀资源利用的最优化，还能最大限度地减少高放核废物的体积及其放射性毒性，实现核废物的最少化。

目前国际上快堆闭式循环虽未达到商用水平，但核能发达国家都将其作为能源战略的重要备选方案开展了大量的基础研究工作，积累了不少经验[8]（见表 2-1）。

表 2-1　世界主要核能国家快堆闭式循环技术能力对比

	中国	法国	印度	日本	俄罗斯	美国
钚积累	少（满足需求）	多	少	多	多	多
快堆技术	实验堆	商业堆	示范堆	示范堆	商业堆	实验堆
热堆乏燃料后处理	中试	商用	商用	商用	商用	商用
快堆乏燃料后处理	实验	实验	实验	实验	中试	中试
快堆燃料生产	MOX 燃料试验	掌握 MOX 燃料技术	MOX 燃料验证	掌握 MOX 燃料技术	MOX 燃料验证	掌握合金燃料技术

初步计算表明，经过 12～18 次循环周期（后处理—MOX 燃料制造—快堆运行），铀资源的利用率可以从 0.6%提高到 60%。由此可见，发展快堆闭式循环系统能够充分利用铀资源，实现废物最小化，是核能大规模可持续发展的重要方向之一。

2.2.3　快堆、热堆混合闭式循环方案

快堆、热堆混合闭式循环方案（Mixed LWR＋FR fuel cycle，FRC）也叫（Pu＋MA）完全再循环方案（FRC 方案）。FRC 方案后端的基本流程：

1）UOX 被反应堆辐照后，冷却一段时间送往热堆乏燃料回收厂进行回收、后处理。一方面经回收得到的铀重新制成 UOX 燃料，进入下一循环；超铀元素（Transuranic，TRU）被制成快堆燃料送往快堆辐照；另一方面分离出来的裂变产物直接经封装、固化后地质处置。

2）从快堆卸出的乏燃料经快堆乏燃料回收工厂处理，分离出超铀元素和铀，将其制成快堆燃料，进入下一循环。如此循环往复，最终将快堆乏燃料和热堆乏燃料分离剩下的裂变产物送往地质处置库。

FRC 循环方案需要热堆循环和快堆循环相结合才能实现，它的主要优点有：① 真正地实现了资源的有效利用；② 对长寿命核素进行了嬗变，大大减小了核废物的毒性和产量；③ 可实现核能的可持续发展。不足之处：① 需要快堆的参与；② 对回收技术的要求；③ 过程复杂；④ 经济性等。随着快堆和回收技术的发展以及对核燃料可持续发展的要求，该方案是值得进一步研究的核燃料循环方案，其循环流程简图如图 2-8 所示[2]。

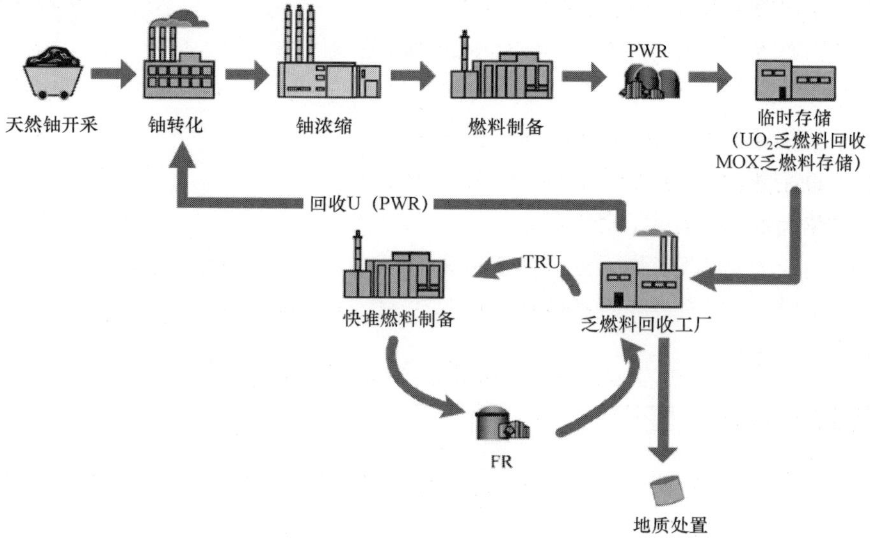

图 2-8　快堆、压水堆混合闭式循环方案

2.3　先进燃料循环

对反应堆乏燃料进行处理，将回收的铀、钚进行再循环，并将后处理形成的高放废液（HLW）中的所有锕系核素（Pu、Np、Am、Cm）和某些长寿命裂变产物（LLFP）送回核电站、专用的反应堆或者加速器驱动的系统（ADS），以大大降低其辐射毒性，这种循环方式称为先进核燃料循环（AFC）。

2.3.1　先进燃料循环的目标

根据美国能源部（DOE）的一项长期研发和示范计划 AFCI 的战略设想，未来的先进核燃料循环应该减少环境负荷，增加防核扩散能力，改进核燃料资源利用，此外计划发展的技术还应该强调安全和经济竞争能力。具体来说，体现在以下几个方面：

1）通过更有效处置核废物减少核能的环境影响；

2）通过改进乏燃料管理技术，增加核燃料循环的防核扩散能力；

3）通过提取乏燃料和贫化铀中的可回收能量来加强能源安全，确保铀资源不会成为核电发展的限制因素；

4）改进燃料循环管理，使整个燃料循环系统继续保持经济竞争能力和出色的安全特性。

按照美国能源部先进核燃料循环计划的设想，将未来核燃料循环的发展划分为以下几个阶段[10]。

随着乏燃料后处理和燃料制造设施的引入，大约在 2025 年开始实施有限的再循环，即在 LWR 和 ALWR 中消耗超铀。实现从被直接地质处置的乏燃料中移除 99.5%以上的超铀元素，并启动超铀元素在现有反应堆的再循环。改进乏燃料中裂变产物（Cs，Sr）的主要衰变热管理，减少其对地质处置的影响。

大约在 2040 年，建成商业规模快堆，这些快堆既可以单独按超铀元素嬗变堆模式运行，又可以按增殖与嬗变混合堆的模式运行。随着第一批第四代快堆的引入而开始过渡再循环，即在热堆和快堆组成的核能园区中消耗超铀。

最后，在大约 2100 年，当快堆在核能园区中占高百分比时，将燃料循环转变为可持续的再循环。可持续的再循环不仅可在生产能量的同时消耗超铀，而且可以利用天然铀、贫化铀和再循环铀，生产新燃料。通过再循环乏燃料和贫铀中的铀，提高核燃料资源，确保其可翻 50 倍。

2.3.2 先进燃料循环概念

“一次通过”方式的核废物长期放射性风险如图 2-9 曲线 1 所示。后处理所产生的高放废液（HLLW）经玻璃固化后进行地质处置。由于玻璃固化废物中含有所有的次锕系元素（MA）和裂变产物（FP），其长期放射性危害依然存在（如图 2-9 曲线 2 所示）。如果将 MA 和 LLFP 从 HLLW 中分离出来，则所制得的玻璃固化废物存放 10^3 a 左右后，其放射性毒性即可降至天然铀矿水平。如果将分离出的 MA 和 LLFP 通过嬗变使之转变成短寿命或稳定核素，则核能生产对环境可能造成的放射性危害可减到很低的程度（图 2-9 曲线 3）。同时，嬗变过程中所释放的能量也可以利用，从而进一步提高铀资源的利用率。“后处理核燃料循环”可以回收其中部分铀、钚等核素进行再循环利用，相对于“一次性通过”的处理方法，在一定程度上提高的铀、杯等资源的利用率，但其对高放废物的处置方式仍然采用地质掩埋的处置方法，因此依然存在长期的潜在放射性隐患[11]。

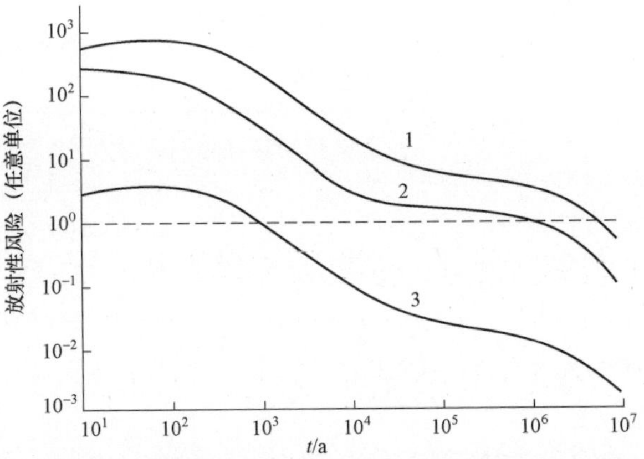

图 2-9 不同燃料循环方式下核废物长期放射性风险

1—乏燃料直接处置；2—回收 99.5%铀和钚；3—回收 99.5%锕系核素

“先进燃料循环”体系是对现有核能生产及其燃料循环体系的进一步发展，它是现有的热堆核燃料循环与将来的快堆或加速器驱动系统（accelerator driven system，ADS）燃料循环的结合。随着快堆和 ADS 燃料循环的逐步引入，今后的先进后处理技术将同时处理热堆和快堆乏燃料以及嬗变靶件，实现 U、Pu 的闭路循环和次锕系元素（MA）的嬗变。

与现有的燃料循环体系相比，先进燃料循环体系应具有更高的铀资源利用率、更好的核能生产经济性、更佳的环境安全性以及更强的防核扩散能力。

“先进燃料循环”可以通过下述途径实现：① 运行现有的热堆核电厂及其相关的燃料循环设施（包括后处理），实现 U 和 Pu 的再循环；② 从乏燃料中除了分离 U 和 Pu 外，进一步分离出 MA 和 LLFP，将其制成燃料或靶件，利用快堆或 ADS 进行嬗变。日本将这种燃料循环方式称为“双重燃料循环”(double strata fuel cycle)。图 2-10 表示“先进核燃料循环”体系的概念[11]。由图 2-10 可见，分离–嬗变是“先进燃料循环”体系的重要组成部分[12]。

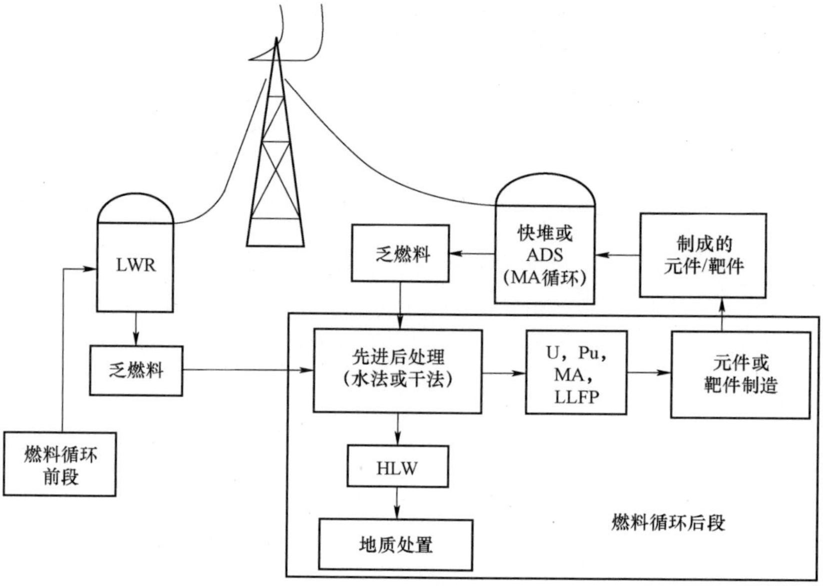

图 2-10　先进燃料循环体系流程图

2.4　分离–嬗变（P&T）技术

2.4.1　分离–嬗变（P&T）技术概述

在 20 世纪 60 年代美国的 M.Steinberg 首先提出了分离–嬗变（Partitioning and Transmutation，P&T）概念，即采用具有一定能量的中子与长寿命高放废物中的核素进行反应，使其转变为没有危害或危害较小的核素，由于当时对锕系元素分离技术不够先进，P&T 降低长期风险的评价结果没有达到要求，在 20 世纪 80 年代初该研究中断，随着分离技术的发展，分离–嬗变研究在 20 世纪 90 年代初又得到重视。

MA 和 LLFP 的分离–嬗变方案是对“后处理燃料循环”体系的延伸，在此基础上，将形成“先进燃料循环”（Advanced Fuel Cycle，AFC）体系。它首先将核电站中卸载出来的乏燃料进行分离处理，将分离出来的对环境危害小的低放射性废物经过一段时间的储存后进行地质掩埋处理；将分离出来的铀、钚等核素进行重新循环利用；将分离出来的高放射性核素进行嬗变处理，将其转化成稳定核素或低放射性核素后再进行地质处置，并利用嬗变过程中放出的能量。分离－嬗变的燃料循环过程如图 2-11 所示[1]。这种路线可以从根本上解决长寿命核废物的潜在危害性问题，从而消除核电发展的一大瓶颈问题。图 2-12 为乏燃料中分离 MA 和 LLFP 后，不同的嬗变率下的乏燃料放射性毒性[13]。

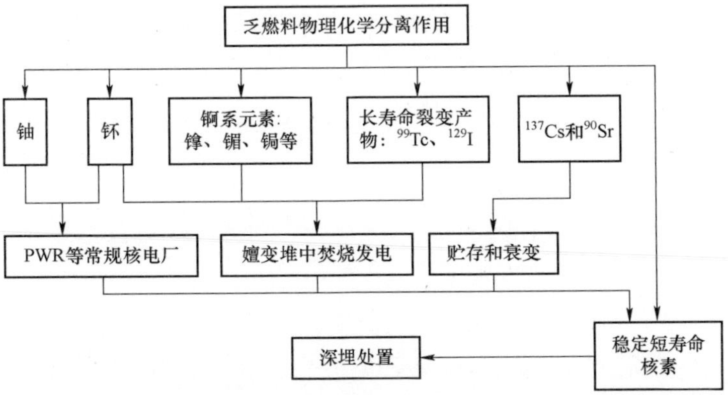

图 2-11　分离-嬗变的燃料循环过程

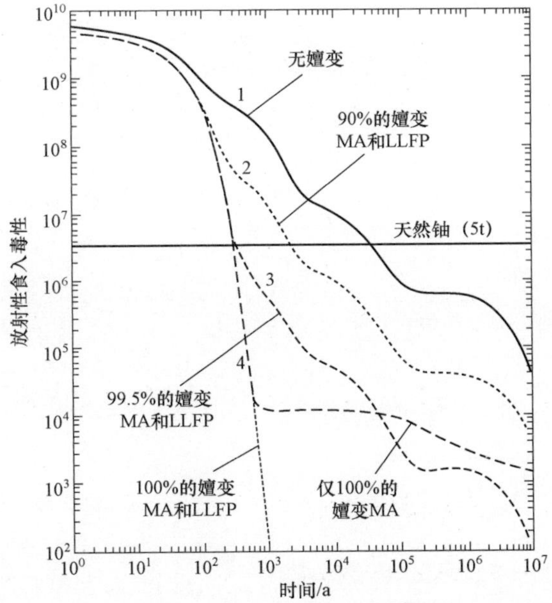

图 2-12　不同 MA 和 LLFP 嬗变率下的乏燃料废液的放射性食入毒性

图 2-12 中曲线 1 是乏燃料元件的总放射性毒性衰减曲线，在乏燃料元件冷却 10 a 后仍比当量铀矿石的毒性大 3 个数量级以上，10 000 a 后，仍比当量铀矿石的毒性大几倍。曲线 2 是乏燃料中 90%的 MA 和 LLFP 被嬗变后的放射性毒性，约在 1000 年左右

降低到天然铀水平；曲线3是乏燃料中99.5%的MA和LLFP被嬗变后的放射性毒性，约在500年左右降低到天然铀水平。

总体而言，研究P&T技术作为处置核废物的一种战略能否成功要涉及6方面的问题[14]：

1）嬗变关键核素的判别。在20世纪60年代提出分离的概念时主要关心^{137}Cs和^{90}Sr，后来意识到对MA分离的重要性。近期的研究表明，某些LLFP（如^{129}I等）更容易对生物圈造成影响。

2）全球范围的乏燃料后处理状况。许多专家认为，只有个别国家进行乏燃料后处理并且进行高放废物的嬗变不能有效降低核废物对生物圈的影响。

3）分离的可行性。这包括Np的提取、Am和Cm的提取、Am/Cm与稀土核素（Rare Earth，RE）的分离、LLFP的提取等。

4）嬗变方法、装置及其效率。嬗变可以有两种含义，一是转换成短寿命的核素，二是通过裂变变成裂变产物。

5）含MA燃料的特点及其制造工艺。^{237}Np可以与MOX燃料均匀混合，但含MA燃料辐照后的处理要考虑^{238}Pu含量增加的影响。Am、Cm的循环处理很难，必须建造全新的远程操作装置。

6）对核废物去污因子（Decontamination Factor，DF因子）的要求。DF因子表示工艺实现的纯化程度，为原料中杂质数量与产品中杂质数量之比。

2.4.2 分离技术发展现状

P&T技术的关键步骤是分离。乏燃料的后处理过程主要是一种分离过程，将乏燃料中所选择的放射性核素或核素组从乏燃料中分离出来，然后进行贮存或者转化成新的燃料元件或辐照靶以便进行再循环。

一般而言分为湿法和干法两大类。湿法是将乏燃料溶解，再采取不同的过程分离锕系核素和FP，或者从现存后处理高放废液中分离锕系核素和LLFP。干法是直接将乏燃料或高放废液蒸干灼烧后进行处理。

常规乏燃料后处理采用PUREX水法流程，仅回收U和Pu，PUREX流程已经实现工业规模应用，该流程对U和Pu的分离回收回收率达到99.9%[15]。其余的U和Pu，以及其他锕系核素和裂变产物均留在高放废液（HLLW）中。高放废液中长寿命核素进行嬗变之前必须再进行化学分离。

目前，动力堆燃料燃耗为33 G～45 GWd/t。今后，核燃料的燃耗将进一步加深，快堆燃料的最高燃耗将达到150 GWd/t以上。核燃料循环的经济性希望缩短乏燃料的冷却时间，这将导致待处理的乏燃料的辐射极强，从而使以有机溶剂为萃取剂的水法后处理难以胜任。于是，30多年前各国曾争相研究的干法后处理又成为一个颇为活跃的研究领域。干法主要有高温电化学法和高温冶金法。目前，正在积极开发干法后处理研究的国家有美国、俄罗斯、日本、法国、印度和韩国。

也有研究人员提出核燃料循环后端的一体化问题。所谓的核燃料循环后端一体化就是指将乏燃料后处理和后处理高放废液的处理处置作为一个系统来考虑，以安全性和经济性为目标进行优化。基于此概念提出的流程有：① PUREX–TRUEX 一体化流程；② 西屋公司提出的 CURE 概念流程；③ 俄罗斯 Khlopin Radium 研究所提出的 SUPERPUREX 流程；④ 清华大学提出的 PUREX–TRPO 一体化流程等。

P&T 方法对分离回收率有要求，因为锕系核素和 LLFP 分离回收过程中的回收率（或丢失率）决定了采用 P&T 方法产生的高放废物的长期放射性水平。从高放废物分离回收长寿命核素时，如果对 Np、Am 和 Cm 的回收率分别达到 90%、99.99%、99.99%，对 Sr 和 Cs 的回收率达到 99.999%。目前工业规模的后处理流程可以达到 U 和 Pu 的回收率要求，在实验室阶段许多流程可以实现达到 Np、Am、Cm 的回收率要求。

2.4.3 嬗变研究的发展

热中子堆、快中子堆、加速器驱动堆和聚变裂变混合堆都可用于嬗变。但基于热堆和快堆的嬗变装置最现实。

（1）热堆嬗变

热堆更适合于 Pu 的焚烧，钚以 MOX 燃料形式在轻水堆（LWR）中的循环利用在一些欧洲国家已有 30 余年的运行经验。热堆不管燃料中加还是不加 MA，辐照后的 MA 的含量都是增加的。MA 在热中子堆中以间接方式裂变，先通过中子俘获产生热中子裂变截面较大的中间核素，然后再裂变掉。通过特殊的设计，热堆可用来限制 MA 贮量的增加直到更好的 MA 嬗变装置投入运行[15]。法国 CEA、日本 JAERI 和美国 BNL 都提出了一些基于压水堆（PWR）的嬗变设计。

在压水堆中嬗变 MA 的主要问题有：

① Am 在压水堆中循环很困难，因为 ^{242}Am 的共振自屏很强。早期辐照试验表明，在含 Am 燃料外围区的燃耗非常大以至于燃料脆化。

② 会产生质量数更大的 MA 核素，对后处理不利。对于 LLFP，由于它们的嬗变纯粹消耗中子，将它们加入热堆中后，需要增加燃料易裂变核素的富集度，否则循环长度下降。由于热堆中子通量密度较低，^{99}Tc 和 ^{129}I 的嬗变效率是比较低的。除专门设计的高通量堆外，热堆嬗变 LLFP 是不合适的。

（2）快堆嬗变

快堆（FR）的中子能谱比热堆硬，中子通量较高，是当前可用于 Pu 和 MA 嬗变处置的最成熟和最现实的技术。快中子可以裂变所有锕系核素，但裂变截面比较小。MA 加入快堆后，燃料在循环期间的 MA 含量不会积累到放射性不可容忍的程度。在很硬的中子场中，MA 可作为燃料使用，甚至全由 MA 组成的堆也可达到临界。在快堆中 MA 是额外的可裂变资源。

因为快堆中子通量密度大，对于 LLFP 能够实现比较高的嬗变效率。但是，由于快堆中子能谱比较硬，在进行 LLFP 的嬗变的时候需要合理地慢化靶组件中的能谱。较为可行的办法是在快堆堆芯周围布置 LLFP 嬗变组件，利用慢化快堆泄漏中子进行 LLFP 的嬗变，这称之为 LSD（Leak with Slowing Down）技术。

国际上比较系统地研究快堆嬗变的主要是日本、法国、美国和俄罗斯等几个国家。

国内中国原子能科学研究院在 MOX 燃料模块式快堆的嬗变、中国实验快堆 CEFR 用于 MA 嬗变的可行性研究等。

（3）加速器驱动次临界系统（ADS）嬗变[16]

ADS 系统能够将长寿命高放核废料嬗变成短寿命核废料，同时减小体积，被认为是最有效的核废料处置技术方案，目前世界上尚无建成先例。ADS 的基本原理是，首先利用加速器产生的高能质子束轰击重金属靶引起散裂反应，然后以宽能谱的散裂中子作为外中子源驱动和维持次临界堆芯中的核嬗变反应，同时得到能量输出和一定核材料，如图 2-13 所示。

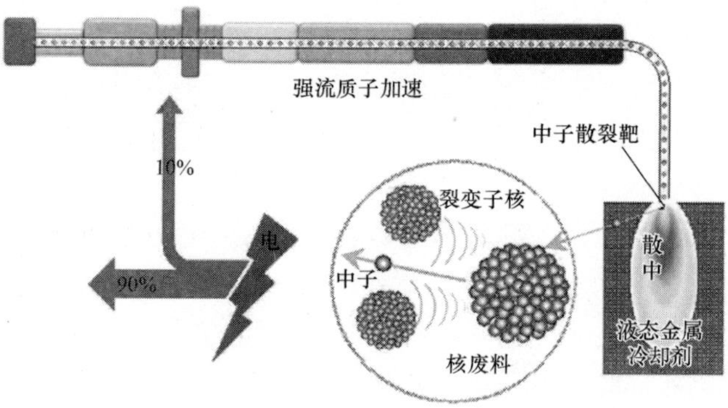

图 2-13　ADS 系统的原理示意图

ADS 已经被公认可作为嬗变大量放射性废物和降低深埋地质储存风险的有用工具。国际经济合作发展组织核能机构（OECD/NEA）对先进核燃料循环中的 ADS 和快堆进行了全面系统的研究和评估，提交的报告［Accelerator－driven Systems（ADS）and Fast Reactor（FR）in Advanced Nuclear Fuel Cycles］认为，ADS 具有更硬的中子能谱、更高的中子余额等特点，因此 ADS 比快堆嬗变核废料的能量强，焚烧长寿命核废料更彻底。是目前嬗变放射性核废料、有效利用核资源及产出核能量的强有力工具，是裂变核能可持续发展的优先技术途径。

（4）聚变裂变混合堆嬗变

利用聚变反应堆堆芯在聚变过程中产生的高能聚变中子来驱动外围次临界包层的反应堆称之为聚变裂变混合堆。混合堆的包层可以装载转换材料用来增殖易裂变材料，也可以装载核废物用来嬗变长寿命锕系核素或 LLFP。为了更加有效地嬗变 MA，需要一个很强的中子源，聚变反应产生的中子就是一个很好的中子源，而且聚变中子源能谱比较硬，因此对 MA 的焚毁是非常有利的。

聚变裂变混合堆同样可用来嬗变 LLFP。利用 D－T 反应产生的中子来嬗变长寿命高放废物是一个好的选择。也有观点认为裂变装置的中子场都不是 LLFP 嬗变的最佳环境，包括快堆在内，而非裂变中子源的最佳选择就是聚变中子源。相关研究表明对于嬗变困难最大的 ^{93}Zr 和 ^{126}Sn，聚变驱动的热谱包层也是有潜力进行嬗变的。

总之，热中子堆、快中子堆、ADS、聚变裂变混合堆等都有一定的嬗变能力。目前最现实并且有效的嬗变装置是钠冷快中子堆。ADS 系统和混合堆具有更好的安全性，是将来发展的重要方向。通过加强嬗变技术的研究，从而将长寿命、高毒性的放射性核素转化为短寿命、低毒性、有工业价值的核素，以解决乏燃料处理处置的问题，从而实现核能的可持续发展。

2.5 小 结

本章简要介绍了目前国际上处置核废物“一次通过”和“闭式循环”两种燃料循环路线的技术特点，并对它们的优缺点进行了比较，分析了存在核废物长期放射性风险。而“先进燃料循环”具有更高的铀资源利用率、更好的核能经济性、更佳的环境安全性以及更强的防核扩散能力，是未来可行的技术方案。“分离 – 嬗变”（P&T）是先进燃料循环体系的重要组成部分，首先通过化学分离把高放废物中的长寿命裂变产物（LLPF）和次锕系核素（MA）分离出来，制成燃料元件或靶件后，再通过核反应使之嬗变成短寿命核素或稳定核素，可以从根本上解决长寿命核废物的潜在环境与生物危害性问题，从而消除核电发展的瓶颈问题。

参考文献

[1] 史永谦，朱庆福. 加速器驱动次临界反应堆物理学 [M]. 北京：中国原子能出版社，2018，8.

[2] 张建平. 三种核燃料循环方案特征分析及经济性评价 [D]. 东华理工大学，2016.

[3] 关于我国核燃料后处理/再循环的一些思考[J]. 化学进展，2011，23（7）：1263-1271.

[4] Lisowski P W，Cappiello M，Perry R T，et al. Nuclear energy generation and waste transmutation using an accelerator – driven intense thermal neutron source [J]. Nuclear Instruments & Methods in Physics Research，1991，320（1-2）：336-367.

[5] Kapoor S S. Accelerator – driven sub – critical reactor system（ADS）for nuclear energy generation [J]. Pramana，2002，59（6）：941-950.

[6] Pellaud B. Proliferation aspects of plutonium recycling [J]. Comptes Rendus Physique，2002，3（7-8）：1067-1079.

[7] Baetsle L H. Impact of advanced fuel cycles and irradiation scenarios on final disposal issues [J]. Proc. GLOBAL'99，1999.

[8] 王宏渊. 我国快堆闭式核燃料循环体系的现状及展望 [J]. 能源工程，2013（5）：8-12.

[9] Inoue T，Sakata M，Miyashiro H，et al. Development of partitioning and transmutation technology for long – lived nuclides [J]. Nuclear technology，1991，93（2）：206-220.

[10] 刘学刚，徐景明. 2020 年前我国核燃料循环情景初步研究 [J]. 核科学与工程，2005，25（2）：124-130.

［11］ 顾忠茂，叶国安．先进核燃料循环体系研究进展［D］．2002．
［12］ 顾忠茂．我国先进核燃料循环技术发展战略的一些思考［J］．核化学与放射化学，2006，28（1）：1-6．
［13］ Merz E R．Waste partitioning and transmutation as a means towards long－term risk reduction［M］//Safety Issues Associated with Plutonium Involvement in the Nuclear Fuel Cycle．Springer，Dordrecht，1999：45-64．
［14］ 胡赟．钠冷快堆嬗变研究［D］．清华大学，2009．
［15］ 周培德．MOX 燃料模块快堆嬗变研究［D］．北京：中国原子能科学研究院，2000．
［16］ 于涛．加速器驱动次临界（ADS）系统束流瞬变动态响应的微机仿真研究［D］．北京：中国原子能科学研究院，2005．

第 3 章

核嬗变理论基础

3.1 嬗变对象

3.1.1 嬗变废物的产生

需嬗变的核废物都是在反应堆内经核反应形成的：一种是中子核裂变反应生成的裂变产物（FP），另一种是中子俘获生成的超铀放射性元素——锕系核素。

裂变产物：中子轰击易裂变核 ^{235}U 时，分裂成两个碎片，同时放出 2～3 个中子和能量。裂变碎片有 300 多种核素，除少数几种是稳定核素外，其余多数是具有较短的半衰期的 β 衰变放射性核素。在这些废物中，有两类裂变产物，一类是中等寿命裂变产物，如 ^{137}Cs 和 ^{90}Sr，它们是 300 a 之内的主要发热源；另一类是长寿命裂变产物（LLFP），例如 ^{129}I 和 ^{99}Tc，它们对于高放废物的长期放射性毒性贡献较大，属于需要废物处置的关键核素。

锕系核素：在裂变反应堆中，除了核裂变反应外，还可引起中子俘获反应，又称中子辐射俘获：中子与原子核发生核反应，被原子核吸收，原子核处于高能量的激发态，在退激时释放出 γ 射线。在热中子反应堆内，辐射俘获反应主要指 ^{238}U 发生的俘获反应，当然 ^{235}U 也可发生辐射俘获反应。^{238}U 通过一次或多次中子俘获反应，生成质量数比 ^{238}U 更高的锕系放射性核素，如 ^{239}Pu 同位素和次锕系核素（MA），MA 包括 ^{237}Np、^{241}Am、^{243}Am、^{247}Cm 等。与裂变产物相比，核废物中次锕系核素（MA）种类较少，但半衰期很长，如 ^{237}Np 半衰期 2.14×10^6 a；^{243}Am 半衰期 7.4×10^3 a；^{247}Cm 半衰期 1.67×10^7 a。大多数次锕系核素（MA）又是 α 辐射体，对人类和生态环境长期危害极大，是核废物处理与处置中的关键核素。

表 3-1 给出了 MA 核素成分产生量及在乏燃料中的含量，表 3-2 给出了钚同位素成分在乏燃料中的含量，表 3-3 给出了几种 LLFP 在乏燃料中的含量。

表 3-1 次锕系核素成分在乏燃料中的含量

核素	$T_{1/2}$/a	m/（kg · GW^{-1} · a^{-1}）	乏燃料中含量/%
^{237}Np	2.14×10^6	13.0	0.052
^{241}Am	433	1.6	0.006 4
^{241m}Am	—	0.03	0.000 12
^{243}Am	7 370	3.3	0.013 2

续表

核素	$T_{1/2}$/a	m/（kg・GW^{-1}・a^{-1}）	乏燃料中含量/%
^{243}Cm	0.446	0.015	0.000 06
^{244}Cm	18.11	1.01	0.004 04
^{245}Cm	8.53	0.04	0.000 16

表 3-2　钚同位素成分在乏燃料中的含量

核素	$T_{1/2}$/a	Pu 中的含量/%	乏燃料中含量/%
^{238}Pu	87.74	3.6	0.036
^{239}Pu	2.41×10^4	53.6	0.536
^{240}Pu	6 570	23.7	0.237
^{241}Pu	14.4	11.8	0.118
^{242}Pu	3.76×10^6	7.3	0.073

表 3-3　几种长寿命裂变产物产生量及在乏燃料中的含量

核素	$T_{1/2}$/a	m/（kg・GW^{-1}・a^{-1}）	乏燃料中含量/%
^{79}Se	6.5×10^4	0.17	0.000 68
^{93}Zr	1.5×10^6	23.16	0.092 64
^{99}Tc	2.14×10^6	24.66	0.098 64
^{107}Pd	6.5×10^6	7.28	0.029 12
^{126}Sn	10^5	0.962	0.003 85
^{129}I	1.6×10^7	5.78	0.023 12
^{135}Cs	3×10^6	9.415	0.037 66

3.1.2　嬗变对象的种类与毒性

一座压水堆核电站卸载出来的乏燃料中，98.5%是由铀和短寿命的裂变产物构成，大约 0.4%由长寿命裂变产物铯、锝、锶和碘构成，大约 1%由钚和次锕系核素构成。以 ^{235}U 氧化物为燃料的压水堆和以 ^{235}U 和 Pu 的混合物 MOX 为燃料的压水堆卸载的乏燃料中超铀核素和长寿命裂变产物的组成如表 3-4 所示，其中 UO_2 的燃耗为 33 000 MWd/t，乏燃料从反应堆卸料后冷却时间为 5 a；图 3-1 是核电站卸载的乏燃料中总的放射性毒性变化曲线图。

由表 3-4 可见到半衰期超过一千年的核素有十几个。根据现有技术推测人造容器的完整性最长时间可以保持数百年，那么半衰期相对较短的核素可以放置在核废物贮存场中自然衰变，其放射性降低到安全界限以下。但是有些锕系核素虽然其本身半衰期较短，但是由于其衰变产物的半衰期很长，这些锕系核素也应作为嬗变的对象。

表 3-4 压水堆乏燃料中主要锕系核素和长寿命裂变产物

锕系核素	半衰期/年	UO_2 乏燃料 Ci/tHM	MOX 乏燃料 Ci/tHM	UO_2 乏燃料 g/tHM	MOX 乏燃料 g/tHM
^{232}U	70.0	3.27×10^{-2}	9.41×10^{-3}	4.83×10^{-4}	1.4×10^{-4}
^{234}U	2.44×10^{5}	0.94	0.321	150.0	51.44
^{235}U	7×10^{8}	1.79×10^{-2}	2.36×10^{-3}	8 250.0	1 093.0
^{236}U	2.34×10^{7}	0.262	1.4×10^{-2}	4 050.0	216.99
^{238}U	4.47×10^{9}	0.317	0.311 0	943 000	925 000
^{237}Np	2.14×10^{6}	0.308	9.02×10^{-2}	437.0	128.30
^{238}Pu	87.70	2.39×10^{3}	1.64×10^{4}	140.0	960.60
^{239}Pu	24 110	340.0	863.70	5 470.0	13 890.0
^{240}Pu	6 550	509.0	2 770.0	2 230.0	12 150.0
^{241}Pu	14.4	9.85×10^{4}	5.33×10^{5}	956.0	5 177.0
^{242}Pu	3.7×10^{5}	1.86	13.32	486.0	3 487.0
^{241}Am	432.60	1 002.0	6 705.0	296.0	1 953.0
^{242}Am	142.0	3.80	158.1	0.039	16.34
^{243}Am	7 370.0	16.7	214.1	83.80	1 074.0
^{243}Cm	28.50	14.8	313.7	—	6.07
^{245}Cm	8 500.0	0.138	5.27	0.804	30.71
^{246}Cm	4 730.0	0.225	0.82	0.731	2.66
^{90}Sr	28.5	6.63×10^{4}	3.14×10^{4}	485.0	230.3
^{93}Zr	1.5×10^{6}	1.79	1.24	7.36	494.4
^{99}Tc	2.1×10^{5}	13.20	13.0	841.0	766.0
^{107}Pd	6.5×10^{6}	0.102	0.266	231.0	517.6
^{121}Sn	50.0	0.146	0.034 1	4.5	5.8×10^{-3}
^{126}Sn	1×10^{5}	0.542	1.04	19.2	36.6
^{129}I	1.57×10^{7}	3.12×10^{-2}	0.041 3	229.0	234.0
^{135}Cs	2×10^{6}	0.352	0.667	324.0	579.3
^{137}Cs	30.1	9.5×10^{4}	9.3×10^{4}	1 100.0	1 069.0
^{151}Sm	93.0	324.0	765.0	44.2	104.4

通过图 3-1 中放射性毒性曲线变化趋势可明确知道在压水堆乏燃料卸料后的 100 年内，裂变产物的毒性占据着主导地位，主要为 ^{90}Sr 和 ^{137}Cs，这两种核素的半衰期分别为 28.5 a 和 30.1 a，经过 200～300 年后就会降至较低水平；而长期毒性则完全由长寿命锕系核素主导。乏燃料长期毒性的时间跨度是相当长的，使用铀矿天然当量的毒性作为参考的话，可能需要十万年以上的时间才能达到该水平[1]。

对于如何评价核废物对人类的潜在影响，目前有两种评价方法：第一种方法是放射性毒性；第二种方法是公众长期风险。从长期的放射性毒性减小的角度看，图 3-1 表明锕系核素是主要关心的核素[2]；另一方面从公众长期风险考虑，公众单一剂量的长期风险与水溶性较高而迁移能力较强的 LLFP 有关。因而，总体来说 MA 和 LLFP 都是嬗变考虑的对象。

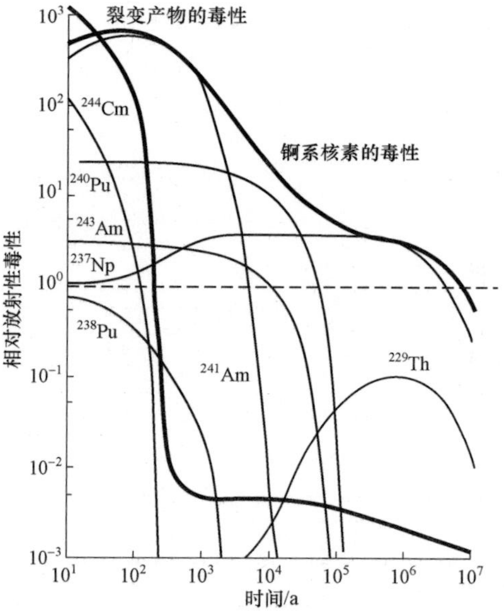

图 3-1　压水堆乏燃料放射性毒性随时间的变化

3.2　核嬗变中子学基础

3.2.1　概述

从广义上来说，“嬗变”（Transmutation）就是指核素通过核反应转换成别的核素的过程，如反应式（3-1）表示的就是通过辐射俘获的方式 ^{237}Np 嬗变成 ^{238}Pu 以及 ^{99}Tc 嬗变成 ^{100}Ru 的过程。中子是最为可行的嬗变粒子，其理由有 3：① 中子是中性粒子，不会由于电离损失而局限在局部空间中迁移，因此可以和大量的长寿命核素的原子核相作用；② 中子核反应截面比较大（相对于其他粒子核反应），特别在热能和超热区；③ 中子通量密度高，在反应堆及加速器驱动系统及聚变裂变混合堆中，可以达到（$10^{13}-10^{15}/cm^2\cdot s$），这对嬗变是有利的[3]。

具体到核废物的处理，所谓的嬗变就是指将一些长寿命的核素（包括 MA 和 LLFP）通过核反应转化成稳定的或短寿命的核素[4]。

$$
\begin{aligned}
&^{237}Np+n \xrightarrow{(n,\gamma)} Np \xrightarrow{\beta-,2.12d} {}^{238}Pu \\
&^{99}Tc+n \xrightarrow{(n,\gamma)^{100}} Tc \xrightarrow{\beta-,17s} {}^{100}Ru
\end{aligned}
\qquad (3\text{-}1)
$$

对于锕系核素，常规意义上的嬗变既包括了辐射俘获反应的消失，也包括了裂变反应的消失。但是，俘获反应的产物（包括其衰变后的产物）通常仍旧是锕系核素，只有裂变或焚毁（Incineration）才能使之转换成短寿命或者稳定的核素。对于 LLFP，俘获反应是唯一的嬗变方式。

MA 嬗变的目标是通过某种嬗变策略，使 PWR 核电厂单位电功率产生的 MA 核素毒性 TOX_{AC}，不大于所消耗的铀资源核素毒性 TOX_U，即：

$$TOX_{Ac} < TOX_U \tag{3-2}$$

要实现将 MA 全部嬗变掉这一目标，在反应堆中单次嬗变是不可能达到的，多次循环是必不可少的。因此必须构造一个理想分离－嬗变（P&T）系统，把乏燃料中的 MA 分离出来，再送到燃料循环的起始端，与易裂变材料混合制成燃料元件或单独靶件再送到反应堆中，进行再次辐照（焚烧）。

现实中在分离过程中，MA 不可能完全回收，将有部分残余留在废料中，设留在废料中的锕系核素质量为 M^W：

$$M^W = \delta L M^F \tag{3-3}$$

式中：M^F 为锕系可裂变材料的总质量；L 为再处理和燃料制造过程中锕系核素损失的份额；δ 为燃耗因子，可以通过可裂变重金属核燃料燃耗份额 B 进行估算燃耗因子 $\delta = \dfrac{1-B}{B}$。

在平衡条件下 M^F 等于顶端燃料质量 M^T 通常它被分成用于焚烧的超铀（或 MA）质量 M^B 和稀释剂（可增殖的铀）质量两部分，用 τ 表示 TRU（或 MA）在顶端投料中的份额 $\tau = \dfrac{M^B}{M^T} = \dfrac{M^B}{M^F}$，用 R^M 表示废料质量减少因子，$R^M = \dfrac{M^B}{M^W}$ 表，可以将 τ 和 R^M 代入上式得到一个简单的表示式：

$$L = \frac{\tau}{\delta R^M} \tag{3-4}$$

可见 L 是废料减少因子 R^M 的函数，当 R^M 一定，燃耗愈深，燃耗因子愈小，允许损失份额愈大。假设顶端投料无稀释剂 $\tau = 1$ 燃料平均燃耗 15%，则将要求 $L \leqslant 0.18\%$，即要求在后处理流程中锕系核素的回收率大于 99.8%。可是，现代燃料工艺，平均燃耗份额 B 目前还不能超过 15%，所以降低损失，提高锕系的回收率（例如达到 99.9%以上）仍是理所当然的追求目标[5]。

上面讨论了 MA 的回收问题，嬗变 MA 是离不开中子的，而产生中子的途径除中子源和加速器外，主要由反应堆给出，也就是说热中子堆、快中子堆、加速器驱动的次临界快中子堆或热中子堆、聚变堆等都会产生中子，它们都有一定的嬗变能力。

3.2.2　中子输运方程及燃耗方程

核废物核素的嬗变是靠中子与其发生的核反应进行的，所以嬗变的基础就是嬗变装置产生中子及要嬗变核素的吸收问题，即嬗变中子学问题。

对于一个由易裂变核及其他结构材料组成的临界核系统（略去外中子源项）中子产

生和消失的平衡条件由中子输运方程或玻耳兹曼方程表示：

$$\frac{1}{v}\frac{\partial \Phi}{\partial t}+\Omega\bullet\nabla\Phi+\Sigma_{t}(r,E)\Phi=\int_{0}^{\infty}\int_{\Omega'}\Sigma_{s}(r,E')f(r;E'\to E,\Omega'\to\Omega)\times \Omega(r,\Omega,E',t)\mathrm{d}\Omega'\mathrm{d}E'+\frac{\chi(E)}{4\pi}\times\int_{0}^{\infty}\mathrm{d}E'\int_{\Omega'}\nu(E')\Sigma_{t}(r,E')\times\Phi(r,\Omega',E',t)\mathrm{d}\Omega' \tag{3-5}$$

在稳态时，$\frac{\partial \Phi}{\partial t}=0, \Phi=\Phi(r,E,\Omega)$，在每个相空间能量 E，空间位置 r，立体角 Ω 上的稳态中子平衡方程为：

$$\Omega\bullet\nabla\Phi+\Sigma_{t}(r,E)\Phi=\int_{0}^{\infty}\int_{\Omega'}\Sigma_{s}(r,E')f(r;E'\to E,\Omega'\to\Omega)\times \Phi(r,\Omega',E')\mathrm{d}\Omega'\mathrm{d}E'+\frac{\chi(E)}{4\pi}\times\int_{0}^{\infty}\mathrm{d}E'\int_{\Omega'}\nu(E')\Sigma_{f}(r,E')\times\Phi(r,\Omega',E')\mathrm{d}\Omega' \tag{3-6}$$

式中：$\Phi=\Phi(r,E,\Omega)$ 为中子通量密度；$\Sigma_t=\Sigma_a+\Sigma_s$ 为宏观总截面；Σ_a，Σ_s 分别为宏观吸收截面和散射截面；f 为散射函数，表示中子从（Ω', E'）散射到（Ω, E）的概率；$\chi(E)$ 为能谱分布（裂变谱）。

假如在稳态系统无外中子源时的中子能量用能群表示，则中子输运方程式（3-5）可用矩阵表示为：

$$\boldsymbol{A}\boldsymbol{\Phi}(r,E,\Omega)=\boldsymbol{M}\boldsymbol{\Phi}(r,E,\Omega) \tag{3-7}$$

式中：A 为输运算子（包括泄漏、散射和吸收）；M 为增殖算子。

假设中子共分 G 个能群，则式（3-7）是由 G 个方程构成的线性齐次方程组。从数学上讲，它只有在一定条件下，才存在有非零解。它的定解可以归结为下列方程的解：

$$A\Phi(r,E,\Omega)=\frac{1}{k_{\mathrm{eff}}}M\Phi(r,E,\Omega) \tag{3-8}$$

式中：k_{eff} 为方程的特征值，在反应堆中称为反应堆的中子有效增殖因数。

对于 ADS 次临界反应堆无外源情况下，中子输运方程式用矩阵表示为：

$$A\Phi(\mathrm{r},E,\Omega)=\frac{1}{k_{\mathrm{eff}}}M\Phi(r,E,\Omega) \tag{3-9}$$

对于 ADS 次临界反应堆无外源情况下，中子输运方程式用矩阵表示为：

$$A\Phi=M\Phi+S \tag{3-10}$$

式中：S 为外中子源。

式（3-8）和式（3-9）可以根据具体的装置几何条件用多群方法精确求解或用 MC 程序求解，给出中子通量密度 Φ。对于 ADS 而言，在式（3-10）中，作为外源的散裂中子源项可用包含高能裂变的核子－介子输运程序 NMTC/JAER0 或 NMTC/ENLF 计算，这些程序可以计算带电粒子和 15 MeV 以上中子的产生、输运和释热，还可得到 15 MeV 以下中子的空间分布，以作为进一步进行中子输运计算的外源。对于 15 MeV 以下中子的输运计算可用 MC 程序 MORSE－DD 计算。有了中子通量密度 Φ，就可解燃耗方程，给出嬗变装置的各种性能参数和嬗变能力。

燃耗方程：

$$dN/dt = 生成率 - 燃烧率 - 衰变率 \tag{3-11}$$

式（3-11）左边为要嬗变核素 N 的变化率，右边第一项为嬗变核素 N 的产生率，如要嬗变 ^{237}Np，^{237}Np 有可能通过 ^{237}U 的 β 嬗变生成；或者要嬗变 ^{137}Cs，它的生成可通过 ^{136}Cs 的（n，γ）反应和 ^{138}Cs 的（n，2n）反应；右边第二项为嬗变核素 N 的燃烧率或燃耗率；右边第三项为嬗变核素 N 的自然衰变率。由燃耗方程可求得嬗变核素 N 的核子密度的变化率或称为嬗变率。一般裂变反应堆的燃耗计算常用单群点堆燃耗程序 ORIGEN－2[6]。对于 ADS 散裂中子源与次临界反应堆系统的燃耗计算可用程序 ORIGEN－2，也可用 LAHET/MCNP 耦合程序[7]。

为简单起见，假设只嬗变一种核素，则在反应堆 r 点、t 时要嬗变的核子密度为 N（r，t），则式（3-11）就可写为：

$$-dN/dt = \bar{\sigma}_{nf}N\Phi + \bar{\sigma}_{nr}N\Phi + \lambda N = \lambda N + \bar{\sigma}_{a}N\Phi \tag{3-12}$$

式中：dN/dt 为嬗变率；N 为核密度（$1/cm^3$）；λ 为要嬗变核素的固有衰变常数（$1/s$）；$\bar{\sigma}_a$ 为中子能谱的平均吸收截面，平均截面一般定义为：

$$\bar{\sigma} = \int \sigma(E)\Phi(E)dE / \int \Phi(E)dE \tag{3-13}$$

截面 $\sigma(E)$ 是能量的函数，中子通量密度 $\Phi(E)$ 是中子随中子能量变化的函数，称为中子能谱，实际在测量或计算中子能谱时，$\Phi(E)$ 是能量间隔 dE 内的中子数或中子通量密度，dE 为能量间隔。

平均截面包括：平均裂变截面 $\bar{\sigma}_{nf}$（嬗变 MA 时需要该值大）和平均辐射俘获截面 σ_{nf}（嬗变 LLFP 是需要该值大），在快中子谱中它还应包括（n，2n），（n，3n），（n，p）等有阈反应，截面单位为靶，简写为 b（10^{-24} cm^2），ϕ为中子通量密度，单位为 $n/(cm^2 \cdot s)$。

式（3-12）左边为嬗变率，右边第一项为要嬗变核的固有衰变率或原始衰变率，第二项为通过嬗变装置内中子通量密度 Φ 的辐照下的嬗变率或反应率。解方程（3-12），可得到：

$$N = N_0 e^{-(\lambda + \bar{\sigma}_a \Phi)t} \tag{3-14}$$

式中：N_0 为在反应堆内尚未被中子辐照前的核子密度或称原始密度。

3.2.3 核嬗变有效半衰期

嬗变有效半衰期定义为核废物的核子密度变化为原始密度 N_0 的一半（即 $\frac{N}{N_0} = \frac{1}{2}$）所需要的时间 t，也称为有效衰变半衰期 $T_{1/2}^{eff}$，对应的核领域核素的半衰期 $T_{1/2} = \frac{\ln 2}{\lambda}$ 关系，可由式（3-14）解出有：

$$T_{1/2}^{eff} = \frac{\ln 2}{(\lambda + \bar{\sigma}_a \Phi)} = \frac{T_{1/2}}{1 + \left(\frac{\bar{\sigma}_a \Phi}{\ln 2}\right) T_{1/2}} \tag{3-15}$$

式中：$T_{1/2}$为要嬗变核的原始半衰期，它是原始核的固有特性。

有效半衰期$T_{1/2}^{\mathrm{eff}}$是估计嬗变核废物常用的重要指标，由式（3-15）可知，反应截面$\bar{\sigma}_{\mathrm{a}}$越大，中子通量密度$\Phi$越大，有效半衰期就越短。可见嬗变速率不但与核素自身的截面有关（截面又与中子能谱有关），还与嬗变装置所提供中子场的中子通量密度水平有关。

当中子为单能中子，即$E=E_0$，此时的中子通量密度$\Phi=\Phi_0$为常数，则：

$$T_{1/2}^{\mathrm{eff}}=\frac{\ln 2}{\lambda+\bar{\sigma}_{\mathrm{a},0}\Phi_0} \tag{3-16}$$

式（3-12）左边$-\dfrac{\mathrm{d}N}{\mathrm{d}t}$为嬗变率，用核反应率$R$表示。$R=\Sigma nv=\Sigma\phi$，表示单位时间、单位体积内中子与作用物质原子核发生核反应的次数，包括各种核反应，如裂变反应率、散射反应率、辐射俘获反应率等。嬗变MA是使MA与中子发生反应产生裂变，所以MA的嬗变率也可用裂变核反应率$R_{\mathrm{f}}=\Sigma_{\mathrm{f}}\phi$来表示（$\Sigma_{\mathrm{f}}$为MA核的宏观裂变截面），而LLFP的嬗变用吸收中子使其放出γ射线变为短寿命的同位素，所以LLFP的嬗变率也可用辐射俘获核反应率$R_{\mathrm{c}}=\Sigma_{\mathrm{c}}\phi$来表示（$\Sigma_{\mathrm{c}}$为LLFP核的宏观辐射俘获截面）。

不管是嬗变有效半衰期还是嬗变率，它们都与其反应截面和中子通量密度有关。而反应截面和中子通量密度又与中子的能量有关。

图3-2至图3-6分别给出了MA中^{237}Np，^{241}Am，^{243}Am，^{244}Cm，^{245}Cm五种核素的裂变截面随中子能量的变化。从裂变截面图可以发现^{37}Np，^{241}Am，^{243}Am，^{244}Cm四种核素裂变截面随能量的变化规律相近，而^{245}Cm裂变截面在快中子区明显不同于其他MA核素。虽然MA的热中子俘获截面一般较大，而在热中子区的裂变截面很小，但是MA发生俘获反应后生成的核素还是MA，并没有达到嬗变的最终目的。因此，MA的嬗变只考虑裂变反应。而长寿命裂变产物主要通过（n，γ）反应嬗变成稳定或短寿命核素。长寿命裂变产物的（n，γ）反应俘获截面一般在热能点较大。图3-7给出了^{99}Tc，^{129}I，^{135}Cs，^{137}Cs四种LLFP（n，γ）反应俘获截面随能量的变化。

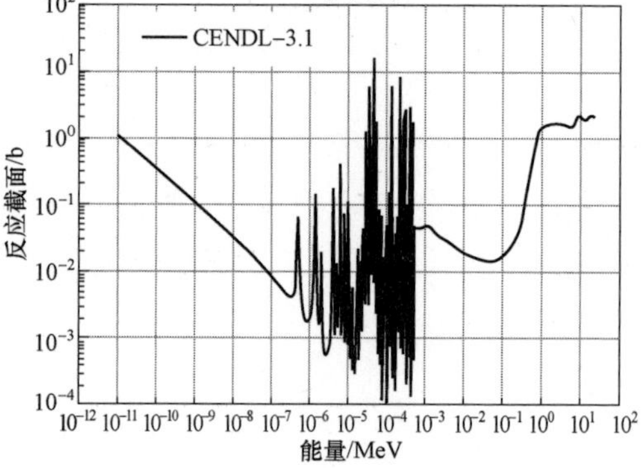

图3-2　^{237}Np裂变反应截面随能量的变化

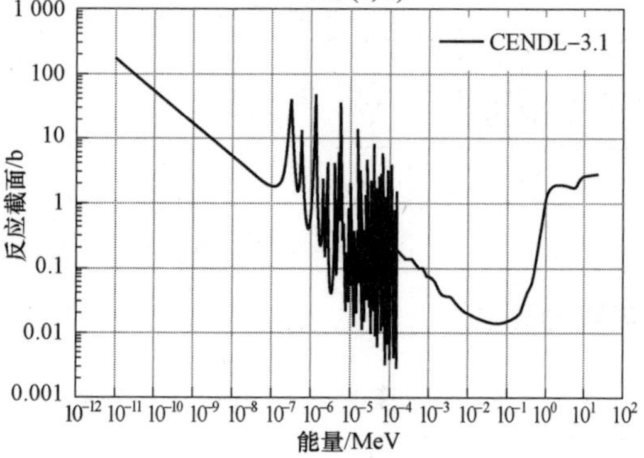

图3-3　^{241}Am裂变反应截面随能量的变化

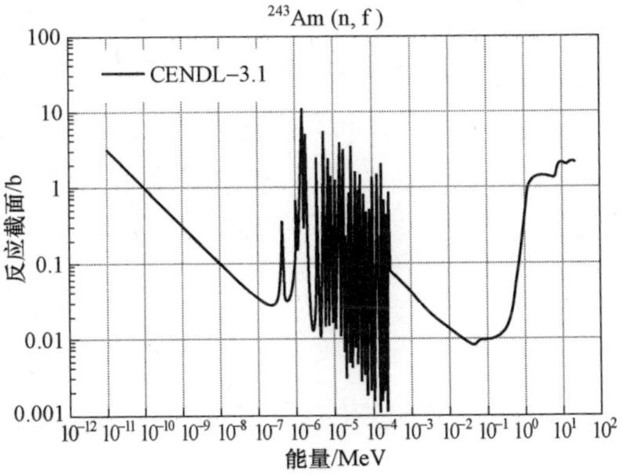

图 3-4 ^{243}Am 裂变反应截面随能量的变化

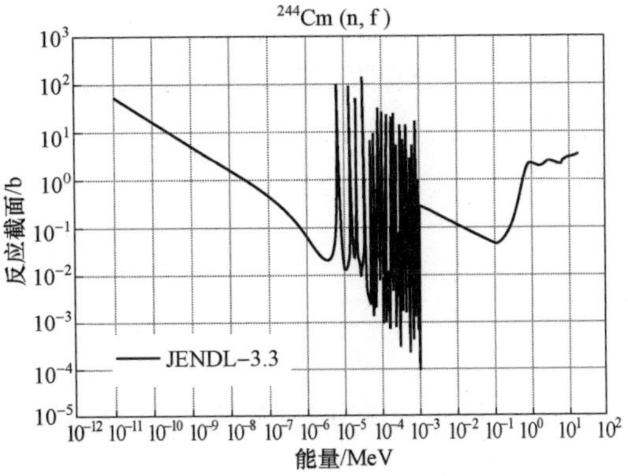

图 3-5 ^{244}Cm 裂变反应截面随能量的变化

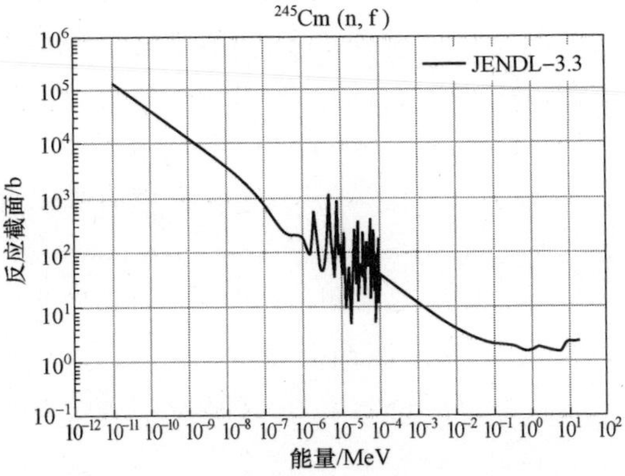

图 3-6 ^{245}Cm 裂变反应截面随能量的变化

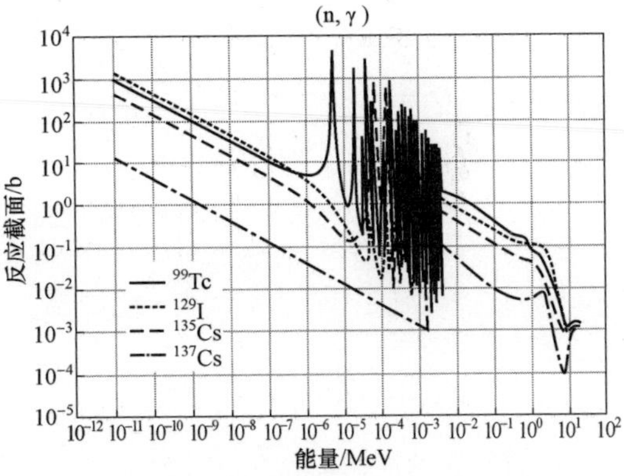

图 3-7 ^{99}Tc，^{129}I，^{135}Cs，^{137}Cs 的（n，γ）反应俘获截面随能量的变化

$^{99}T_C$ 和 ^{129}I 是裂变产物中半衰期最长，且容易迁徙扩散，是远期风险最主要核素。它们的热中子（n，γ）反应截面比较大，如表 3-5 所示。在 10^{14} n/（cm^2 • s）中子通量密度照射下，有效半衰期均可降到 10 a 以下。

表 3-5 几种主要长寿命裂变产物的平均热中子吸收截面

FP	^{137}Cs	^{129}I	^{99}Tc	^{135}Cs
σ_{nr}/b	0.25[1)]	27	22	8.7

注：1）该值为最新测量结果，经多个国家确认。

^{99}Tc，^{129}I 以及 ^{135}Cs 有很强的共振积分，如表 3-6 所示。这些核素在超热中子区嬗变较为有利。

表 3-6 几种主要的长寿命裂变产物的平均超热中子俘获共振截面

FP	^{137}Cs	^{129}I	^{99}Tc	^{135}Cs
I[1)]/b	0.49	39	190	62

注：1）I 为俘获共振积分。

而 ^{137}Cs 在裂变产物中量最大，毒性也最大。从表 3-5 和表 3-6 中可以看出它们的热中子截面与超热中子截面都太小，很难嬗变。如果采用热堆嬗变，将需要堆芯中子通量密度达到 10^{16} n/（cm^2 •s）以上。但 ^{137}Cs 的快中子截面比热中子截面大（如表 3-7 所示）。在 14 MeV 附近，$\sigma_{n,2n}$（^{99}Tc）=1.5 b，$\sigma_{n,2n}$（^{137}Cs）=2 b。

表 3-7　几种主要长寿命裂变产物的平均快中子截面（n，2n）

FP	^{137}Cs	^{129}I	^{99}Tc	^{135}Cs
σ_{fast} 1)/b	1	0.94	0.75	0.97

注：1）σ_{fast} 为快中子有阈截面 1～15 MeV 的平均值。

3.2.4　嬗变中子比 D_J

在嬗变中子学中，为了充分理解不同嬗变装置中子场的嬗变能力，用嬗变中子比 D_J 来表示。D_J 的定义为：转变 J 核素及其反应产物使之裂变所需的中子数。D_J 与原子核类型、中子通量密度水平和中子能谱密切相关。

图 3-8 给出了 J 核及其反应产物的图例。

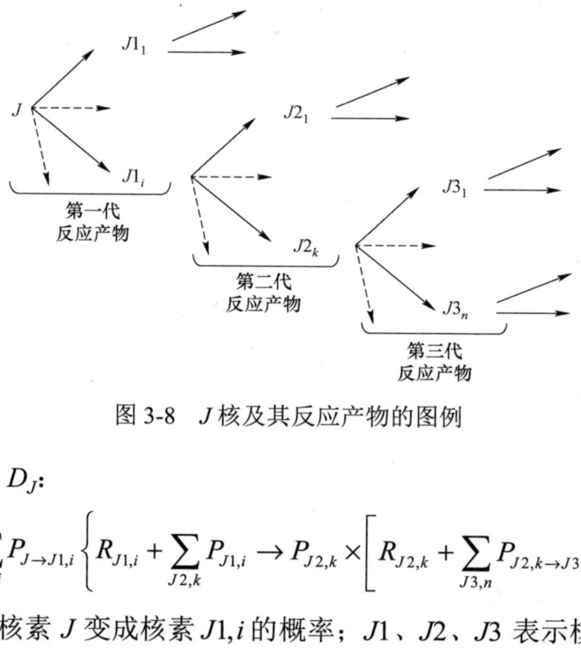

图 3-8　J 核及其反应产物的图例

由图 3-8 可计算 D_J:

$$D_J = \sum_{J1,i} P_{J\to J1,i}\left\{R_{J1,i} + \sum_{J2,k} P_{J1,i} \to P_{J2,k} \times \left[R_{J2,k} + \sum_{J3,n} P_{J2,k\to J3,n} x \cdots\right]\right\} \tag{3-17}$$

式中：$P_{J\to J1,i}$ 表示由核素 J 变成核素 $J1,i$ 的概率；$J1$、$J2$、$J3$ 表示核素 J 的第一代、第二代、第三代反应或衰变产物（不包括裂变产物）；$J1,i$ 表示第一代反应或衰变产物中的第 i 种核素；$R_{J1,i}$ 表示核素 J 变成核素 $J1,i$ 所消耗的中子数。

D_J 只是一种理论计算值，它反映了在反应堆中无限期辐照时该锕系核素对中子的净消耗。从 D_J 值可以定性判断某种锕系核素引入反应堆后对堆芯中子平衡的影响，同时也可用来选择对比哪种能谱更适合 MA 嬗变。

D 为正值意味着消耗了中子，D 为负值意味着产生了中子。表 3-5 给出了不同同位素（或同位素的混合物）在快、热系统中每次裂变的典型中子消耗 D，若 $D>0$，意味着需要中子源，反之则意味着本身产物有过剩的中子。

在表 3-5 中，超铀元素的 D_{TRU} 为：

$$D_{TRU}=\sum_{J}\varepsilon_{J}^{TRU}D_{J}^{TRU} \tag{3-18}$$

式中：右 ε_{J}^{TRU} 为从标准 PWR 卸出的辐照后的乏燃料中，不同超铀元素中的份额；D_{J}^{TRU} 为不同超铀元素相应的 D 值，对于钚的 D_{Pu} 为：

$$D_{Pu}=\sum_{J}\varepsilon_{J}^{Pu}D_{J}^{Pu} \tag{3-19}$$

式中：ε_{J}^{TRU} 和 D_{J}^{TRU} 为在同一个辐照后的燃料元件中 Pu 同位素相应的份额和 D 值。

引入“D”的概念能够帮助我们了解判断任何一个反应堆或嬗变装置是否具有嬗变的可能性。如表 3-8 所示。

表 3-8　不同同位素在快、热系统中典型每次裂变的中子消耗值 $\frac{D}{\text{裂变}}$

同位素	快谱	标准 PWR[1]
^{235}U	−0.86	−0.60
^{238}U	−0.62	0.07
^{238}Pu	−1.36	0.17
^{239}Pu	−1.46	−0.67
^{240}Pu	−0.96	0.44
^{241}Pu	−1.24	−0.56
^{242}Pu	−0.44	1.76
^{237}Np	−0.59	1.12
^{241}Am	−0.62	1.12
^{243}Am	−0.60	0.82
^{244}Cm	−1.39	−0.15
^{245}Cm	−2.51	−1.48
D_{TRU}[1]	−1.17	−0.05
D_{PU}[1]	−1.10	−0.20

注：1）从 UO_xPWR 卸出的燃料值。

3.2.5　MA 嬗变与中子能谱的关系

MA 核素只有通过裂变才能嬗变掉，但同时 MA 核素也存在着俘获截面。而 MA 核素经俘获（n，γ）或（n，2n）等核反应仍然是 MA 核素。图 3-9 给出不包括裂变在内的锕系核素的嬗变链。在不同的中子场中，MA 核素的裂变反应与辐射俘获反应是相互竞争的，要用裂变俘获比 $\frac{\sigma_{nf}}{\sigma_{nr}}$ 来衡量在不同的中子场中是否能嬗变的指标。

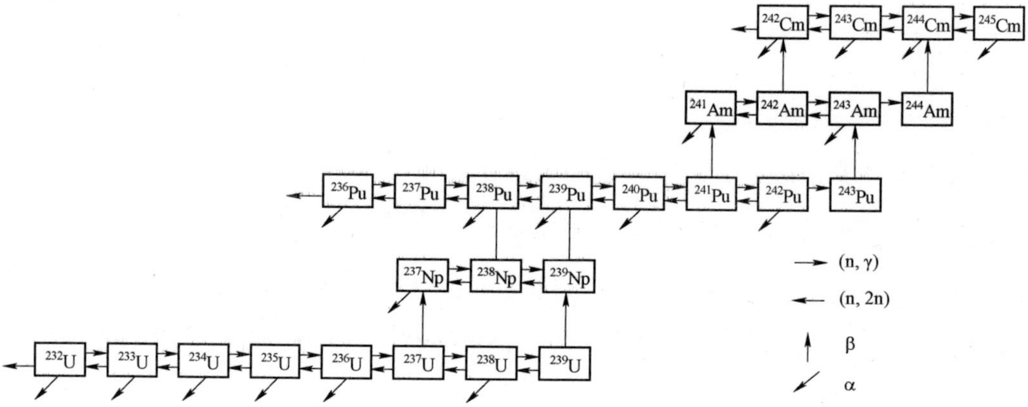

图 3-9　不包括裂变在内的锕系核素的嬗变链

（1）锕系核素与热中子反应截面的关系

锕系核素热中子俘获截面一般较大，而热中子裂变截面 σ_{nf} 较小，所以它们热中子的裂变俘获比 $\frac{\sigma_{nf}}{\sigma_{nr}}$ 比较小。

从表 3-9 中可以看出除易裂变核素 ^{239}Pu 和 ^{241}Pu 外，其他核素的 $\frac{\sigma_{nf}}{\sigma_{nr}}$ 值都很小。图 3-10 给出几个锕系废物核素在压水堆的中子谱辐照 30 年，核素密度嬗变情况[8]。从图 3-10 中看出 ^{237}Np 和 ^{241}Am 很快被嬗变掉了，从图 3-10 可知 ^{237}Np 大部分转化成 ^{238}Pu，而 ^{241}Am 大部分转化成 ^{242}Cm 和 ^{244}Cm，经过 30 年辐照，锕系核素的废物总数量降低不过一个数量级，所以在热中子谱下嬗变锕系核素的废物效果是不好的，主要由于在热中子谱中裂变俘获比 $\frac{\sigma_{nf}}{\sigma_{nr}}$ 的值太小。但是当热中子通量密度一定大时，在热中子谱下可嬗变锕系核素废物。

表 3-9　超铀核素的裂变俘获比 (σ_{nf}/σ_{nr})(E_n = 0.025 3 eV)

核素	σ_{nf}	$\sigma_{n,r}$	σ_f/σ_r
^{237}Np	2×10^{-2}	180	1.1×10^{-4}
^{241}Am	3.1±0.2	600±20	5.2×10^{-4}
^{243}Am	0.20±0.11	77.9±6.0	2.56×10^{-3}
^{242}Cm	＜5	16±5	＜0.31
^{244}Cm	1.0±0.2	15.2±1.2	6.7×10^{-2}
^{238}Pu	14.4	454	3.17×10^{-2}

续表

核素	σ_{nf}	$\sigma_{n,r}$	σ_f/σ_r
^{239}Pu	810	380	2.313
^{240}Pu	0.064	287.6	2.09×10^{-4}
^{241}Pu	1 012.7	361.3	2.80
^{242}Pu	1.04×10^{-3}	19.16	5.4×10^{-5}

（2）锕系核素与快中子反应截面的关系

在快中子谱中，裂变俘获比 $\dfrac{\sigma_{nf}}{\sigma_{nr}}$ 值要比热中子谱中的值大得多。图 3-11 给出几个锕系废物核素的快中子截面[10]。从图 3-11 可以看出，在快中子谱中，几个重要的锕系废物核素的快中子裂变截面要比俘获截面大，这样就能够通过吸收快中子使其裂变为轻的核素，而有效地嬗变。而且中子能谱越硬，裂变俘获比 $\dfrac{\sigma_{nf}}{\sigma_{nr}}$ 值越大，14 MeV 左右的快中子对嬗变锕系废物核素最有利。图 3-12 给出 ^{237}Np，^{241}Am 的俘获截面 σ_{nr} 和裂变截面 σ_{nf} 随中子能量的变化曲线。

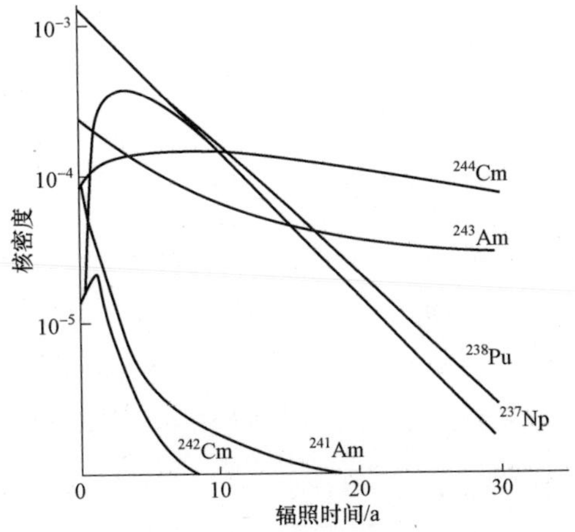

图 3-10 锕系废物核素在压水堆的中子谱辐照嬗变衰减曲线[9]

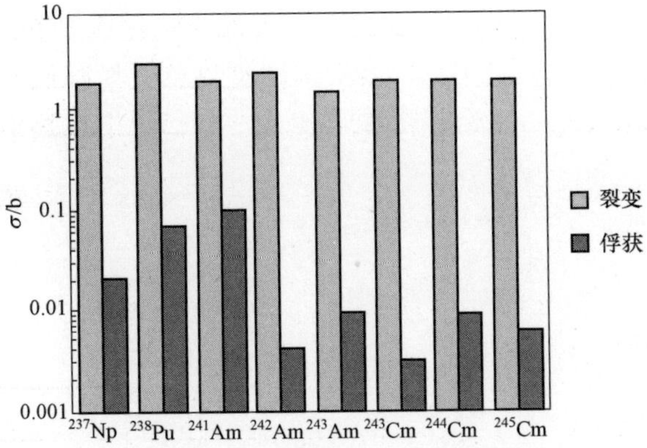

图 3-11 几个重要 MA 核素的快中子截面（1～20 MeV）

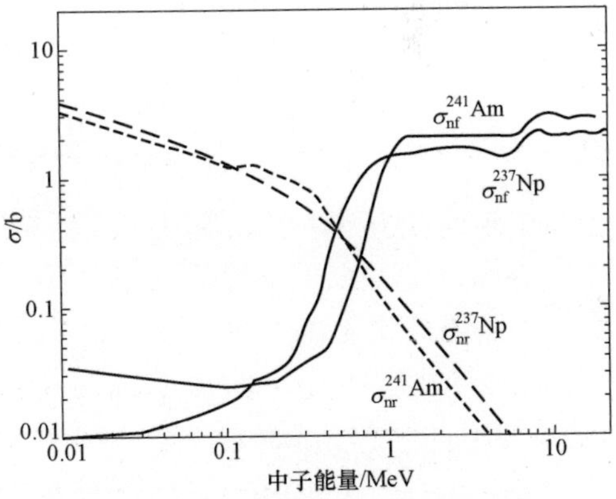

图 3-12 ^{237}Np，^{241}Am 的快中子截面随中子能量的变化曲线

从图 3-12 可见，^{237}Np，^{241}Am 快中子的俘获截面随中子能量增加而减小，快中子的裂变截面随中子能量增加而增加。但是即使中子能量在 1 MeV 以上时，^{237}Np，^{241}Am 快中子裂变截面 σ_{nf} 也只有 2 b 左右，所以要通过裂变嬗变锕系废物需要较高的快中子通量密度。

3.2.6 MA 嬗变与中子通量密度的关系

核素嬗变的有效半衰期除了与截面 σ 有关外，还与中子通量密度 ϕ 有关。美国 ATW 计划提出利用极高通量密度的热中子焚毁锕系废物的一种新概念。他们将乏燃料元件中的锕系核素分为 4 类：第一类为 ^{235}U，$^{239,241}Pu$，$^{242,242m}Am$，$^{243,245,247}Cm$，它们吸收一个中子可能裂变；第二类为 ^{238}U，^{240}Pu，^{241}Am 等吸收 2 个中子可能裂变；第三类为 ^{237}Np，^{243}Am 等吸收 3 个中子可能裂变；第四类为 ^{242}Pu 等吸收 4 个中子可能裂变。这 4 类核素每次裂变净消耗中子数粗略地可用公式表示为：

$$n_i = -(\nu - i - i\alpha) \quad (i = 1,2,3,4) \tag{3-20}$$

式中：i 为锕系核素所分的类别；ν 为每次裂变产生的平均中子数；α 为俘获裂变比 $\alpha = \dfrac{\sigma_{nf}}{\sigma_{nr}}$；如果 n_i 为正，则说明要使该核素裂变就需要中子，如果 n_i 为负，则说明要使该核素裂变除了吸收中子使其裂变外，在裂变中它放出的中子数大于它吸收的中子数。

表 3-10 给出几种核素及压水堆乏燃料元件中的混合钚和 MA 在热中子谱中的 n 值[11]，可知 PWR 废元件中的混合钚的 n 值为负，可作为核燃料使用，而 MA 则为中子吸收体，在快中子谱下，它们可以裂变放出中子。

表 3-10 几种锕系核素的 n 值

类别 i	核素	ν	α	n 值
n_1	^{239}Pu	2.91	0.36	−1.19
n_2	^{238}U	2.91	0.36	−0.19
n_3	^{237}Np	2.91	0.36	+0.81
	混合钚			−0.82
	MA			+0.31

上述结论在热中子通量密度较低时，如在轻水堆通常条件下是正确的，但当热中子通量密度大于 5×10^{15} n/（cm^2•s）以后，情况就有了变化。图 3-13 是 ^{237}Np 的每次热中子裂变净消耗中子数与中子通量密度的关系[12]。在 LWR 区［中子通量密度为 Φ 约 10^{14} n/（cm^2•s）］，^{237}Np 是中子吸收体。当热中子通量密度大于 5×10^{15} n/（cm^2•s）以后，^{237}Np 就成为可以作为核燃料来增殖中子。这是因为 ^{237}Np 进行（n，γ）反应生成了 ^{238}Np，^{238}Np 的热中子裂变截面 σ_{nf}（0.025 3 eV）高达 2 100 b，

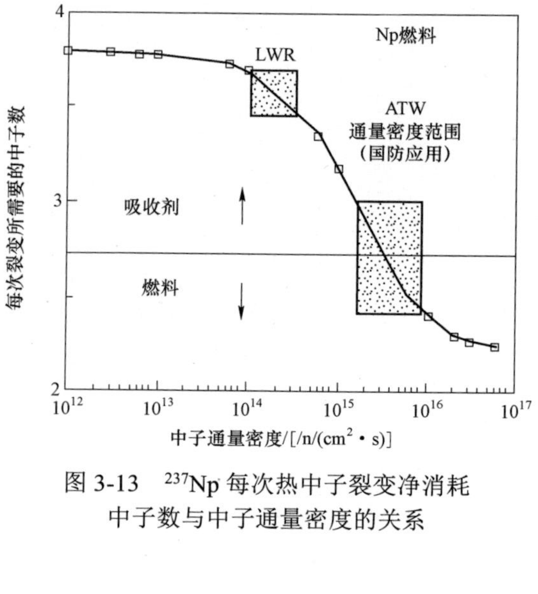

图 3-13 ^{237}Np 每次热中子裂变净消耗中子数与中子通量密度的关系

而它的半衰期只有 2.15 d，裂变与衰变之间存在着竞争。中子通量密度低时，衰变占优势，但当中子通量密度高时，裂变占优势，这时 ^{237}Np 就从第三类核变成第二类核，即通过 ^{238}Np 裂变。应用式（3-20），^{238}Np 的 ν 值为 2.8，α 值为 0.05，有：

$$n_2 = -(\nu - 2 - 2\alpha) = -(2.8 - 2 - 0.1) = -0.7 \qquad (3\text{-}21)$$

^{237}Np 成为可增殖中子的核燃料。

由上分析可知，要使 ^{237}Np 不是吸收体而成为可增殖中子的核燃料，必须满足的条件为裂变率≫衰变率，即：

$$N_{8\sigma f}(8)\Phi_{\rm th} \gg \lambda N_8 \qquad (3\text{-}22)$$

即：

$$\Phi_{\rm th} \gg 1.8\times10^{15}\,\text{n}/(\text{cm}^2\cdot\text{s}) \qquad (3\text{-}23)$$

因为热堆中子谱是麦克斯韦分布，峰值在 0.8 eV，$\sigma_{\rm nf}$ 在热能区与 $1/v$ 成比例，要求 $\Phi_{\rm th}$ 远大于 5×10^{15} n/（cm^2 • s）。

^{241}Am 与 ^{237}Np 类似，^{241}Am 通过（n，γ）反应，20%生成 $^{242\rm m}$Am，为裂变燃料，所以 ^{241}Am 为第二类核，但 80%生成 ^{242}Am，其半衰期很短（$T_{1/2}$ = 16.01 h）。

3.2.7 LLFP 嬗变与能谱的关系

图 3-14 给出这几个长寿命裂变产物（LLFP）核素的嬗变链，可见长寿命裂变产物放射性核素都是通过（n，γ）反应转化为稳定同位素的。一般来讲，裂变产物的（n，γ）反应的热中子截面较大，^{99}Tc，^{129}I，^{135}Cs 等则与超热中子有很强的共振积分反应。表 3-11 给出几个长寿命裂变产物的热中子截面，共振积分和快中子截面[13]。

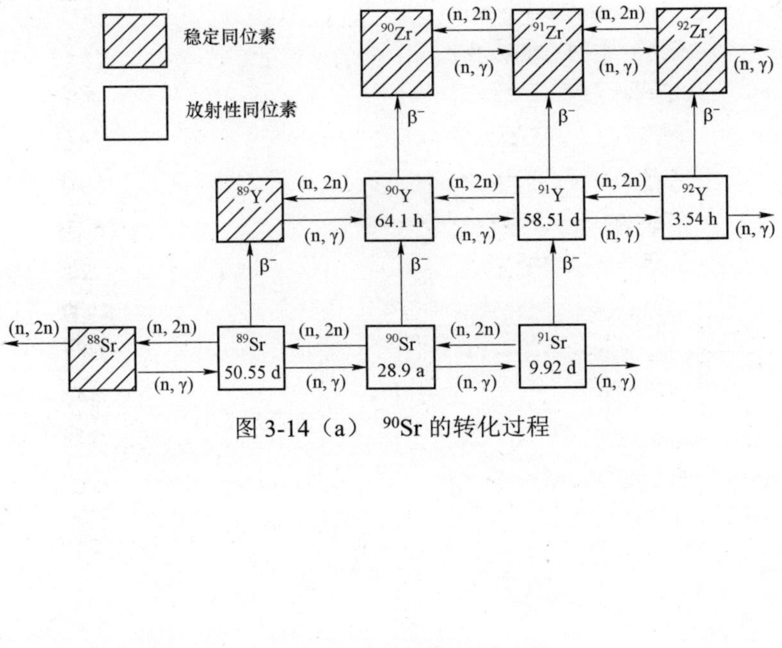

图 3-14（a） ^{90}Sr 的转化过程

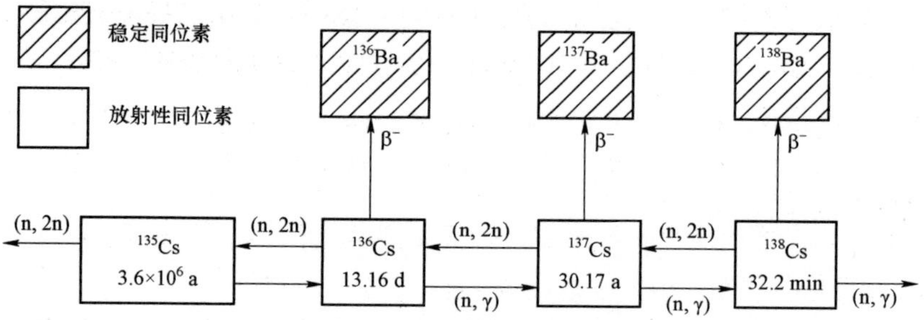

图 3-14（b） ^{137}Cs 的转化过程

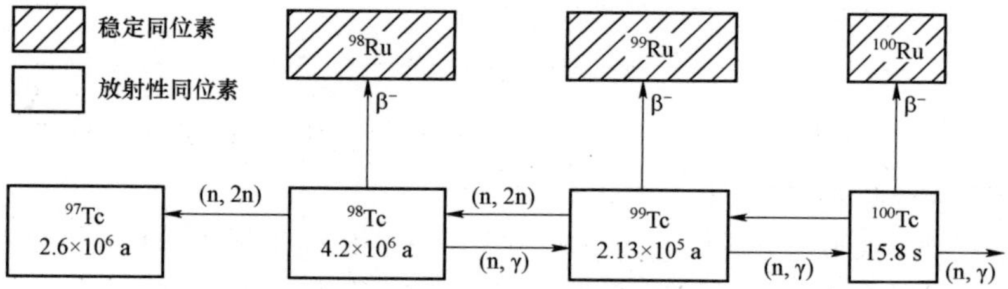

图 3-14（c） ^{99}Tc 的转化过程

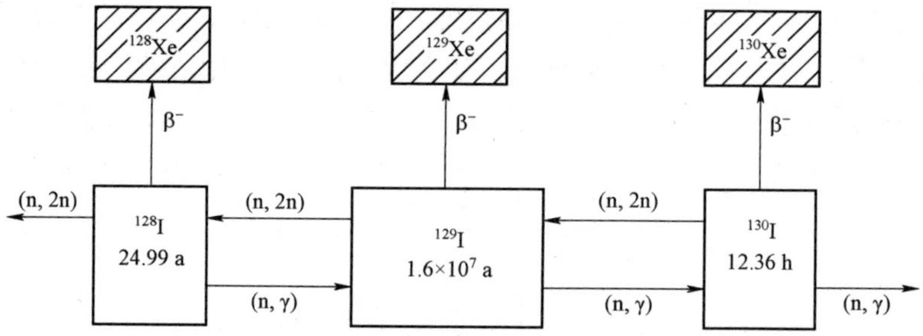

图 3-14（d） ^{129}I 的转化过程

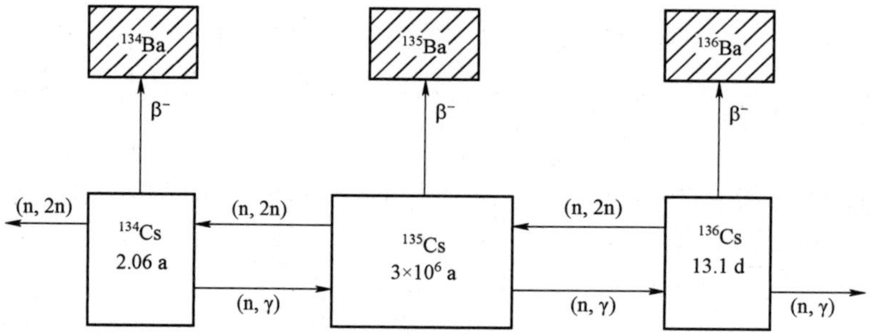

图 3-14（e） ^{135}Cs 的转化过程

由表 3-11 看出，^{99}Tc ^{129}I，^{135}Cs，^{93}Zr 的超热中子截面大，在超热中子区嬗变较为有利。而 ^{90}Sr 和 ^{137}Cs 因其（n，γ）截面太小，很难嬗变，且毒性最强。这些核素需要高的中子通量密度才能有效嬗变，需要极高的中子通量密度才能使有效半衰期降到 3 年以下。对 ^{90}Sr 中子通量密度要达到 10^{16} n/（cm^2 • s）以上，对 ^{137}Cs 中子通量密度要达到 10^{17} n/（cm^2 • s）以上。快堆、聚变堆都难以达到如此高的中子通量密度，只有 ADS 才可实现这样高的中子通量密度。

表 3-11 几种裂变产物的中子截面

同位素	σ/b（0.025 3）eV	$I^{1)}$ /b	$\sigma_{fast}^{2)}$ /b
^{90}Sr	9.0×10^{-1}	5.1×10^{-1}	7.5×10^{-1}
^{137}Cs	9.0×10^{-2}	4.9×10^{-1}	1.0×10^{0}
^{139}I	2.7×10^{1}	3.9×10^{1}	9.4×10^{-1}
^{99}Tc	2.2×10^{1}	1.9×10^{2}	7.5×10^{-1}
^{135}Cs	7.8×10^{0}	6.2×10^{1}	9.7×10^{-1}
^{93}Zr	2.5×10^{0}	2.8×10^{1}	8.7×10^{-1}

注：1）I 为俘获共振积分。

2）σ_{fast} 为快中子有阈截面在 1～15 MeV 的平均值，90%以上是（n，2n）的贡献。

Sr 与 Cs 在乏燃料元件中含有大量同位素。表 3-12 给出乏燃料元件中 Sr 与 Cs 的同位素及其截面。其中 ^{133}Cs 的热截面和超热截面接近 4 000 b，所以 Cs 受辐照时，^{137}Cs 把绝大部分中子吸收了，它是反应堆的毒物之一。

表 3-12 Sr 与 Cs 在乏燃料元件中的同位素

同位素	份额	$T_{1/2}$/a	$\sigma/b^{1)}$
^{88}Sr	0.454	稳定	0.006（+0.06）
^{90}Sr	0.545	29.1	0.9
^{133}Cs	0.475	稳定	33.6（+3 900）
^{135}Cs	0.123	2.3×10^{8}	8.7（+62）
^{137}Cs	0.400	30.2	0.11

注：1）括号内为超热中子截面。

由于 ^{90}Sr，^{137}Cs 的自然半寿期均在 30 a 左右，这两种裂变产物可以不进行嬗变处理，而采取分离－固化－贮存的方法即可。

^{99}Tc 和 ^{129}I 是裂变产物中半衰期最长，容易迁移扩散，是远期风险最主要核素。它们的热中子（n，γ）截面比较大。在 10^{14} n/（cm^2 • s）中子通量密度照射下，有效半寿期均可降到 10 a 以下[14]。

嬗变 MA 需要较高的快中子通量密度，如果用热中子谱可能需要更高的中子通量密度；嬗变 LLFP 要用热中子谱和超热中子谱。

3.3 小 结

反应堆乏燃料中的核废物都是在反应堆内经中子裂变和中子辐射俘获等核反应而形成。这些核废物中长寿命裂变产物（LLFP，主要包括 ^{99}Tc、^{129}I 等）和次量锕系核素（MA，主要包括 Np、Am、Cm 等），具有长的半衰期和很高的放射性生物毒性，可通过核反应使之嬗变成短寿命核素或稳定核素。在核废物理中，嬗变就是指将一些长寿命的核素（包括 MA 和 LLFP）通过核反应转化成稳定的或短寿命的核素。核素的嬗变需要辐照场，多种粒子都可以引起原子核的嬗变，但中子作为嬗变粒子是最为可行的。本节较为详细的阐述中子输运方程及燃耗方程、核嬗变有效半衰期、嬗变中子比、嬗变核素与中子能谱和中子通量密度的关系等概念，为嬗变核反应堆嬗变方法与装置的设计提供了基本物理理论基础与分析手段。

参考文献

[1] Tucek K. Neutronic and burnup studies of accelerator-driven systems dedicated to nuclear waste transmutation [D]. Fysik，2004.

[2] Gulevich A，Kalugin A，Ponomarev L，et al. Comparative study of ADS for minor actinides transmutation [J]. Progress in Nuclear Energy，2008，50（2-6）：359-362.

[3] 史永谦，朱庆福. 加速器驱动次临界反应堆物理学 [M]. 北京，中国原子能出版社，2018，8.

[4] 胡赟. 钠冷快堆嬗变研究 [D]. 清华大学，2009.

[5] 欧阳应根. 干法后处理技术典型流程综述 [J]. 中国核科技报告，2001，1：367-379.

[6] Croff A G. ORIGEN-2 A Revised and Updated Version of the ORNL Isotope Generation and Depletion Code，ORNL-5621，ORNL1980.

[7] Waters L. Radiation calculations using LAHET/MCNP/CINDER90 [J]. 1992.

[8] Murphy Jr D J，Farr W M，Ganapol B D. Power production and actinide elimination by fast reactor recycle [J]. Nuclear Technology，1979，45（3）：299-306.

[9] Salvatores M，Slessarev I，Uematsu M. A Global Physics Approach to Transmutation of Radioactive Nuclei [J]. Nuclear Science and Engineering；（United States）.

[10] Rose R P. Fusion-driven actinide burner design study，volume 1 [J]. 1977.

[11] Bowman C D，et al. Nuclear Energy Generation and Waste Transmustation Using an Accelerator-Driven Intense Therm al Neutron Source，Nucl. Inst. And Meth. In Physics Research-，A 320（1992）326-367.

[12] Schriber S. Transmutation of waste using particle accelerators [J]. Tenth Session of the Intern. Sem. of Nuclear War. Erice，Italy，1990.

[13] Parish T A，Davidson J W. Reduction in the toxicity of fission product wastes through transmutation with deuterium－tritium fusion neutrons[J]. Nuclear Technology，1980，47（2）：324-342.

[14] Croff A G，Blomeke J O，Finney B C. Actinide partitioning－transmutation program final report［R］. Oak Ridge National Lab.，TN（USA），1980.

第 4 章

压水堆嬗变

压水堆（PWR）是目前商用发电的主力堆型，具有丰富的设计、运行经验；较高的应用可靠性和公众接受度。我国以 PWR 为主的商用热中子堆在今后很长一段时间内还要占据主导地位。由于传统 PWR 电站运行时自身产生 MA，如果能使 PWR 自身高毒性 MA 产量减少，并能在 PWR 中嬗变掉累存的 MA，则从源头解决了核废物量的最小化，将对裂变核能持续发展提供有力保障。

目前国内外提出的压水堆嬗变方法主要有 3 种：先进商用压水堆、采用 IMF 惰性基质燃料组件的压水堆、高通量热中子嬗变堆。下面分别介绍这 3 种压水堆堆嬗变技术的概念设计方案与嬗变性能分析。

4.1 常规压水堆嬗变

4.1.1 常规压水堆嬗变原理

核电站乏燃料中含有大量长寿命放射性核素，次锕系核素（MA）是其中的一类具备强生物毒性的长寿命放射性核素，主要包括 ^{237}Np、^{241}Am、^{243}Am、^{243}Cm、^{245}Cm 等核素。

在本书的第 3 章中，介绍了 MA 核素在热中子区有很大的裂变和俘获截面，其中俘获截面要比裂变截面大很多，利用这个反应特性便可实现压水堆堆嬗变。锕系元素在压水堆中主要是通过间接裂变方式进行裂变，锕系元素经过多次中子俘获反应后形成易裂变核素如 ^{237}Np、^{241}Am 等，通过俘获中子生成 ^{239}Pu、^{243}Cm、^{245}Cm 等具有较大热中子裂变截面和易俘获热中子发生裂变的核素。由于 ^{237}Np、^{241}Am 的中子俘获截面大，将其加入到热中子堆后，堆芯的反应性下降很大，因此需要大幅度提高燃料中易裂变核素的富集度，但随着反应的进行，俘获截面大的锕系元素被消耗或转化成其他核素，所以 MA 也可以起到可燃毒物的作用，从而减少堆芯可燃毒物的布置量，提高燃耗深度[1]。

压水堆卸料乏燃料中还有部分高放射性长寿命裂变产物（LLFP）核素，半衰期长达几千年甚至百万年，称为长寿命高放核废料。在这些长寿命裂变产物核素中，^{99}Tc 和 ^{129}I 具有寿命长、毒性大和容易迁移渗透到生物圈等特点，是高放废物长期风险的重要贡献者，也是设计高放废物处置库的制约因素之一，是需要进行有效的分离和嬗变的主要核素。目前对 ^{99}Tc 和 ^{129}I 较适用的嬗变方法是采用热中子嬗变技术，利用 ^{99}Tc 和 ^{129}I 在超热能区和热能区具有较大的吸收截面，使其与热中子发生辐射俘获反应转变成短寿命核素或稳定核素。压水堆对嬗变长寿命高放射性裂变产物有很大的优势，如 ^{129}I、^{99}Tc 在热中子堆中可以分别转化为稳定核素 ^{130}Xe 和 ^{100}Ru，^{129}I 经过热中子辐照后的转化率为 5%左右，^{99}Tc 经过热中子辐照后的转化率为 6%～16%[2]。

本节以 MA 和 LLFP 为嬗变对象，对常规压水堆嬗变进行研究，提供了 MA 和 LLFP 在压水堆中不同的嬗变方案，分析其嬗变率，并讨论 MA 和 LLFP 添加对压水堆堆芯中子学特性的影响。

4.1.2　常规压水堆嬗变 MA[3]

如何处置核电站乏燃料中的次锕系核素既是核燃料再利用的重要过程，又是闭式循环中的关键步骤。如果处置得当，不仅可以提高燃料的利用率，而且可以将 MA 变成同位素燃料电池、中子源等有用的核素。嬗变 MA 研究的重点是嬗变方案的设计与嬗变率的提高。

（1）AP1000 嬗变方案

基于第三代先进压水堆 AP1000 进行 MA 嬗变。压水堆堆芯布置着 157 组燃料组件，其中每个燃料组件共有 289 个棒位，按 17×17 排列成正方形栅格，包含 264 根燃料元件棒位、24 根控制棒导向管，燃料组件中心位置是中子注量率测量管。反应堆堆芯基本参数见表 4-1。每个组件都提供了 24 个导向管，这些位置可以布置控制棒组件、可燃毒物组件和中子源组件等堆内控制部件。

表 4-1　压水堆堆芯主要参数

参数	设计值	参数	设计值
反应堆热功率/MW	3 400	包壳厚度/mm	0.57
活性区高度/cm	368	燃料棒间距/mm	12.0
燃料组件数目	157	UO_2 燃料密度/（g/cm^3）	10.2
UO_2 燃料装载量/t	96	燃料芯块直径/mm	8.19
包壳直径/mm	9.5	包壳材料	ZIRLO™

可燃毒物棒在压水堆中起到堆芯功率展平和剩余反应性控制的作用。图 4-1 是压水堆中可燃毒物棒组件在堆芯的分布示意图。反应堆第一次装料的堆芯剩余反应性最大，因此在部分燃料组件中布置了可燃毒物棒，布置可燃毒物棒的组件有 66 个。66 个组件中有 18 个组件中布置了 16 根可燃毒物棒，剩下的每个组件中布置了 12 个可燃毒物棒。具体布置如图 4-2 所示，可燃毒物棒的结构如图 4-3 所示。

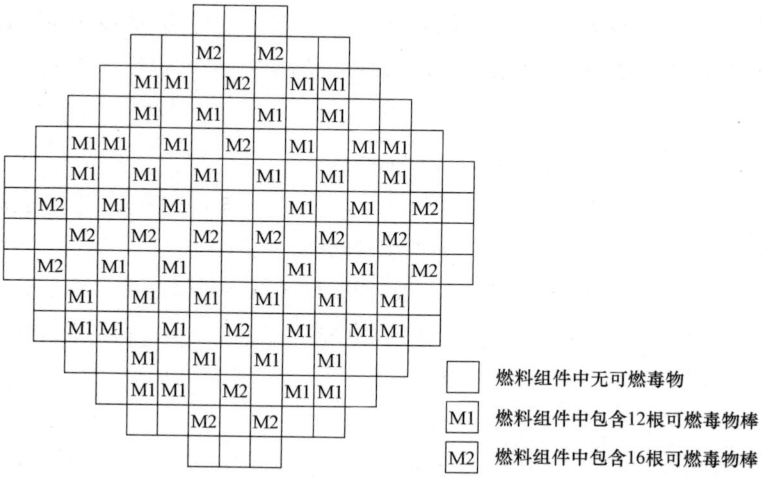

图 4-1　可燃毒物棒组件在压水堆中分布

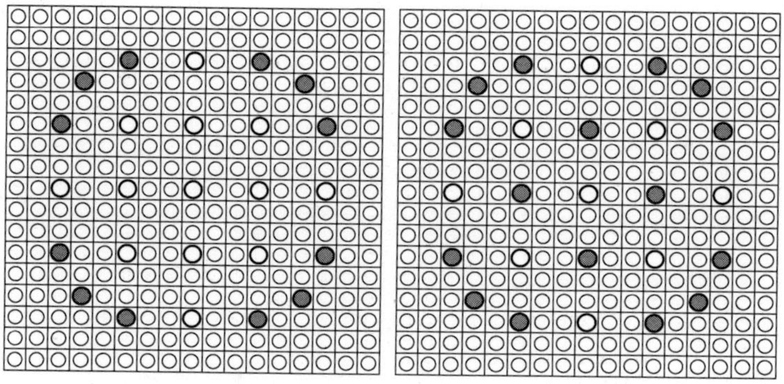

图 4-2　可燃毒物棒在组件中的布置示意图

MA 在 AP1000 中的布置方式有两种，第一种方式将 MA 布置在可燃毒物棒水空隙，将 MA 制作成薄层，添加到可燃毒物棒包壳和不锈钢薄层之间的空隙中，这样整个压水堆的燃料棒结构、燃料组成成分和燃料棒的布置都不会发生变化，而且可燃毒物棒的尺寸也没有发生变化，锆铌合金包壳和 MA 嬗变材料之间的空隙仍然填充为冷却剂，MA 嬗变棒的结构如图 4-4 所示。

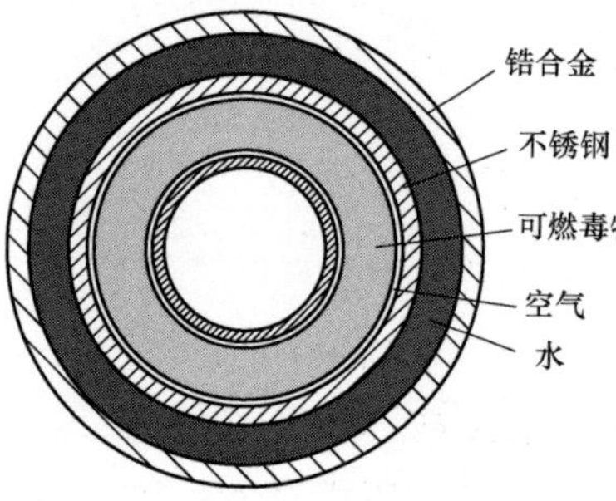

图 4-3　可燃毒物棒结构

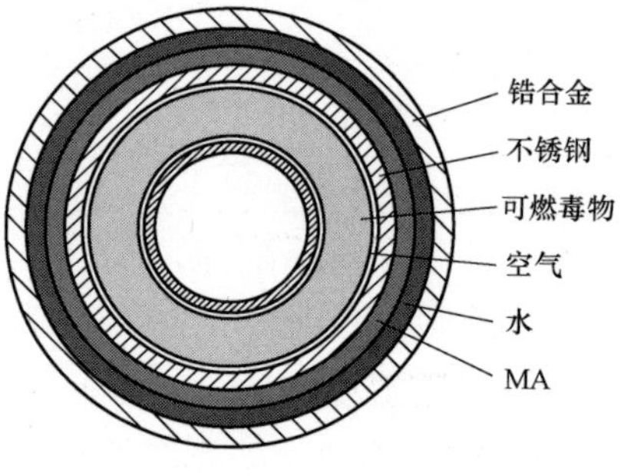

图 4-4　嬗变棒结构示意图

选用 8 根含有 MA 嬗变材料的可燃毒物棒代替燃料组件中没有 MA 嬗变材料的可燃毒物棒，并且保证整个堆芯中 66 个可燃毒物棒的组件中每个组件都含有 8 根 MA 嬗变棒并对称布置。MA 的嬗变棒在燃料组件中的布置如图 4-5 所示。

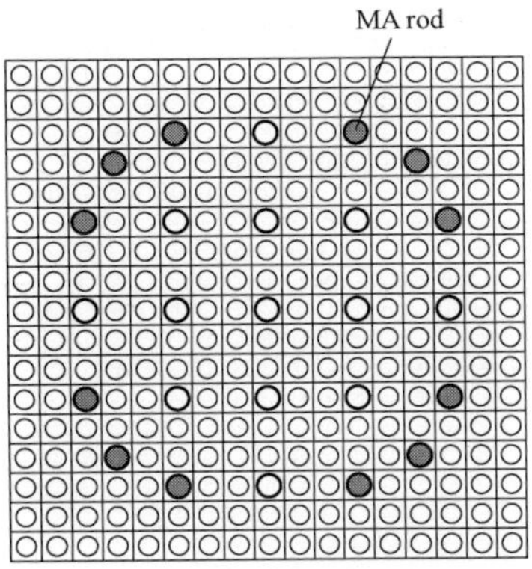

图 4-5 MA 嬗变棒在燃料组件中的布置

通过 MCNP 程序进行临界计算分析，发现随着 MA 薄层外径的增大，整个堆芯 MA 装载量也不断增加，堆芯的反应性会随着 MA 添加量的增加而降低，如果让反应堆重新达到临界，可以通过增加反应堆中二氧化铀燃料的富集度、降低冷却剂中硼酸浓度或者是移除一部分可燃毒物棒中的可燃毒物。当 MA 核素添加到压水堆堆芯中后，MA 核素消耗了大量中子，会使反应堆堆芯的 k_{eff} 出现下降，区别在于下降的程度不同。MA 核素添加到堆芯后对堆芯的影响和可燃毒物在堆芯中的作用类似。因此，在研究 MA 在堆芯嬗变时，MA 替换掉部分堆芯的可燃毒物，弥补了堆芯由于 MA 的引入而对 k_{eff} 的影响。运行反应堆中的可燃毒物包括可燃毒物棒和冷却剂中的硼酸，降低冷却剂中的硼酸可以增加堆芯的负温度系数，提高反应堆安全，将堆芯中部分与毒物作用的中子转移给 MA 进行嬗变，不造成生成中子的消耗，只是次锕系核素嬗变材料消耗了反应堆中移除部分控制毒物所吸收的中子。

次锕系核素材料可以部分代替压水堆中可燃毒物，减少冷却剂中硼酸浓度能够增加压水堆中的负温度系数，所有这些措施可以显著降低燃料循环过程中发生临界事故概率，这也是利用压水堆嬗变 MA 核素的一个优点。

第二种方式将 MA 替换部分硼酸，在压水堆中，通过调整硼酸浓度对反应堆反应性进行调节，反应性调节过程非常缓慢但是反应性会变化较大，这种调节称为化学补偿调节。越多的次锕系核素添加到反应堆堆芯中，冷却剂中的硼酸含量就越低。例如，当少数锕系嬗变材料的厚度是 0.03 cm，MA 嬗变材料的外径为 0.52 cm，需要降低冷却剂中的硼酸浓度 224 ppm（1 ppm = 1×10^{-6}）才能够让反应堆反应性返回临界。从表 4-2 中可以看出，这种方案装载的次锕系核素质量相当于 5～6 个压水堆每年卸载出来的次锕系核素产量。这就是说，在所有运行压水堆可燃毒物棒中 MA 薄层的外径为 0.52 cm，可以极大地减少次锕系核素的储存量。

表 4-2 MA 薄层添加在可燃毒物棒中计算结果

MA 薄层内直径/cm	MA 薄层外直径/cm	装载量/kg	相当于几个 1 000 MW 压水堆每年卸载次锕系核素产量	k_{eff}	标准偏差
0.490	0.490	0	0	1.010 83	0.000 54
0.490	0.500	61.27	1.7	0.984 36	0.000 52
0.490	0.520	187.53	5.1	0.972 98	0.000 53
0.490	0.550	386.20	10.5	0.963 27	0.000 53

通过对表 4-3 中 k_{eff} 计算结果分析可以知道，在压水堆中装载次锕系核素等同于在反应堆引入额外的毒物控制剩余反应性，需要移除一些控制毒物比如通过降低冷却剂中的硼酸浓度使反应堆维持在临界。这再次印证了次锕系核素可以代替反应堆冷却剂中的部分硼酸，而硼酸的降低可以提供反应堆的安全性。在反应堆运行初期，如果冷却剂中的硼酸浓度降低可以大大降低反应堆临界事故发生的概率，这是其他类型反应堆无法比拟的优点。

表 4-3　MA 代替部分硼酸对 k_{eff} 的影响

MA 薄层内直径/cm	MA 薄层外直径/cm	硼酸浓度/k_{eff}	k_{eff} 临界所需的硼浓度	硼浓度减少量/ppm
0.40	0.490	1 074 ppm/1.010 83	0 ppm/1.010 83	0
0.490	0.500	1 074 ppm/0.984 36	950 ppm/1.009 05	118
0.490	0.520	1 074 ppm/0.972 98	850 ppm/1.009 58	224
0.490	0.550	1 074 ppm/0.963 27	765 ppm/1.010 02	309

（2）嬗变效果

分析不同 MA 薄层的外径条件下的 MA 嬗变效果。图 4-6 至图 4-9 为 3 种不同 MA 薄层外径情况下，MA 核素在压水堆可燃毒物水隙中经过一个换料周期后的原子核密度变化情况。

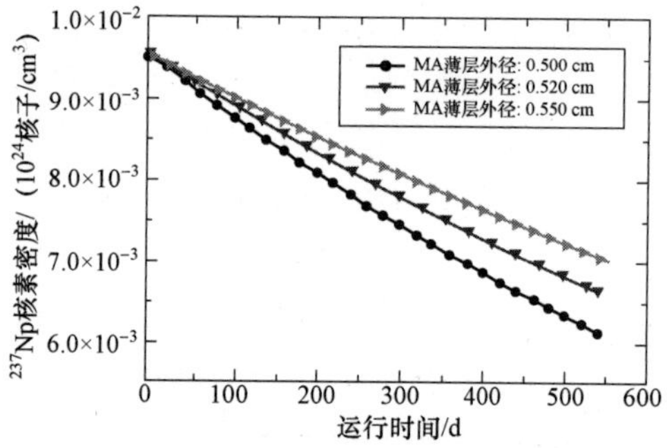

图 4-6　MA 薄层变化时 ^{237}Np 的原子核密度

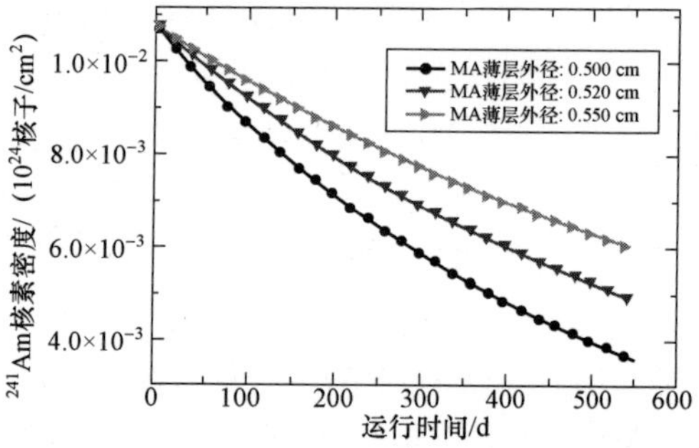

图 4-7　MA 薄层变化时 ^{241}Am 的原子核密度

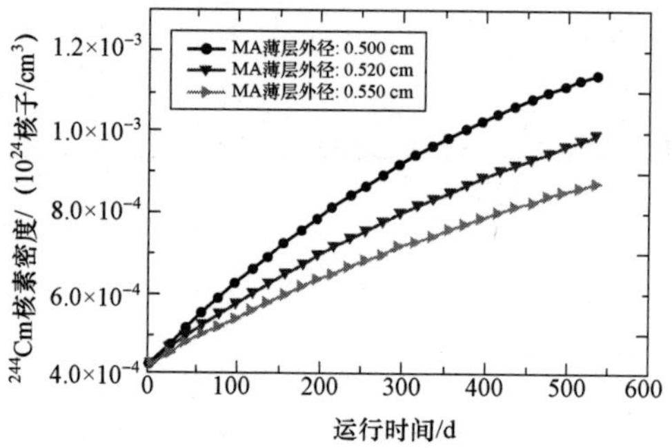

图 4-8　MA 薄层变化时 ^{244}Cm 原子核密度

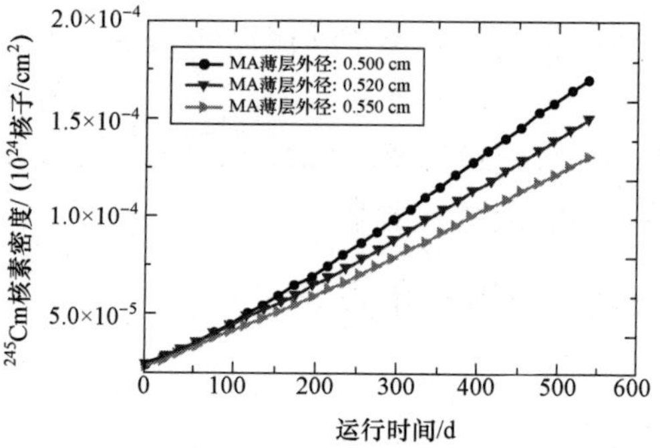

图 4-9　MA 薄层变化时 ^{245}Cm 原子核密度

由图 4-7、图 4-8 可知，在压水堆堆芯中 ^{237}Np、^{241}Am 核素随着堆芯的运行，核素的原子核密度在不断减小，而不同厚度的 MA 薄层，原子核密度减小趋势各不相同。比较发现，随着 MA 薄层厚度的增加，MA 在堆芯中的原子核密度减小的趋势也越平缓，^{237}Np、^{241}Am、^{243}Am 核素的嬗变率不断降低。而 ^{244}Cm，^{245}Cm 核素量随着反应堆运行不断增加，同时发现随着 MA 薄层厚度的增加，^{244}Cm 和 ^{245}Cm 原子核密度增加的趋势越来越平缓。

整体来说如表 4-4，将 MA 添加到可燃毒物棒的不锈钢和锆铌合金的间隙中，经过 540 d 的中子辐照后，半径为 0.50 cm 时，MA 嬗变率最高为 4.54%；半径为 0.55 cm 时最小，MA 嬗变率为 31.9%。

表 4-4　MA 核素在可燃毒物棒水隙中经过 540 d 辐照后得嬗变率

MA 薄层外直径/cm	核素	初始装量/g	剩余量/g	核素嬗变率	总嬗变率
0.500	^{237}Np	2.25×10^{4}	1.46×10^{4}	3.50×10^{-1}	4.540×10^{-1}
	^{241}Am	2.58×10^{4}	9.16×10^{3}	6.45×10^{-1}	
	^{243}Am	4.65×10^{3}	2.58×10^{3}	4.46×10^{-1}	
	^{244}Cm	1.05×10^{3}	2.74×10^{3}	−1.60	
	^{245}Cm	5.82×10^{1}	4.06×10^{2}	−5.97	
0.520	^{237}Np	6.90×10^{4}	4.79×10^{4}	3.05×10^{-1}	3.850×10^{-1}
	^{241}Am	7.90×10^{4}	3.64×10^{4}	5.39×10^{-1}	
	^{243}Am	1.42×10^{4}	8.96×10^{3}	3.70×10^{-1}	
	^{244}Cm	3.23×10^{3}	7.34×10^{3}	−1.28	
	^{245}Cm	1.78×10^{2}	1.12×10^{3}	−5.30	
0.550	^{237}Np	1.42×10^{5}	1.05×10^{5}	2.60×10^{-1}	3.190×10^{-1}
	^{241}Am	1.63×10^{5}	9.13×10^{4}	4.39×10^{-1}	
	^{243}Am	2.93×10^{4}	2.04×10^{4}	3.04×10^{-1}	
	^{244}Cm	6.65×10^{3}	1.34×10^{4}	−1.01	
	^{245}Cm	3.67×10^{2}	2.02×10^{3}	−4.50	

在压水堆 AP1000 可燃毒物棒中添加 MA 嬗变材料的方案，该方案将 MA 薄层添加到锆铌合金包壳和不锈钢之间的空隙中。在这种装载模式中，MA 嬗变材料与核燃料是完全分离的，并且不需要改变压水堆整体结构和燃料的组成。因此，这种方案简化了乏燃料的再处理过程，同时经过计算发现，不管单个核素还是整体考虑，MA 在先进压水堆中的嬗变率都非常高。

4.1.3　常规压水堆嬗变 LLFP

在使用压水堆嬗变 LLFP 的过程中，首先研究 LLFP 在压水堆中合理的布置方案，并分析其嬗变效果，其次 LLFP 的添加会改变堆的各种动态参数、控制棒效率等中子学参数，进而影响压水堆的安全性。

（1）LLFP 嬗变方案

^{99}Tc 和 ^{129}I 具有寿命长、毒性大和容易迁移渗透到生物圈等特点，是嬗变研究的重点核素。^{99}Tc 金属单质形式由于熔点高（2 250 ℃）、密度大（11.5 g/cm³），具有较好的中子性能和材料物理性能，是其进行嬗变的较好形式。^{129}I 的嬗变产物是气态氙核素，需考虑嬗变产物的化学稳定性。为避免碘核素的同位素分离，碘化物是堆内较好的嬗变形式，而 MgI_2 更有利于 ^{129}I 的嬗变。

1）惰性基质选择

关于 ^{99}Tc 和 ^{129}I 的嬗变方式，研究人员曾提出采用 ^{99}Tc 与铀燃料均匀混合的方案，但是这种方案并没有带来很好的嬗变效果，且燃料制造成本过高，因此不予考虑；^{99}Tc 和 ^{129}I 在超热能区具有较强的共振效应，由于 ^{99}Tc 和 ^{129}I 的共振吸收造成嬗变靶件的自屏蔽效应是影响其嬗变率最重要的因素，为了通过减小空间自屏效应来提高俘获反应，LLFP 的靶材料要尽可能的稀释，可以考虑将其弥散在惰性基体慢化剂中单独做成靶件棒。选择嬗变 ^{99}Tc 和 ^{129}I 的惰性基体材料要满足以下条件：低的次级中子吸收，与包壳和冷却剂的化学相容性，抗辐射损伤性能，好的热性能和机械性能。此外，不同惰性基体材料对中子学性能的影响应该尽量小，因为与中子相互作用截面小，是选择惰性基体材料的主要要求之一。另外，还需要尽量软化中子能谱以提高嬗变效率。

分别以 ZrH_2，BeO，Al_2O_3，ZrO_2，MgO 和 SiC 等材料为惰性基体计算 ^{99}Tc 和 ^{129}I 的嬗变率，结果表明使用 ZrH_2 材料作为慢化剂时，^{99}Tc 和 ^{129}I 的嬗变率明显高于其他材料。选择靶件的惰性基体材料，除了软化能谱的能力，还应考虑到材料本身的机械性能。铀氢化锆燃料自从 20 世纪 70 年代被研发出来以后，已在研究性反应堆和空间电源方面获得了广泛应用。铀氢化锆具有高温肿胀、释氢特性，且燃料元件的温度限值为 700 ℃。但嬗变靶件的释热远小于燃料元件，释氢效应更加不明显，其温度远低于 700 ℃，因此不会对机械性能方面的安全性形成挑战，可以选择 ZrH_2 作为嬗变靶件的基体。另一方面，Al_2O_3 陶瓷材料具有弹性模量大、强度高、硬度高、耐高温、耐氧化及重量轻、价格低廉等优点，能够很好地适应反应堆内的辐照环境，对于嬗变靶件是比较理想的材料。因此，ZrH_2 和 Al_2O_3 都可作为当前 LLFP 堆内嬗变的候选基体材料[4]。如图 4-10，图 4-11 所示。

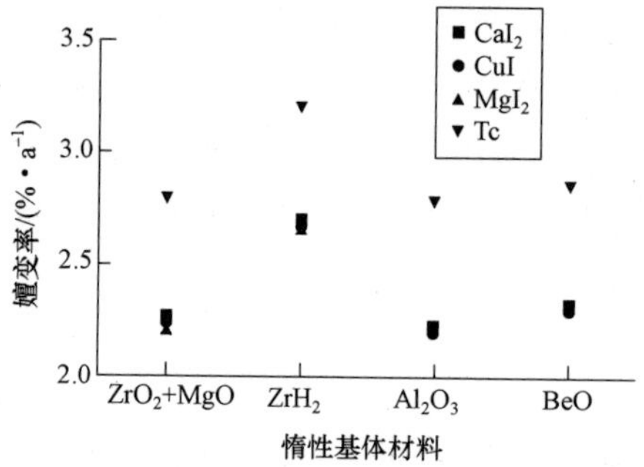

图 4-10　不同嬗变基体材料对嬗变率的影响

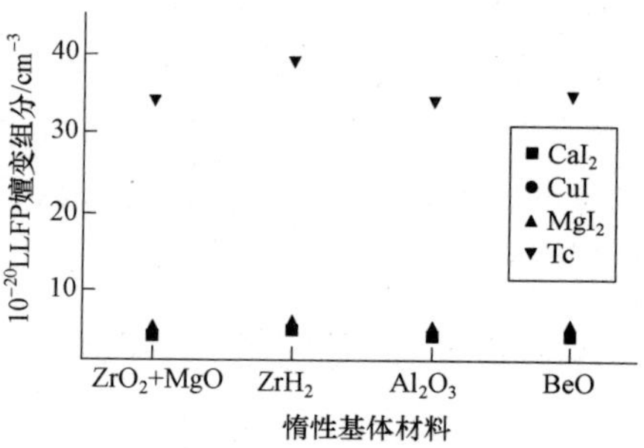

图 4-11　不同嬗变基体材料对核素嬗变消耗的影响

2）嬗变靶件设计方案

在热堆中嬗变 ^{99}Tc 和 ^{129}I，需要将 ^{99}Tc 和 ^{129}I 制成嬗变靶件，靶件的嬗变形式主要从 ^{99}Tc 和 ^{129}I 的化学形式、靶件的材料成分、靶件在组件中放置的位置和数目几方面进行选择。嬗变靶件布置方案的不同，不仅会影响燃料循环寿期，而且影响着嬗变的效果。嬗变靶件在组件中的布置方案应满足以下条件：① 分布尽量对称、并尽量分散以免引起严重的中子注量率分布畸变；② 要有足够的装载量以保证嬗变量。

根据此原则，提出了控制棒导向管方案和燃料棒方案 A、B 两种典型的靶件设计方案。

以热功率为 3 000 MW 的普通 PWR 17×17 组件为模型，一回路运行压力为 15.5 MPa，组件上下均设 20 cm 高的水反射层。每个组件中含有 264 根燃料棒、24 根控制棒导向管以及 1 根通量测量管。组件所选取的燃料富集度为 3.4%，设计燃耗深度为 40.73 MW/tU。模型的具体参数如表 4-5 所示，组件截面如图 4-12 所示。Zr－4 合金成分如表 4-6 所示，304 不锈钢成分如表 4-7 所示。

表 4-5　普通 PWR 17×17 组件设计参数

设计参数	数值
活性区高度/cm	365.760
UO_2 燃料富集度/%	3.4
燃料芯块温度/K	900
栅格中心距/cm	1.265
燃料棒半径/cm	0.409 6
气隙①半径/cm	0.418
包壳②半径/cm	0.475
控制棒导向管③内/外径/cm	0.561/0.612
组件中心距/cm	21.504
冷却剂温度/K	600
燃料线功率密度/（W/cm）	197.142
堆芯所含组件数目	157

注：① 气隙成分为氦气（He），密度 10^{-3} g/cm^3。

② 燃料棒包壳为锆－4 合金，密度 6.55 g/cm^3，主要成分见表 4-6。

③ 控制棒导向管材料为 304 号不锈钢，密度 7.93 g/cm^3，主要成分见表 4-7。

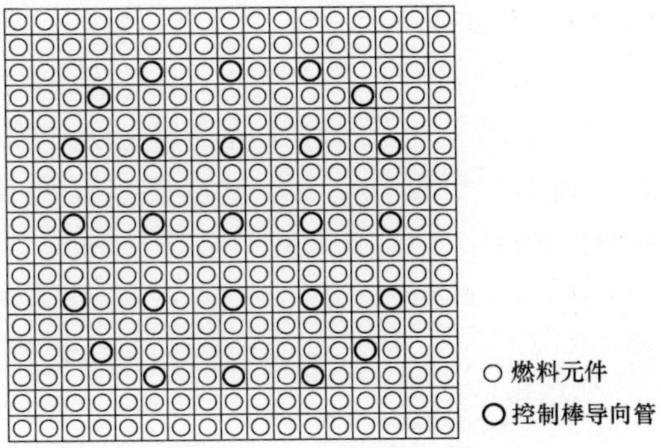

图 4-12　17×17 PWR 组件截面图

表 4-6 Zr－4 合金成分

核素	组分
^{16}O	0.001 25
^{90}Zr	0.504 8
^{91}Zr	0.11
^{92}Zr	0.168 25
^{94}Zr	0.170 5
^{96}Zr	0.027 6
Fe（natural）	0.002 1
Cr（natural）	0.001
Sn（natural）	0.014 5

表 4-7 304 不锈钢成分

核素	组分
C（natural）	0.000 8
Si（natural）	0.01
^{31}P	0.004
^{32}S	0.000 3
Cr（natural）	0.2
^{55}Mn	0.02
Fe（natural）	0.684 9
Ni（natural）	0.08

① 控制棒导向管方案

为了尽量减少对 PWR 组件和堆芯的改动，将 ^{99}Tc 嬗变靶件布置在组件通量导向管内，图 4-13 为嬗变靶件的控制棒导向管布置方案示意图。根据计算，在导向管内装载嬗变靶件后，组件的燃料温度系数和慢化剂温度系数变得更负，安全性更加优于不含靶件的组件。但由于 ^{99}Tc 具有较强的中子吸收能力，使得控制毒物可溶硼的价值有所降低。控制棒导向管方案存在两方面缺陷：一是嬗变靶件布置的数量与位置会受到控制棒驱动系统分布的限制，由于要预留出插入控制棒束的位置，实际可装载的 ^{99}Tc 的量十分有限；二是由于 ^{99}Tc 靶件被装载在导向管中，额外的包壳材料（包括导向管材料和靶件包壳材料）将导致额外的中子吸收，对嬗变造成不利影响。

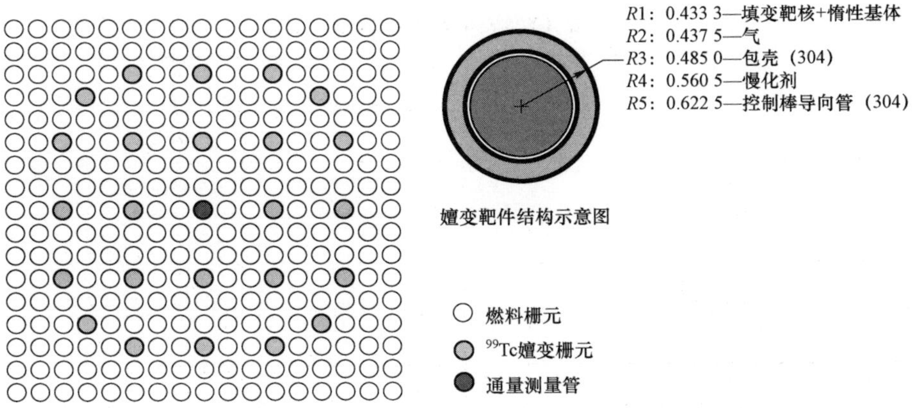

图 4-13 ^{99}Tc 嬗变靶件的控制棒导向管排布方式

② 燃料棒方案

如上所述，嬗变靶件的布置会受到全堆控制棒驱动系统分布的限制。为了突破这种限制，又提出了以 ^{99}Tc 嬗变靶件取代燃料组件中部分燃料棒的位置的方案，图 4-14 为燃料棒布置方案的示意图。在此种装载方案下，组件的燃料温度系数、慢化剂温度系数和临界硼浓度均保持在安全范围内。这种方案的优点是布置灵活，并且与控制棒导向管方案一样，对 PWR 的改动较少。

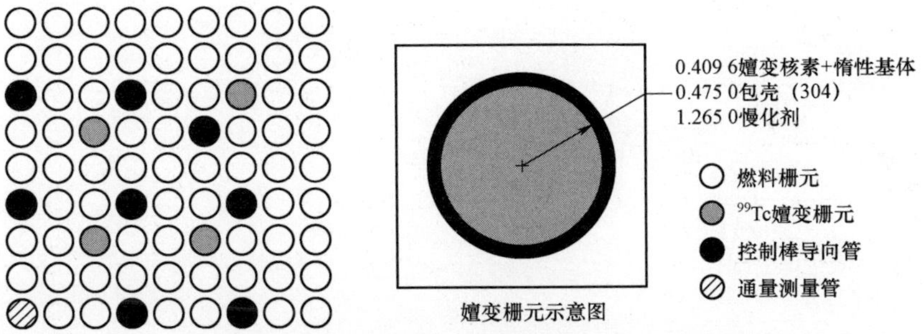

图 4-14 ^{99}Tc 嬗变靶件的离散型燃料棒排布方式

在研究燃料棒布置方案可选择在组件中布置 8 根、16 根、20 根和 24 根嬗变靶件。考虑到嬗变靶件的分布应尽量分散以免引起注量率的畸变，应选择 16 根/组件的方案。燃料棒（嬗变靶件）栅元与 1/4 组件的截面示意图如图 4-15、图 4-16 所示。图中 A、B、C、D 所标注的位置即为 ^{99}Tc 靶件。

（2）嬗变效果[5]

1）控制棒导向管方案的嬗变效果

^{129}I 嬗变效果：带有 MgI_2 嬗变组件的堆芯布置如图 4-17 所示，布置在堆芯外围无控制棒驱动机构的组件位置，最终经过多次换料后，达到平衡循环，各循环的临界硼降曲线如图 4-18 所示。从各燃料临界硼降曲线可看到，从第 3 循环开始，带有 MgI_2 嬗变组件的堆芯布置方案达到平衡循环。图 4-17 所示各靶件布置位置处的 ^{129}I 的嬗变率列于

表 4-8。按照如下方案进行布置，^{129}I 的循环嬗变率为 4.112%/a。最终有效嬗变消耗质量为 16.40 kg。

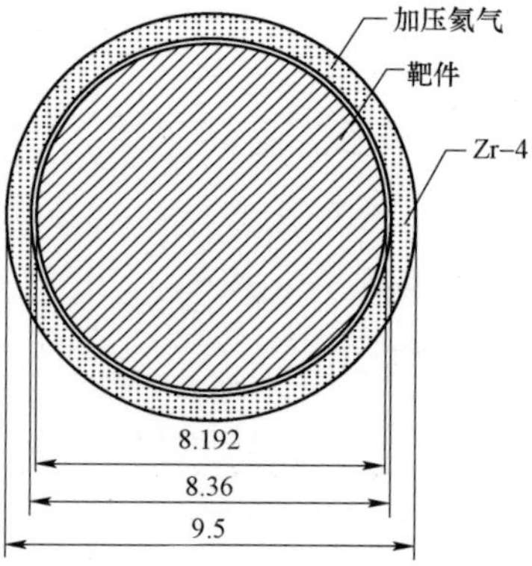

图 4-15　燃料棒栅元尺寸示意图（mm）

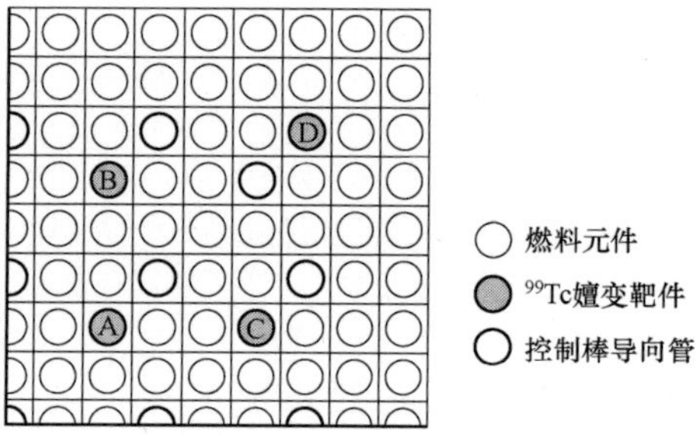

图 4-16　1/4 组件截面图

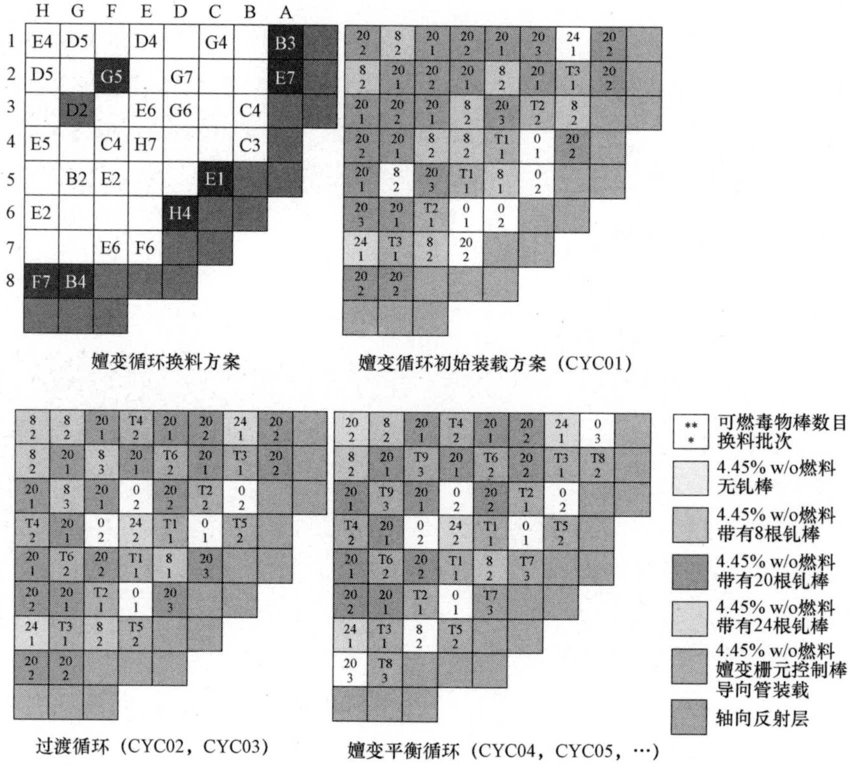

图 4-17　^{129}I 堆内嬗变方案

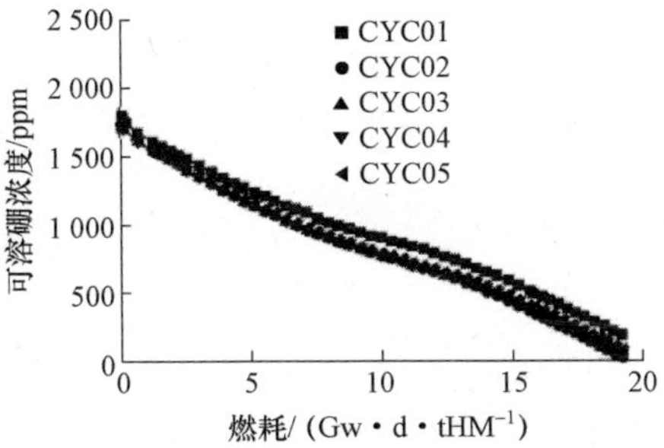

图 4-18 ^{129}I 嬗变循环临界可溶硼随燃耗的变化

表 4-8 平衡循环 ^{129}I 嬗变率

靶件编号	嬗变率/（%・a^{-1}）	靶件编号	嬗变率/（%・a^{-1}）	靶件编号	嬗变率/（%・a^{-1}）
T1	6.047	T4	5.372	T7	2.454
T2	5.767	T5	2.266	T8	1.744
T3	4.608	T6	5.618	T9	4.570

^{99}Tc 嬗变效果：^{99}Tc 在热谱下的中子吸收效应强于 ^{129}I，同时 ^{99}Tc 的初始装载量较大，为保证有效循环寿期，在初始循环需减少 ^{99}Tc 嬗变靶件的装载量。初始布置方案及平衡循环堆芯组件布置方案如图 4-19 所示。临界硼降曲线如图 4-20 所示。最终平衡循环条件下 ^{99}Tc 的嬗变率列于表 4-9。在当前装载方案下，^{99}Tc 的循环嬗变率为 6.115%/a，1 个循环嬗变掉的 ^{99}Tc 为 22.16 kg，如表 4-10 所示。

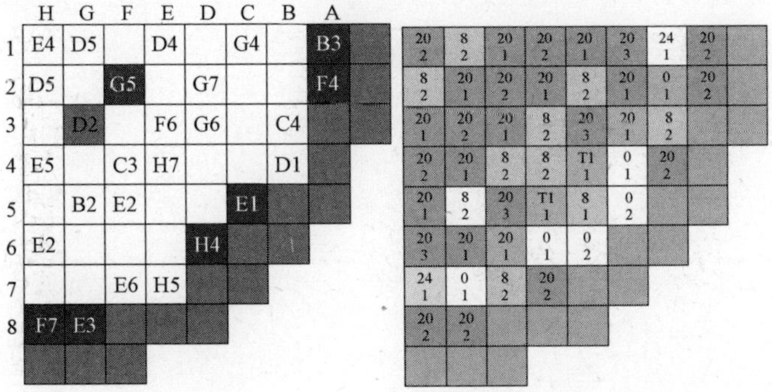

图 4-19 ^{99}Tc 堆内嬗变方案

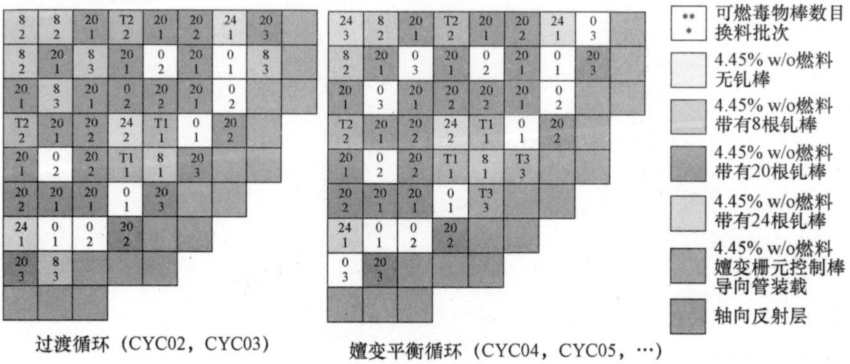

图 4-19　^{99}Tc 堆内嬗变方案（续）

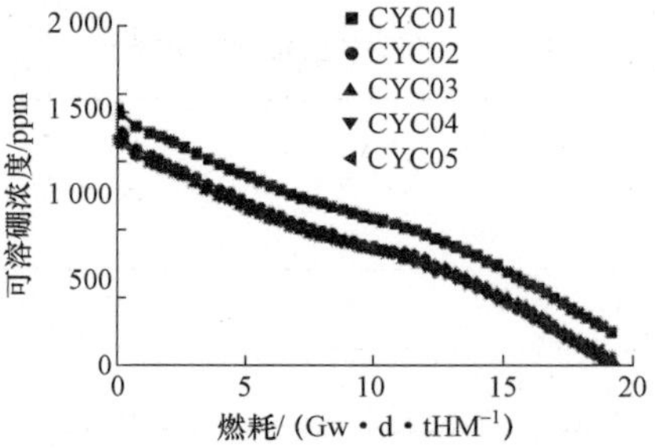

图 4-20　^{99}Tc 嬗变循环临界可溶硼浓度随燃耗的变化

表 4-9　平衡循环 ^{99}Tc 嬗变率

靶件编号	嬗变率/（% · a^{-1}）
T1	7.735 5
T2	7.876 1
T3	3.192 3

表 4-10　嬗变装载方案的计算结果

核素	初始装载量/kg	净消耗量/kg	循环嬗变率/（% · a^{-1}）	支持比
^{129}I	398.83	16.40	4.112	3.13
^{99}Tc	362.37	22.16	6.115	1.15

注：支持比是指压水堆单位时间内长寿命核素裂变组分和生成组分的比率。

2）燃料棒方案的嬗变效果

^{129}I 嬗变效果：用于 ^{129}I 嬗变的优化堆芯燃料装载方案见图 4-21，各循环的临界硼降曲线如图 4-22 所示，^{129}I 嬗变率如表 4-11 所示，在当前装载方案下 ^{129}I 的净消耗量为 22.00 kg，平均嬗变率达到 6.028%。^{129}I 的嬗变量等于 4.59 个 1 000 MWe PWR 的累积量。

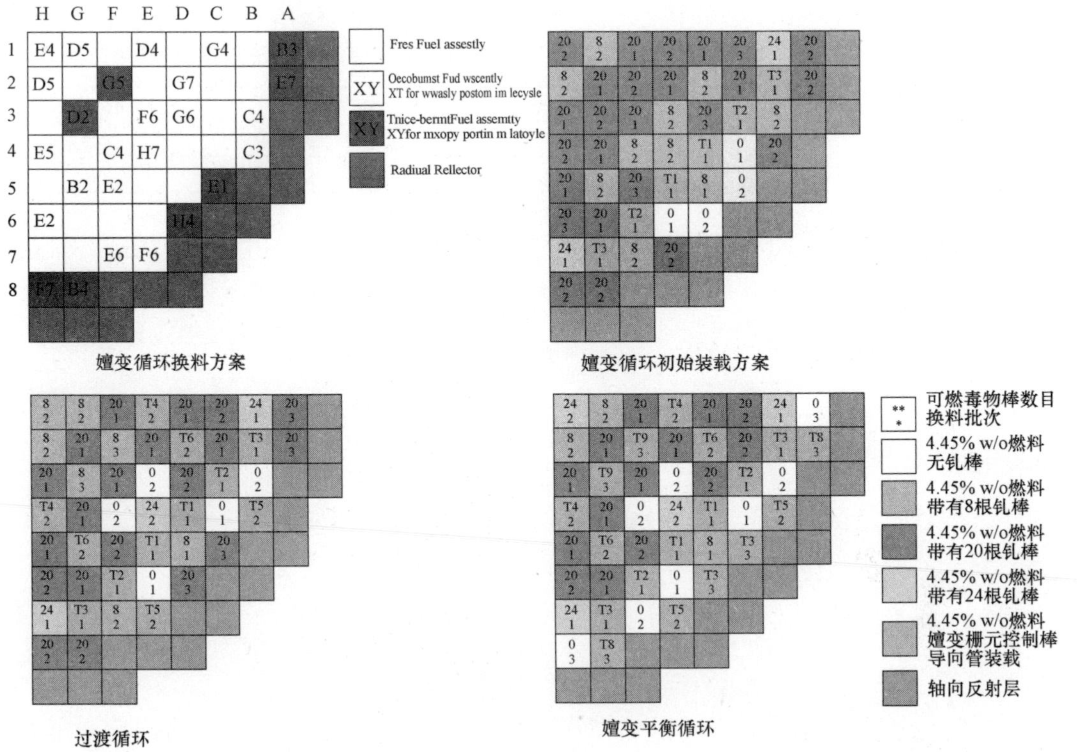

图 4-21　用于 ^{129}I 嬗变的优化堆芯燃料装载方案

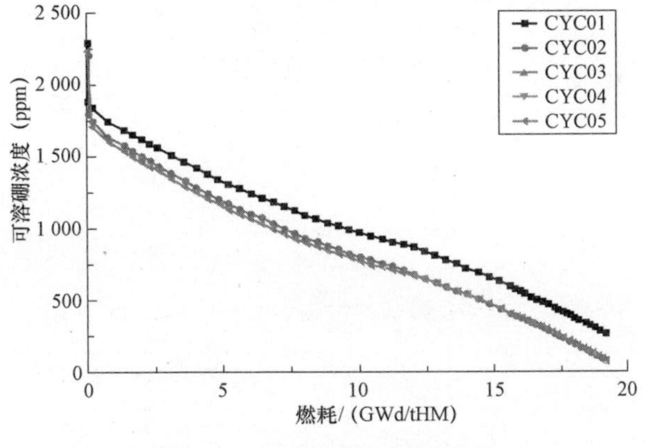

图 4-22　循环的临界硼降曲线

表 4-11　^{129}I 嬗变率

靶件号	嬗变率/%
T1	7.771
T2	7.540
T3	5.995
T4	6.816
T5	6.702
T6	7.262

续表

靶件号	嬗变率/%
T7	3.372
T8	2.316
T9	6.159

^{99}Tc 嬗变效果：初始布置方案及平衡循环堆芯组件布置方案如图 4-23 所示。临界硼降曲线如图 4-24 所示。3 批换料及平衡循环条件下 ^{99}Tc 的嬗变率列于表 4-12。在当前装载方案下，^{99}Tc 的循环嬗变率为 9.052%/a，1 个循环嬗变掉的 ^{99}Tc 为 29.45 kg[6]。

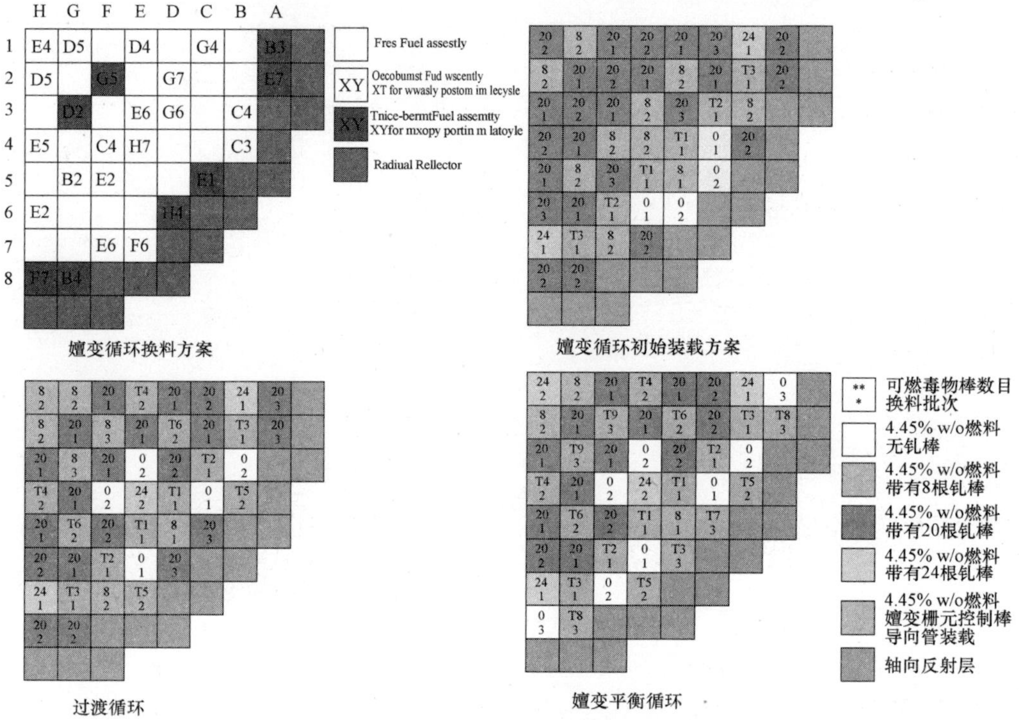

图 4-23　始布置方案及平衡循环堆芯组件布置方案

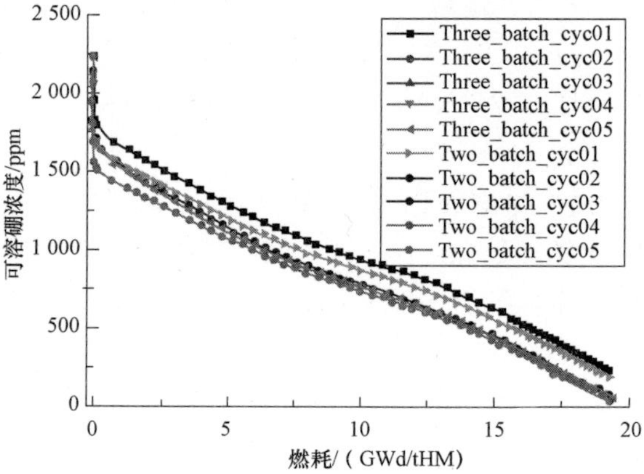

图 4-24　临界硼降曲线

表 4-12 3 批换料及平衡循环条件下 ^{99}Tc 的嬗变率

靶件号	嬗变率/%
T1	11.687
T2	11.278
T3	8.911
T4	10.340
T5	10.094
T6	10.915
T7	4.790
T8	3.178
T9	9.241

将 LLFP 靶件添加进堆芯有控制棒管道方案和燃料棒方案，通过对上述研究结果发现燃料棒方案能够获得更高的年嬗变率[7]，如表 4-13 所示。

表 4-13 不同靶件装载方案 ^{129}I 和 ^{99}Tc 的嬗变结果

核素	靶件装载方案	初始装载量/kg	净消耗量/kg	嬗变率/（%/循环）	支持比
^{129}I	导向管装载	398.83	16.40	4.112	3.13
	离散装载（三批换料）	364.99	22.00	6.023	4.59
	离散装载（两批换料）	289.38	20.25	6.997	4.22
^{99}Tc	导向管装载	362.37	22.16	6.115	1.15
	离散装载（三批换料）	325.34	29.45	9.052	1.53
	离散装载（两批换料）	393.28	37.29	9.482	1.94

（3）靶件对 PWR 组件中子学性能的影响

由于 PWR 是目前使用最广泛的商业堆型，可以在运行发电的同时嬗变 ^{99}Tc。但是在将嬗变靶件置入堆芯之前，必须考虑到 LLFP 是否会对堆芯的反应性、寿期和温度系数等参数造成不利影响。本节利用上面章节所设计的 LLFP 嬗变组件模型，计算 LLFP 靶件置入前后，组件的 k_{inf}、能谱分布、燃料温度系数（FTC）和慢化剂温度系数（MTC）的变化，以考察 LLFP 靶件对 PWR 组件中子学性能的影响。

1）LLFP 靶件对组件 k_{inf} 的影响

根据 PWR 组件模型进行计算得出，^{99}Tc 嬗变靶件会使组件 k_{inf} 下降。靶件中 ^{99}Tc 的体积分数越大，k_{inf} 下降的程度也越大，且基本呈现线性趋势。这是因为 ^{99}Tc 在热能区有较大的中子吸收截面，导致 k_{inf} 降低。因此将 ^{99}Tc 布置在 PWR 中，可以一定程度上替代可燃毒物控制初始的剩余反应性。此外，在相同的 ^{99}Tc 体积分数下，ZrH_2 靶件的 k_{inf} 的下降程度明显大于 Al_2O_3 靶件。惰性基体 ZrH_2 对中子起到慢化作用，靶件附近热中子增多，核燃料的裂变率增大，将导致 k_{inf} 变大，另一方面 ^{99}Tc 的辐射俘获率也增大，将导致 k_{inf} 变小。从计算结果可以看到，两方面因素共同作用的结果，是 k_{inf} 减小。如表 4-14 所示。

表 4-14 ^{99}Tc 靶件加入前后组件 k_{inf} 的变化

^{99}Tc 体积分数/%	ZrH_2 基体		Al_2O_3 基体	
	k_{inf}	Δk_{inf}	k_{inf}	Δk_{inf}
40	1.186	−0.090	1.197	−0.081
45	1.178	−0.096	1.189	−0.087
50	1.170	−0.102	1.181	−0.094
55	1.163	−0.107	1.173	−0.100
60	1.157	−0.112	1.166	−0.105

图 4-25、图 4-26 为各种靶件装载方式的组件 k_{inf} 随燃耗时间的变化。从图中可以看到，除了燃耗初期由于 Xe 中毒造成的陡降以外，组件的 k_{inf} 随燃耗的加深基本呈线性减小，并且加入 ^{99}Tc 后 k_{inf} 下降幅度稍有减小。k_{inf} 的减小会导致燃料寿期缩短，这是在 PWR 中装载嬗变靶件时必须考虑到的问题。为了解决这一问题，可以通过增加反应堆初始装料来延长燃料寿命，以保证换料周期[8]。

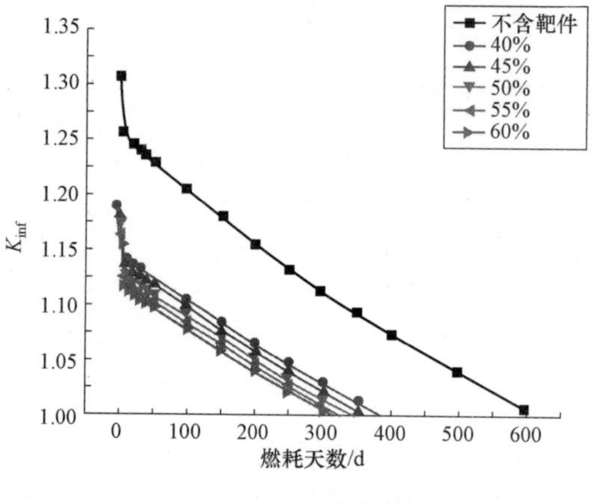

图 4-25 组件 k_{inf} 随燃耗天数的变化（ZrH_2）

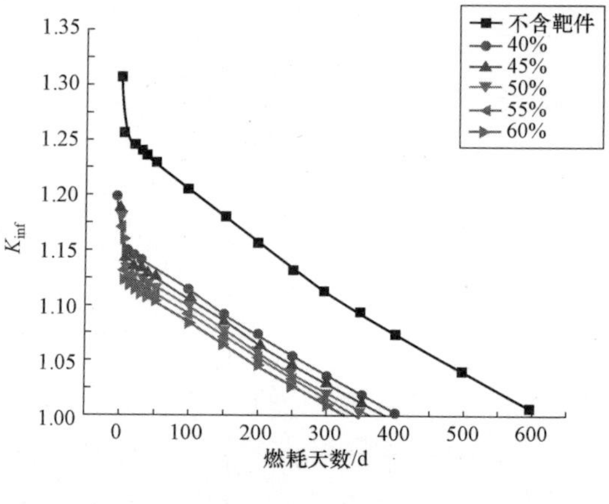

图 4-26 组件 k_{inf} 随燃耗天数的变化（Al_2O_3）

2）LLFP 靶件对 PWR 组件反应性系数的影响

核反应堆的温度系数是对反应堆影响最大的参数。压水堆物理设计的基本准则之一，便是要保证温度系数为负值。为保证在嬗变 LLFP 的过程中，反应堆能够安全运行，必须考虑靶件入堆后对反应性系数的影响。分析控制棒管道和燃料棒添加 LLFP 靶件方案堆芯、无 LLFP 靶件堆芯的燃料温度系数与慢化剂温度系数，表 4-15 给出了控制棒管道添加 LLFP 靶件堆芯的反应性系数，表 4-16 给出了燃料棒添加 LLFP 靶件堆芯的反应性系数，从表中发现，^{129}I 及 ^{99}Tc 靶件的添加会增大堆芯燃料温度系数与慢化剂温度系数负值，使得反应性负反馈更大。同时燃料棒添加 LLFP 靶件方案相比控制棒管道添加 LLFP 靶件方案可以得到负值更大的慢化剂温度系数。

表 4-15 控制棒管道添加 LLFP 靶件堆芯的反应性系数

		燃料温度系数/（pcm·K^{-1}）	慢化剂温度系数/（pcm·K^{-1}）	硼浓度系数/（pcm·ppm^{-1}）
UO_2 组件		−1.685	−31.969	−5.874
Tc	08	−1.733	−36.515	−5.550
	16	−1.733	−40.065	−5.776
	20	−1.747	−41.749	−5.899
	24	−1.761	−43.393	−6.026
	08	−1.665	−31.665	−5.511
MgI_2	16	−1.633	−30.318	−5.690
	20	−1.618	−29.565	−5.791
	24	−1.603	−28.766	−5.896

表 4-16 燃料棒添加 LLFP 靶件堆芯的反应性系数

	靶件装载方案	热点因子	慢化剂温度系数/（pcm·K^{-1}）
^{129}I	A11−UO_2（参考） 控制棒导向管装载	1.842 2.794	−7.942 −4.686
	组件内装载（三批换料）	3.080	−6.162
	组件内装载（二批换料）	2.348	−9.588
^{99}Tc	控制棒导向管装载	1.956	−10.783
	组件内装载（三批换料）	2.827	−3.350
	组件内装载（二批换料）	2.111	−5.717

对于选取的 ZrH_2 和 Al_2O_3 两种不同靶件，燃料温度系数的数值和变化趋势都差别很小（见图 4-27、图 4-28）。说明惰性基体材料对燃料温度系数几乎没有影响。观察两种惰性基体靶件的燃料温度系数可以发现，将 ^{99}Tc 靶件加入 PWR 组件后，组件的燃料温度系数仍处于负数范围，随着燃料温度的升高，负燃料温度系数的绝对值逐渐变小。且靶件中的 ^{99}Tc 含量越高，负燃料温度系数的绝对值越大。这是由于 ^{99}Tc 作为中子吸收体，具有与 ^{238}U 十分相似的共振吸收截面。在 PWR 中 ^{238}U 的吸收共振峰的展宽是形成负燃料温度系数的主要原因。因此 ^{99}Tc 含量越高，热中子的有效共振积分也越高，因此负燃料温度系数的绝对值越大。

在以低富集度铀为燃料的 PWR 中，随着反应堆的运行 ^{239}Pu 和 ^{240}Pu 不断地积累，^{240}Pu 对能量靠近热能的中子有很大的共振吸收峰，它的多普勒效应将使得燃料温度系数更负。因此 ^{99}Tc 靶件不仅不会对组件的燃料温度系数造成不利影响，反而有一定的优化作用。

负的慢化剂温度系数有利于反应堆功率的自动调节，对反应堆的安全性和稳定性起着十分重要的作用。

对于选取的 ZrH_2 和 Al_2O_3 两种不同靶件，慢化剂温度系数的数值和变化趋势都差别很小。说明惰性基体材料对慢化剂温度系数几乎没有影响。组件中加入 ^{99}Tc 后，慢化剂

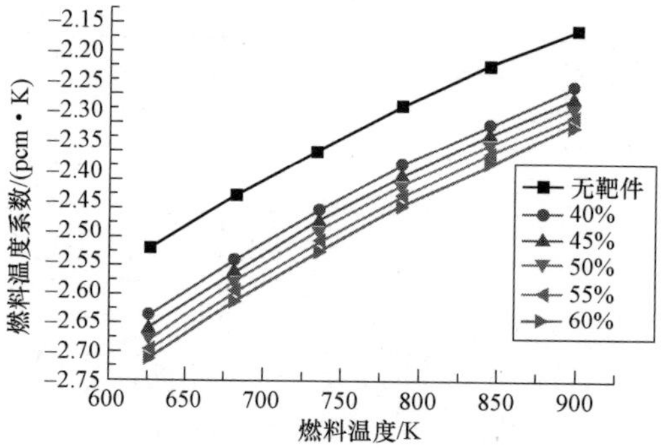

图 4-27　ZrH_2 为惰性基体的燃料温度系数

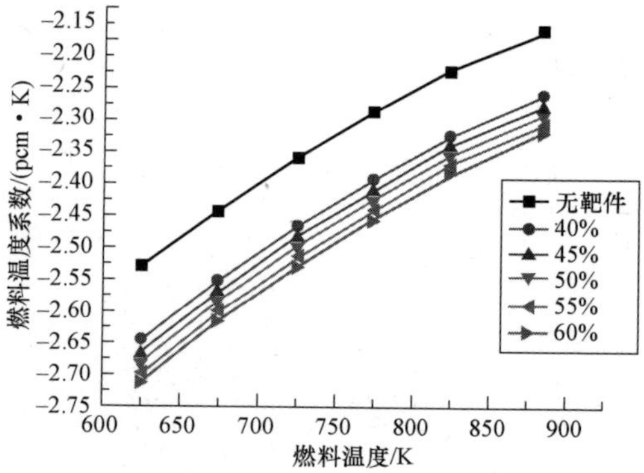

图 4-28　Al_2O_3 为惰性基体的燃料温度系数

温度系数仍然为负，随着慢化剂温度的升高，负慢化剂温度系数的绝对值变大。且随着 ^{99}Tc 体积份额的增加，负慢化剂度温度系数的绝对值变大。如图 4-29、图 4-30 所示。

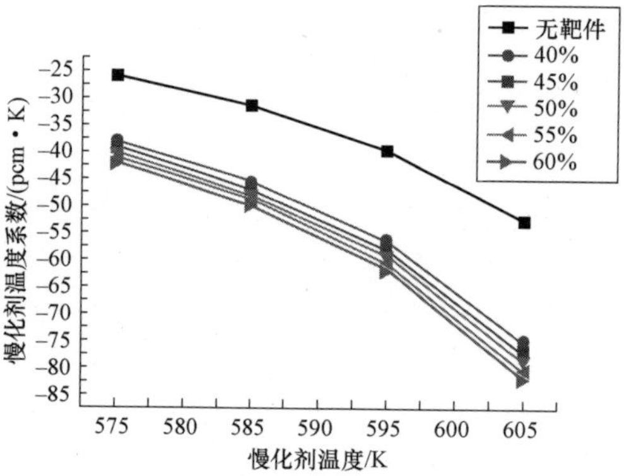

图 4-29　慢化剂温度系数（ZrH_2 基体）

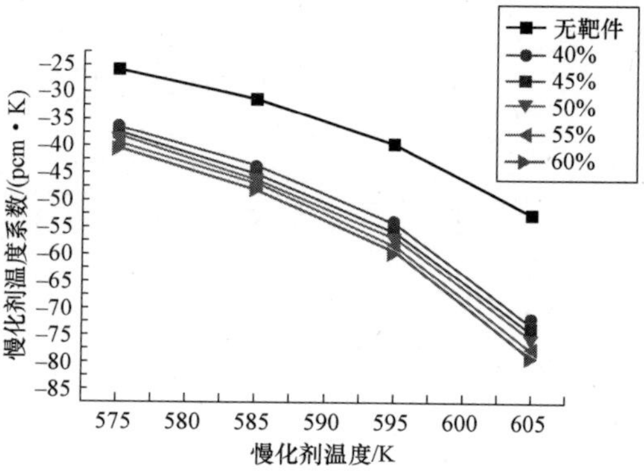

图 4-30　慢化剂温度系数（Al_2O_3 基体）

通过以上分析可知，^{99}Tc 嬗变靶件会缩短燃料寿期，但是对组件的温度系数没有不利影响，反而有一定的优化作用。

3）组件中燃料棒功率的变化

不同位置的 ^{99}Tc 靶件的嬗变情况会受到该处中子能谱分布的影响，同时，^{99}Tc 靶件作为中子吸收体，也会影响周围的中子能谱，进而引起组件中各燃料元件棒的功率因子变化。

通过计算加入 ^{99}Tc 靶件的组件功率分布及释热率发现：^{99}Tc 靶件的释热率很小，并且随着靶件中 ^{99}Tc 体积分数的增加而增大；^{99}Tc 靶件能使 PWR 组件功率分布变得更平坦，并且靶件中 ^{99}Tc 的体积分数越大，这种变化越明显；在相同的 ^{99}Tc 体积分数下，Al_2O_3 靶件对组件功率的优化效果比 ZrH_2 组件更好[2]。如图 4-31 至图 4-33 所示。

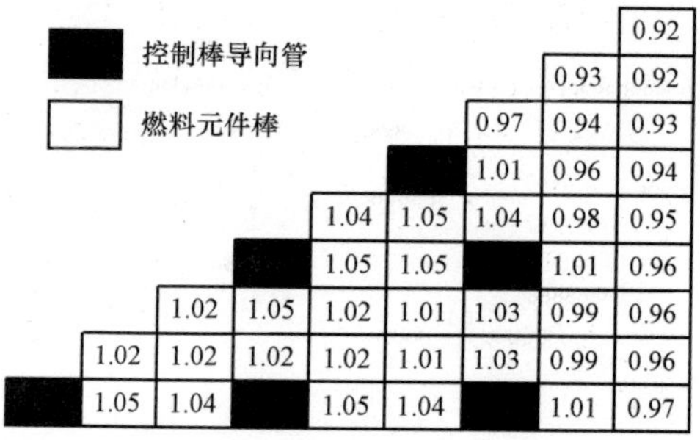

图 4-31　不含靶件的 1/8 组件的燃料棒功率分布

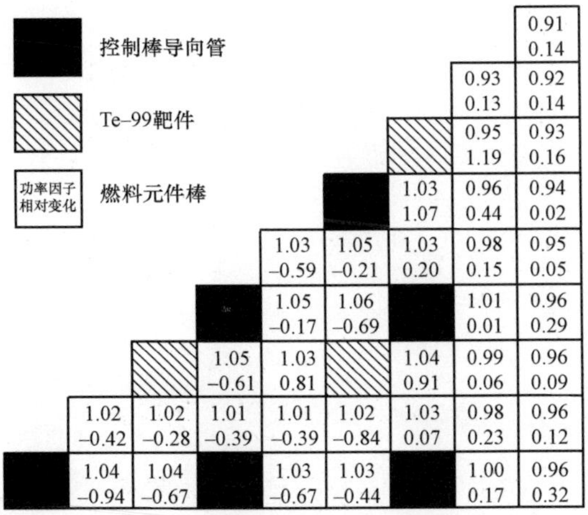

图 4-32　加入 40%ZrH_2 靶件的组件功率分布

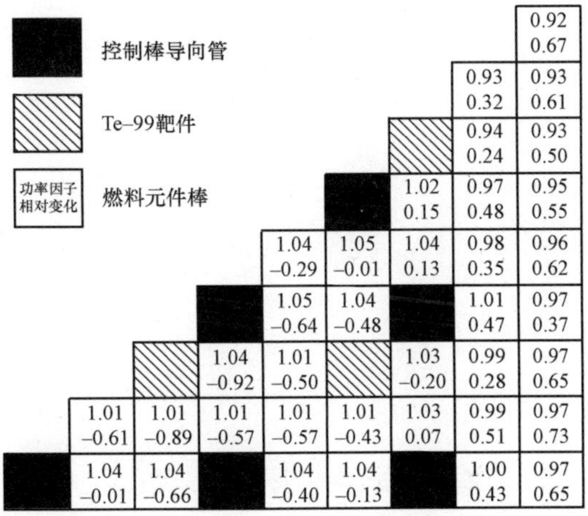

图 4-33　40%Al_2O_3 靶件的组件功率分布

4.2　基于惰性基质的压水堆嬗变

4.2.1　惰性基质燃料联合快中子源区（FNZ – CONFU）嬗变原理

IMF 惰性基质（Inert Matrix）燃料是将 PuO_2 弥散在中子反应截面极小或难以形成 MA 的基质中的一种新型燃料，IMF 惰性基质燃料可降低自身产生的高毒性 TRU，又能嬗变累存的 MA。研究表明：在 CANDU 堆内采用 Pu + IMF 或 Pu + MA + IMF，Pu 销毁效率高达 90%以上，MA 达 60%以上。因此提出了国际上提出了 AFCI（Advanced Fuel Circle Initiative）计划，确定 LWR 焚烧 TRU 的燃料类型：MOX 和 IMF。常用的惰性基质有 ZrO_2、MgO、Al_2O_3 及其混合物等中子吸收截面极小的物质和吸收中子后难以形成 MA 增殖介质，如 ThO_2。IMF 成分与传统的 UO_2、MOX 存在较大差别，具有特定的燃耗行为。

美国 MIT 提出了在 PWR 中布置 CONFU（Combined Non – Fertile and UO_2 Assembly）组件，在 PWR 中使用由（TRU + U）O_2 和 UO_2 元件混合构建 CORAIL – TRU 组件堆芯；法国 CEA 利用惰性基质技术成功研制了 PuO_2 – MgO 燃料，并正在进行 ZrO_2 和 Al_2O_3 惰性基质燃料（Inert Matrix Fuel，IMF）的研究；德国 FZK 超铀研究所也开展了惰性基质燃料组件的研究。这些研究的目的都是希望从源头减少 PWR 中 MA 产量。

在 IMF 燃料的基础上提出局部快中子源区，研究在快中子源区中加入 IMF 的燃耗特性。快中子源区（Fast Neutron Zone，FNZ）（见图 4-34），它既是产生高通量快中子能谱的快中子源，又是焚烧可燃毒物 MA 和防止快中子能谱变软的热中子屏蔽层，是由含有低浓度 ^{235}U 和作为燃耗平衡的可燃毒物 MA 按一定比例而构成的薄层。通过研究设计，将快中子源区薄层构型成一个独立的空腔，它吸收热中子并裂变产生快中子，空腔中将出现高通量 MA 嬗变快中子能谱区域（R1 区），用于嬗变废物 MA。

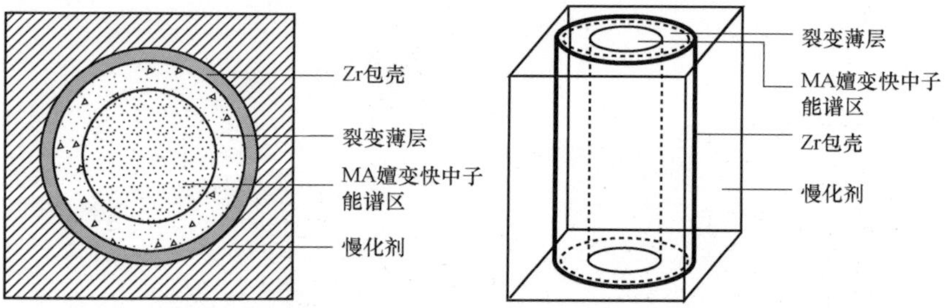

图 4-34 快中子源区（FNZ－CONFU）元件示意图

快中子源区（FNZ）含有易裂变物质，热中子进入裂变薄层（R2 区）后引发裂变。热中子在裂变薄层中引发裂变的概率为$1-e^{-d/\lambda_f}$，其中λ_f为热中子裂变自由程，d为裂变薄层厚度。如果d为 3～5 个λ_f，则几乎所有的热中子都将被裂变薄层吸收，并发生裂变反应。一部分裂变中子进入反射层，经慢化再次返回块裂变薄层，再次触发裂变；另一部分裂变中子进入空腔，在空腔中形成裂变中子谱。通常情况下，对于易裂变物质，热中子裂变自由程λ_f远远小于快中子吸收自由程λ_a，因而快中子在裂变薄层中的吸收概率$1-e^{-d/\lambda_f}$也远远小于热中子在裂变薄层中的裂变概率$1-e^{-d/\lambda_a}$。因此裂变薄层将吸收热中子并裂变产生快中子；空腔中将出现近似裂变中子谱区域，称为“快中子能谱区”，该区能谱较硬，将有利于 MA 嬗变[9]。

4.2.2 FNZ－CONFU 嬗变方案

IMF 燃耗计算模型 X－Y 几何无限棒－水栅格模型，如图 4-35 所示，其中图 4-35（a）为栅格示意图，图 4-36（b）为使用 KENO V.a 建立的栅格模型。栅格参数：芯块直径 0.819 cm，气隙厚度 0.002 21 cm，元件外径 0.95 cm，包壳厚度 0.057 cm，材料为 Zr－4，栅距 1.26 cm；慢化剂纯水，密度为 0.659 g/cm^3。

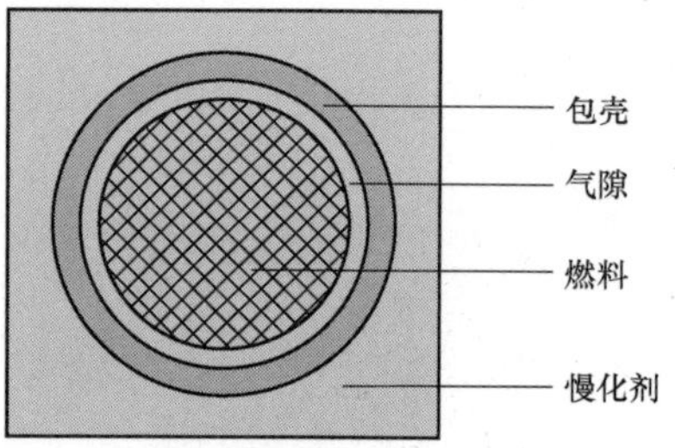

(a) IMF栅格模型示意

(b) 建立的IMF栅格模型

图 4-35 IMF 元件模型

IMF 元件中心加载 MA 燃料元件即 FNZ 元件，通过理论设计使用 KENO V.a 建立 PWR 尺度快中子源区计算模型，其中 MA 嬗变快中子能谱区（快中子能谱区）半径为 0.208 915 cm，裂变薄层厚度为 0.208 915 cm，元件外径 0.95 cm，包壳厚度为 0.057 cm，材料为 Zr－4，栅距 1.26 cm。模型如图 4-36 所示，图 4-36（a）、图 4-36（b）分别为理论设计图例，图 4-36（c）为使用 KENO V.a 建立的栅元模型。其中裂变薄层采用一定体积分数的 IMF，慢化剂选取纯水，密度为 0.659 g/cm^3。

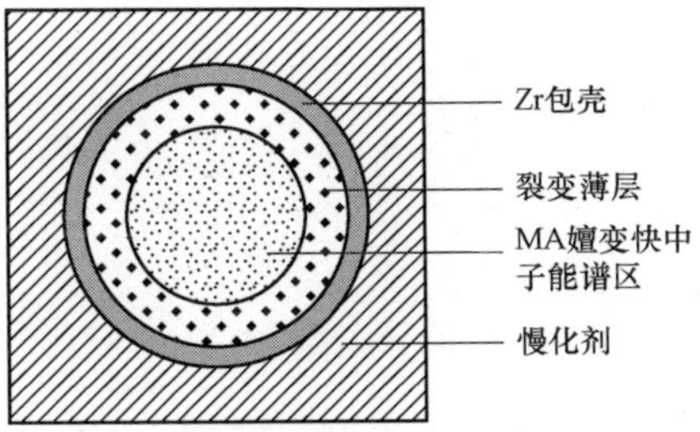

(a) FNZ栅格示意图

(b) FNZ栅格模型

图 4-36 FNZ 计算模型

IMF 组件模型按照普通 PWR 组件排布方案建立模型，如图 4-37 所示，它是将 IMF 燃料棒按照 17×17 方阵排列，其中除了有 264 根 IMF 燃料棒外，还有 24 根控制棒导管，及中央的 1 根测量管。

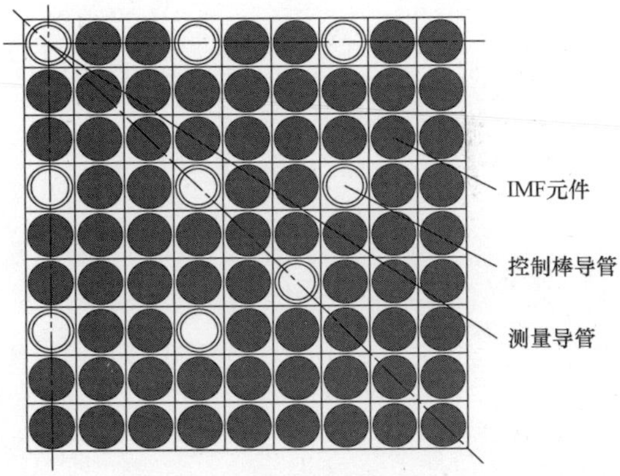

图 4-37 1/4 IMF 组件设计示意图

为了对比研究 IMF 混合 MA 组件和 FNZ－CONFU 组件两种组件装配方案嬗变能力，选取两种典型排布模型进行燃耗－反应性计算分析。其余燃料均添加不同 PuO_2 体积分数时的 IMF（PuO_2+ZrO_2+MgO）。IMF 混合 MA 组件模型见图 4-38，图 4-38（a）为 CONFU 组件排布模式，图 4-38（b）为多种中心对称离散排布模型。为了方便对比研究，对 FNZ－CONFU 组件模型（图 4-39）同样采用图 4-39（a）（CONFU 组件排布）模型和图 4-39（b）（多种中心对称离散排布）模型。

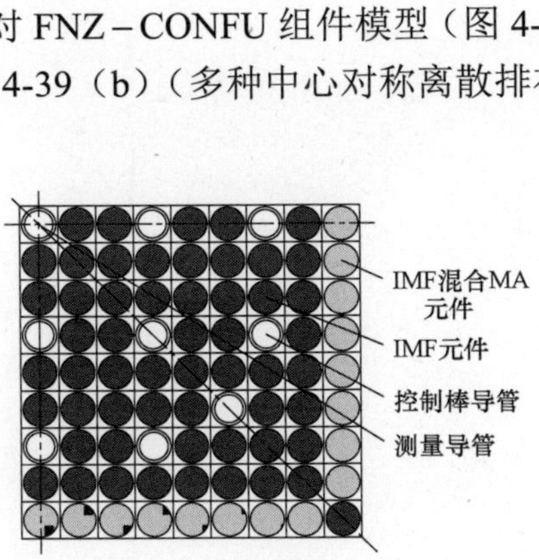

(a) CONFU组件排布

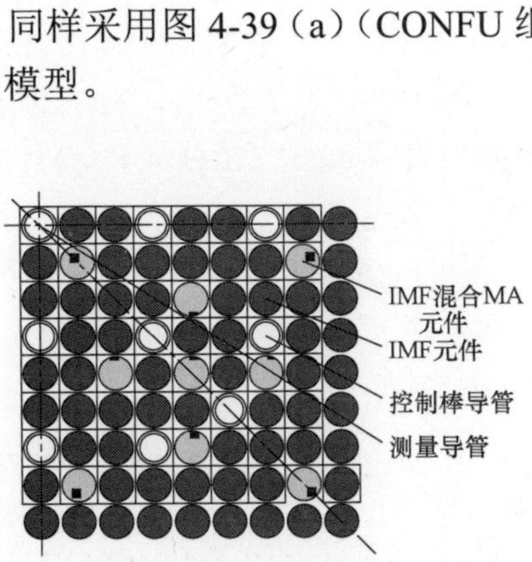

(b) 多种中心对称排布

图 4-38 1/4 IMF 混合 MA 组件设计示意图

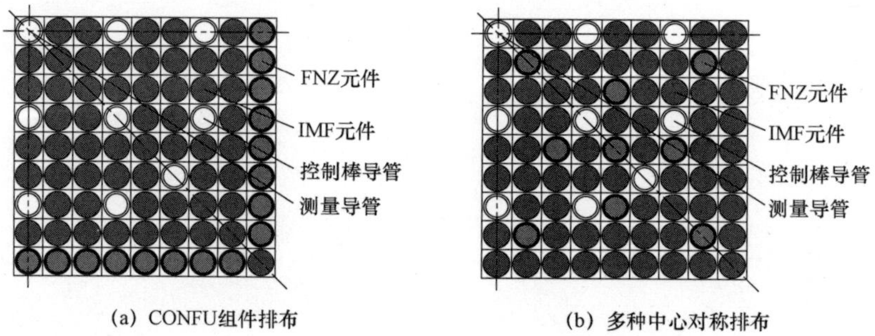

图 4-39 1/4 FNZ－CONFU 组件设计示意

经过 IMF 中子学基准题研究、压水堆环境下 IMF 燃料的设计区间研究、MA 加入后对 IMF 燃料物理特性影响研究以及燃耗特性等研究，最终分析了 FNZ－CONFU 元件/组件嬗变效果[10]。

4.2.3 FNZ－CONFU 嬗变效果

（1）IMF 元件均匀加载 MA 嬗变率

选取 PuO_2+ZrO_2+MgO 和 PuO_2+ThO_2 这两种典型 IMF 燃料并添加不同体积分数 MA，并按照不同比例计算所添加的惰性基质。

图 4-40、图 4-41、图 4-42 给出了在 IMF（PuO_2+ZrO_2+MgO）燃料中加入体积分数 0.1%～0.5%MA 和 PuO_2 体积分数分别为 6%、8%、10%时 k_{inf} 随燃耗时间的变化。从图中分析得到：① IMF（PuO_2+ZrO_2+MgO）燃料中加入体积分数为 0.1%～0.5%MA 时，燃料初始反应性随加入 MA 的体积分数的增加而降低，表明在 IMF 中加入 MA 可以适当的控制反应性。② 在 PuO_2 体积分数分别为 6%、8%、10%时 IMF（PuO_2+ZrO_2+MgO）中加入 MA 时寿期末反应性，在经过 12 个月换料周期 3 次换料后，PuO_2 体积分数为 8%的 IMF（PuO_2+ZrO_2+MgO）寿期末 k_{inf} 均在 1.03 左右，从燃耗－反应性分析判断其为最佳 MA 添加方案。该方案的嬗变率为：^{237}Np 和 Pu 销毁率分别为 57.3%、57.3%，^{241}Am 减少 72.7 kg，^{243}Am、MA 虽然与寿期初时相比有所增加，但增加量从不添加 MA 时的 144 kg、324 kg 降低到 91.7 kg、92 kg[11]。如表 4-17～表 4-22 所示。

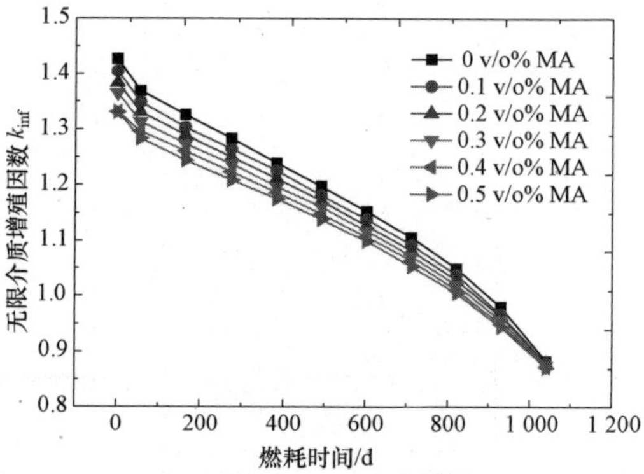

图 4-40 6%PuO_2 体积分数 IMF（PuO_2+ZrO_2+MgO）k_{inf} 随燃耗变化

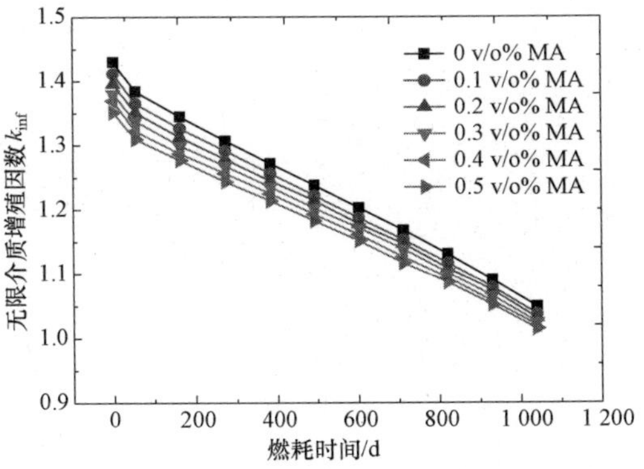

图 4-41 8%PuO_2 体积分数 IMF（PuO_2+ZrO_2+MgO）k_{inf} 随燃耗变化

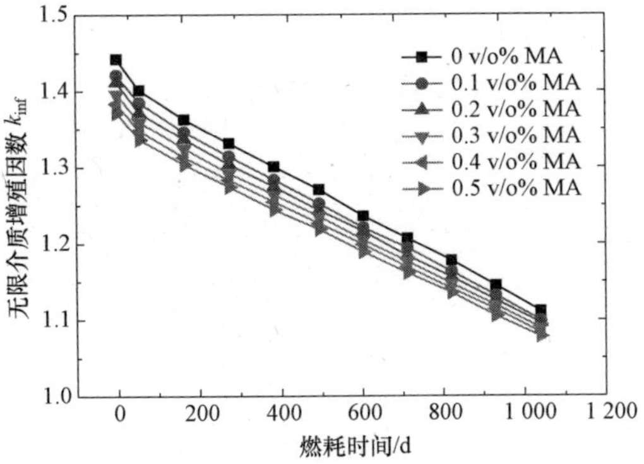

图 4-42 10%PuO_2 体积分数 IMF（PuO_2+ZrO_2+MgO）k_{inf} 随燃耗变化

表 4-17 IMF（PuO_2,ZrO_2+MgO）燃料添加 MA 时 ^{237}Np、^{241}Am 产量

MA 添加量	PuO_2+ZrO_2+MgO 燃料 PuO_2 体积分数/%	^{237}Np 产量/kg（0 燃耗天）	^{237}Np 产量/kg（1 040 燃耗天）	^{237}Np 销毁率 1)/%	^{241}Am 产量/kg（0 燃耗天）	^{241}Am 产量/kg（1 040 燃耗天）	^{241}Am 变化量 2)/kg
0%MA	6	0	0.105	0	0	19.7	19.7
	8	0	0.186	0	0	55.0	55.0
	10	0	0.258	0	0	85.3	85.3
0.1%MA	6	45.1	14.3	68.4	32.5	22.0	−10.5
	8	45.3	19.2	57.6	32.6	60.2	27.6
	10	45.4	22.2	51.1	32.7	93.2	60.5
0.2%MA	6	88.7	28.3	68.1	63.9	24.5	−39.4
	8	89.5	37.9	57.6	64.5	65.7	1.20
	10	90.0	43.9	51.2	64.8	101	36.2
0.3%MA	6	131	42.0	67.9	94.3	27.0	−67.3
	8	133	56.3	57.6	95.5	71.3	−24.2
	10	134	65.3	51.1	96.2	110	13.8
0.4%MA	6	172	55.5	67.7	124	29.6	−94.4
	8	175	74.3	57.4	126	76.7	−49.3
	10	176	86.4	51.0	127	118	−9.00
0.5%MA	6	211	68.9	67.4	152	32.3	−119.7
	8	215	92.0	57.3	155	82.3	−72.7
	10	218	107	51.0	157	125	−32.0

注：1）$V=[|M_0-M_{1040}|/M_0]\times 100\%$ V—^{237}Np 销毁率（%）；M_0—0 天 ^{237}Np 产量（kg）；M_{1040}—1 040 天 ^{237}Np 产量（kg）。
2）$M=M_{1040}-M_0$ M—^{241}Am 变化量（kg）；M_0—0 天 ^{241}Am 产量（kg）；M_{1040}—1 040 天 ^{241}Am 产量（kg）。

表 4-18 IMF（PuO_2+ZrO_2+MgO）燃料添加 MA 时 ^{243}Am、MA 产量

MA 添加量	PuO_2+ZrO_2+MgO 燃料 PuO_2 体积分数/%	^{243}Am 产量/kg（0 燃耗天）	^{243}Am 产量/kg（1 040 燃耗天）	^{243}Am 变化量 1)/kg	MA 产量/kg（0 燃耗天）	MA 产量/kg（1 040 燃耗天）	MA 变化量 2)/kg
0%MA	6	0	141	141	0	300	300
	8	0	144	144	0	324	324
	10	0	150	150	0	353	353
0.1%MA	6	14.5	145	130.5	92.2	337	244.8
	8	14.6	151	136.4	92.6	372	279.4
	10	14.6	159	144.4	92.8	408	315.2
0.2%MA	6	28.6	146	117.4	181	364	183
	8	28.8	153	124.2	183	409	226
	10	29.0	162	133	184	450	266
0.3%MA	6	42.1	147	104.9	267	390	123
	8	42.7	156	113.3	271	447	176
	10	43.0	166	123	273	495	222
0.4%MA	6	55.3	149	93.7	351	417	66
	8	56.2	159	102.8	357	482	125
	10	56.8	170	113.2	360	538	178
0.5%MA	6	67.9	150	82.1	431	443	12
	8	69.3	161	91.7	440	518	78
	10	70.2	173	102.8	445	579	134

注：1）$M=M_{1040}-M_0$ M—^{243}Am 变化量（kg）；M_0—0 天 ^{243}Am 产量（kg）；M_{1040}—1 040 天 ^{243}Am 产量（kg）。

2）$M=M_{1040}-M_0$ M—MA 变化量（kg）；M_0—0 天 MA 产量（kg）；M_{1040}—1 040 天 MA 产量（kg）。

表 4-19 IMF（PuO_2+ZrO_2+MgO）燃料添加 MA 时 Pu、TRU 产量

MA 添加量	PuO_2+ZrO_2+MgO 燃料 PuO_2 体积分数/%	Pu 产量/kg（0 燃耗天）	Pu 产量/kg（1 040 燃耗天）	Pu 销毁率 1)/%	TRU 产量/kg（0 燃耗天）	TRU 产量/kg（1 040 燃耗天）	TRU 销毁率 2)/%
0%MA	6	5 393	1 565	71.0	5 393	1 865	65.4
	8	7 191	3 325	53.8	7 191	3 649	49.3
	10	8 988	5 088	43.4	8 988	5 441	39.5
0.1%MA	6	5 301	1 589	70.0	5 393	1 926	64.3
	8	7 098	3 324	53.2	7 191	3 696	48.6
	10	8 896	5 070	43.0	8 989	5 478	39.1
0.2%MA	6	5 213	1 621	68.9	5 394	1 985	63.2
	8	7 009	3 333	52.5	7 192	3 742	48.0
	10	8 805	5 065	42.3	8 989	5 515	38.6
0.3%MA	6	5 127	1 653	67.8	5 394	2 043	62.1
	8	6 921	3 334	51.8	7 192	3 781	47.4
	10	8 717	5 056	42.0	8 990	5 551	38.3

续表

MA 添加量	PuO_2+ZrO_2+MgO 燃料 PuO_2 体积分数/%	Pu 产量/kg（0 燃耗天）	Pu 产量/kg（1 040 燃耗天）	Pu 销毁率 1)/%	TRU 产量/kg（0 燃耗天）	TRU 产量/kg（1 040 燃耗天）	TRU 销毁率 2)/%
0.4%MA	6	5 046	1 682	66.7	5 397	2 099	61.1
	8	6 837	3 348	51.0	7 194	3 830	46.8
	10	8 631	5 050	41.5	8 991	5 588	37.8
0.5%MA	6	4 959	1 707	65.6	5 390	2 150	60.1
	8	6 746	3 351	50.3	7 186	3 869	46.2
	10	8 535	5 036	41.0	8 980	5 615	37.5

注：1）$V=[|M_0-M_{1040}|/M_0]\times100\%$ V—Pu 销毁率（%）；M_0—0 天 Pu 产量（kg）；M_{1040}—1 040 天 Pu 产量（kg）。

2）$V=[(M_0-M_{1040})/M_0]\times100\%$ V—TRU 销毁率（%）；M_0—0 天 Pu 产量（kg）；M_{1040}—1 040 天 Pu 产量（kg）。

图 4-43～图 4-45 给出了在 IMF（PuO_2+ThO_2）燃料中加入体积分数 0.1%～0.5%MA 和 PuO_2 体积分数分别为 6%、8%、10%时 k_{inf} 随燃耗时间的变化。从图中分析得到：① IMF（PuO_2+ThO_2）初始反应性比 IMF（PuO_2+ZrO_2+MgO）初始反应性小很多，且随着 MA 体积分数的增加初始反应性降低的程度比 IMF（PuO_2+ZrO_2+MgO）大得多，故不用考虑反应性控制对 IMF（PuO_2+ThO_2）制约。② 在 PuO_2 体积分数分别为 6%、8%、10%时 IMF（PuO_2+ThO_2）中加入 MA 时寿期末反应性，在经过 12 个月换料周期 3 次换料后，PuO_2 体积分数为 10%IMF（PuO_2+ThO_2）寿期末 k_{inf} 均在 1.00 左右，从燃耗－反应性分析判断其为最佳 MA 添加方案。该方案的嬗变率为：^{237}Np 和 Pu 销毁率分别为 45.6%、35.4%，^{241}Am 减少 11 kg，

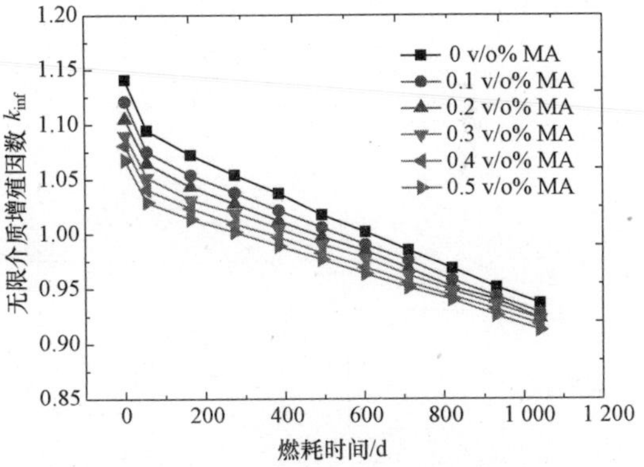

图 4-43　6%PuO_2 体积分数 IMF（PuO_2+ThO_2）k_{inf} 随燃耗变化

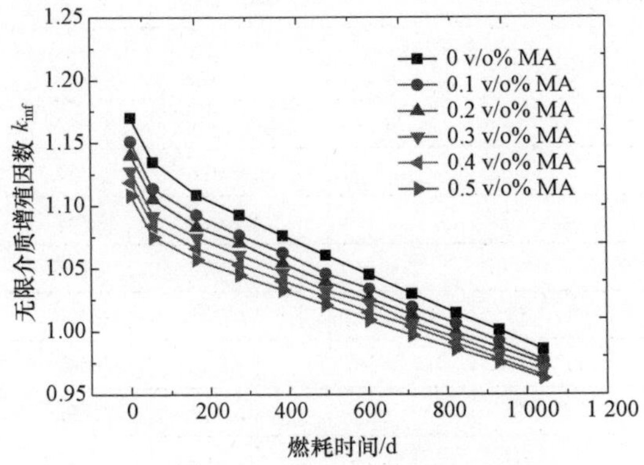

图 4-44　8%PuO_2 体积分数 IMF（PuO_2+ThO_2）k_{inf} 随燃耗变化

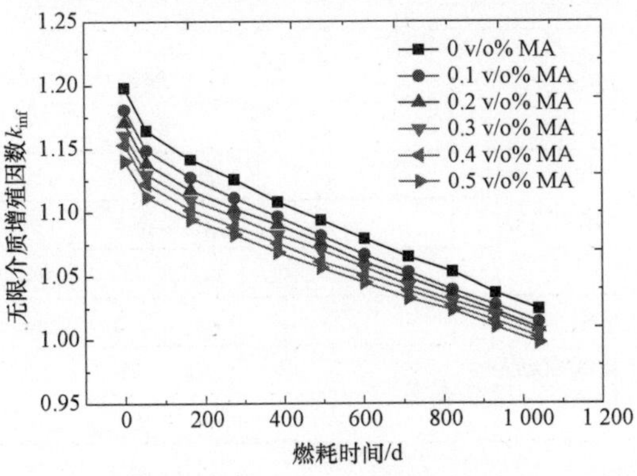

图 4-45　10%PuO_2 体积分数 IMF（PuO_2+ThO_2）k_{inf} 随燃耗变化

^{243}Am、MA 虽然增加但增加量从未添加 MA 时的 139 kg、327 kg 降低到 96.7 kg、129 kg。如图 4-43 至图 4-45 所示。

表 4-20　IMF（PuO_2+ThO_2）燃料添加 MA 时 ^{237}Np、^{241}Am 产量

MA 添加量	PuO_2+ThO_2 燃料 PuO_2 体积分数/%	^{237}Np 产量/kg（0 燃耗天）	^{237}Np 产量/kg（1 040 燃耗天）	^{237}Np 销毁率 1)/%	^{241}Am 产量/kg（0 燃耗天）	^{241}Am 产量/kg（1 040 燃耗天）	^{241}Am 变化量 2)/kg
0%MA	6	0	0.228	0	0	42.5	42.5
	8	0	0.257	0	0	70.2	70.2
	10	0	0.305	0	0	96.8	96.8
0.1%MA	6	45.8	19.6	57.2	33.0	48.2	15.2
	8	45.8	22.5	50.9	33.0	78.4	50.8
	10	45.8	24.8	45.9	33.0	107	74.0
0.2%MA	6	91.4	39.1	57.2	65.9	54.1	−11.8
	8	91.5	44.9	50.9	65.9	87.3	21.4
	10	91.4	49.3	46.1	65.9	118	52.1
0.3%MA	6	137	58.7	57.2	98.7	60.3	−38.4
	8	137	67.4	50.8	98.7	96.2	−2.50
	10	137	73.9	46.1	98.7	130	31.3
0.4%MA	6	182	78.6	56.8	131	66.6	−64.4
	8	183	90.0	50.8	131	106	−25.0
	10	183	98.6	46.1	131	141	10.0
0.5%MA	6	228	98.5	56.8	164	73.1	−90.9
	8	228	112	50.9	164	115	−49
	10	228	124	45.6	164	153	−11.0

注：1）$V=[|M_0-M_{1040}|/M_0]\times 100\%$ V—^{237}Np 销毁率（%）；M_0—0 天 ^{237}Np 产量（kg）；M_{1040}—1 040 天 ^{237}Np 产量（kg）。

2）$M=M_{1040}-M_0$ M—^{241}Am 变化量（kg）；M_0—0 天 ^{241}Am 产量（kg）；M_{1040}—1 040 天 ^{241}Am 产量（kg）。

表 4-21　IMF（PuO_2+ThO_2）燃料添加 MA 时 ^{243}Am、MA 产量

MA 添加量	PuO_2+ZrO_2+MgO 燃料 PuO_2 体积分数/%	^{243}Am 产量/kg(0 燃耗天)	^{243}Am 产量/kg（1 040 燃耗天）	^{243}Am 变化量 1)/kg	MA 产量/kg（0 燃耗天）	MA 产量/k（1 040 燃耗天）	MA 变化量 2)/kg
0%MA	6	0	122	122	0	262	262
	8	0	131	131	0	296	296
	10	0	139	139	0	327	327
0.1%MA	6	14.7	128	113.3	93.5	308	244.9
	8	14.7	138	123.3	93.5	348	254.5
	10	14.7	147	132.3	93.5	383	289.5
0.2%MA	6	29.4	133	103.6	187	349	162
	8	29.4	144	114.6	187	396	209
	10	29.4	152	122.6	187	435	248

续表

MA 添加量	PuO_2+ZrO_2+MgO 燃料 PuO_2 体积分数/%	^{243}Am 产量/kg（0 燃耗天）	^{243}Am 产量/kg（1 040 燃耗天）	^{243}Am 变化量 1)/kg	MA 产量/kg（0 燃耗天）	MA 产量/k（1 040 燃耗天）	MA 变化量 2)/kg
0.3%MA	6	44.1	137	92.9	280	392	112
	8	44.1	149	104.9	280	443	163
	10	44.1	157	112.9	280	487	207
0.4%MA	6	58.7	142	83.3	373	433	60
	8	58.7	154	95.3	373	492	119
	10	58.7	163	104.3	373	540	167
0.5%MA	6	73.3	147	73.7	465	477	12
	8	73.3	159	85.7	465	540	75
	10	73.3	170	96.7	465	594	129

注：1）$M=M_{1040}-M_0$ M—^{243}Am 变化量（kg）；M_0—0 天 ^{243}Am 产量（kg）；M_{1040}—1 040 天 ^{243}Am 产量（kg）。

2）$M=M_{1040}-M_0$ M—MA 变化量（kg）；M_0—0 天 MA 产量（kg）；M_{1040}—1 040 天 MA 产量（kg）。

表 4-22 IMF（PuO_2+ThO_2）燃料添加 MA 时 Pu、TRU 产量

MA 添加量	PuO_2+ZrO_2+MgO 燃料 PuO_2 体积分数/%	Pu 产量/kg（0 燃耗天）	Pu 产量/kg（1 040 燃耗天）	Pu 销毁率 1)/%	TRU 产量/kg（0 燃耗天）	TRU 产量/kg（1 040 燃耗天）	TRU 销毁率 2)/%
0%MA	6	5 383	2 348	56.4	5 383	2 610	51.5
	8	7 177	3 926	45.3	7 177	4 222	41.2
	10	8 970	5 583	37.8	8 970	5 910	34.1
0.1%MA	6	5 376	2 397	55.4	5 470	2 705	50.5
	8	7 168	3 969	44.6	7 262	4 317	40.5
	10	8 961	5 618	37.3	9 055	6 001	33.7
0.2%MA	6	5 370	2 447	54.4	5 557	2 796	49.7
	8	7 160	4 011	44.0	7 347	4 407	40.0
	10	8 952	5 655	36.8	9 139	6 090	33.4
0.3%MA	6	5 363	2 495	53.5	5 643	2 887	48.8
	8	7 152	4 053	43.3	7 432	4 496	39.5
	10	8 944	5 690	36.4	9 224	6 177	33.0
0.4%MA	6	5 357	2 543	52.5	5 730	2 976	48.1
	8	7 143	4 092	42.7	7 516	4 584	39.0
	10	8 927	5 725	35.9	9 300	6 265	32.6
0.5%MA	6	5 351	2 589	51.6	5 816	3 066	47.3
	8	7 134	4 134	42.1	7 599	4 674	38.5
	10	8 918	5 757	35.4	9 383	6 351	32.3

注：1）$V=[(M_0-M_{1040})/M_0]\times 100\%$ V—Pu 销毁率（%）；M_0—0 天 Pu 产量（kg）；M_{1040}—1 040 天 Pu 产量（kg）。

2）$V=[(M_0-M_{1040})/M_0]\times 100\%$ V—TRU 销毁率（%）；M_0—0 天 Pu 产量（kg）；M_{1040}—1 040 天 Pu 产量（kg）。

（2）FNZ 燃料元件嬗变率

中子能谱是反应堆一项重要参数，与反应堆的嬗变能力有很大关系。一般能谱越硬，锕系核素的裂变与俘获反应截面比就越大，对嬗变越有利。根据快堆理论建立的快中子源区，理论上在其 MA 嬗变快中子区中有较硬的能谱，为了研究裂变薄层中燃料成分对 MA 嬗变中子能谱区能谱的影响。

分析 FNZ 元件 MA 嬗变快中子能谱区为空腔时，在裂变薄层中添加不同体积分数的 IMF，具体成分与 IMF 元件相同，即对不添加任何 MA 的 FNZ 元件进行了计算。图 4-46、图 4-47 分别为 IMF（PuO_2+ZrO_2+MgO）和 IMF（PuO_2+ThO_2）作为裂变薄层时 MA 嬗变快中子能谱区的能谱。

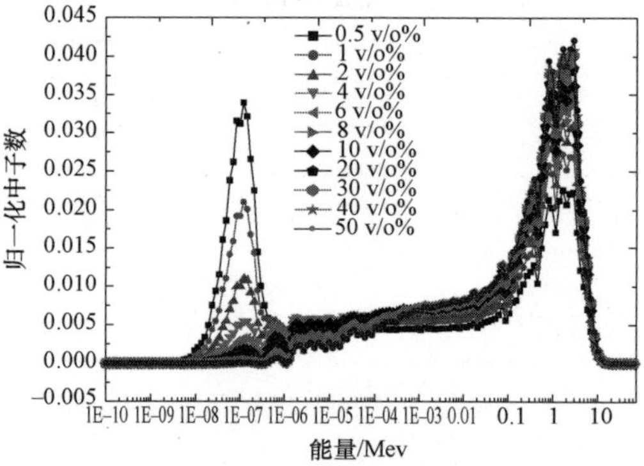

图 4-46　IMF（PuO_2+ZrO_2+MgO）在裂变薄层时 FNZ 快中子能谱区能谱

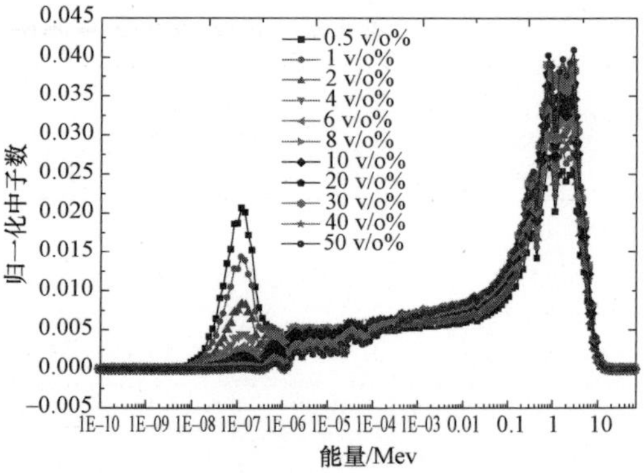

图 4-47　IMF（PuO_2+ThO_2）在裂变薄层时 FNZ 快中子能谱区能谱

由图可以得到随着 PuO_2 体积分数的增大 MA 嬗变快中子能谱区能谱越来越硬，故在 FNZ 裂变薄层中 PuO_2 体积分数越大越利于 FNZ 元件嬗变 MA。

在 MA 嬗变快中子能谱区中添加 MA，MA 的核素组成为典型 LWR 在 50 GWd/tU 燃耗深度下卸出并冷却 5 年后的成分（忽略 Cm）。在裂变薄层中添加 10%、20%、30%、40%、50% PuO_2 体积分数的 IMF，具体成分与 IMF 元件相同，进行燃耗－反应性计算。得到 IMF（PuO_2+ZrO_2+MgO）和 IMF（PuO_2+ThO_2）在裂变薄层时无限增殖系数随燃耗时间的变化（见图 4-48、图 4-49）。

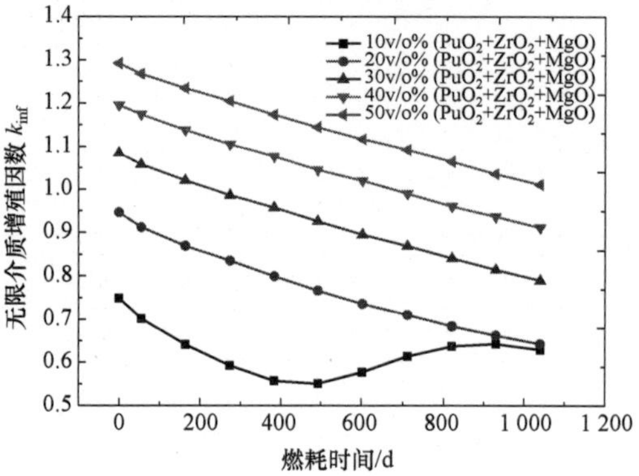

图 4-48　IMF（PuO_2+ZrO_2+MgO）在裂变薄层时 k_{inf} 与燃耗时间关系

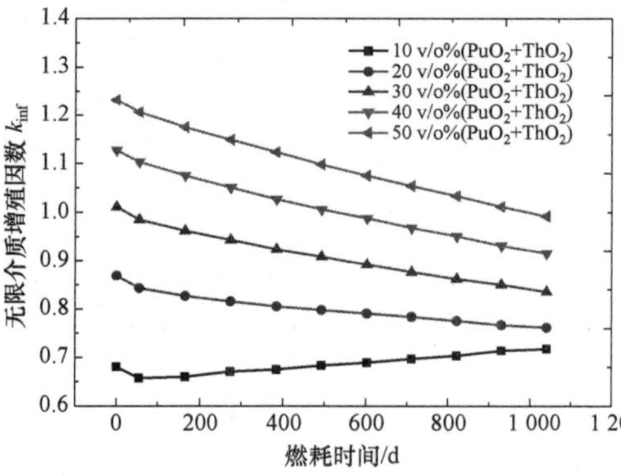

图 4-49　IMF（PuO_2+ThO_2）在裂变薄层时 k_{inf} 与燃耗时间关系

由图 4-48、图 4-49 可得：① 裂变薄层中两种 IMF PuO_2 体积分数大于 50%时，经过约 18 个月的周期后 FNZ 元件仍然可以临界。故选取 IMF 作为裂变薄层时，PuO_2 体积分数大于等于 50%时最为适宜；② 在相同 PuO_2 体积份额下，IMF（PuO_2+ThO_2）为裂变薄层时比 IMF（PuO_2+ZrO_2+MgO）作为裂变薄层时的反应性更低，反应性更容易控制。

在进行 MA 产量的计算得到单根 FNZ 元件中裂变薄层中 ^{237}Np、^{241}Am、^{243}Am 及 MA 的产量，具体结果见表 4-23。

表 4-23 FNZ 元件裂变薄层中 ^{237}Np、^{241}Am、^{243}Am、MA 产量

裂变薄层	PuO_2 体积分数/%	裂变薄层 ^{237}Np 产量/kg（0 燃耗天）	裂变薄层 ^{237}Np 产量/kg（1 040 燃耗天）	^{237}Np 变化量 1)/kg	裂变薄层 ^{241}Am 产量/kg（0 燃耗天）	裂变薄层 ^{241}Am 产量/kg（1 040 燃耗天）	^{241}Am 变化量 2)/kg
IMF（PuO_2+ZrO_2+MgO）	10	0.00E+00	6.626E−07	6.626E−07	0.00E+00	1.199E−05	1.199E−05
	20	0.00E+00	5.603E−06	5.603E−06	0.00E+00	9.066E−04	9.066E−04
	30	0.00E+00	1.199E−05	1.199E−05	0.00E+00	3.020E−03	3.020E−03
	40	0.00E+00	1.779E−05	1.779E−05	0.00E+00	5.142E−03	5.142E−03
	50	0.00E+00	2.347E−05	2.347E−05	0.00E+00	7.251E−03	7.251E−03
IMF（PuO_2+ThO_2）	10	0.00E+00	2.260E−04	2.260E−04	0.00E+00	4.496E−04	4.496E−04
	20	0.00E+00	8.630E−05	8.630E−05	0.00E+00	1.937E−03	1.937E−03
	30	0.00E+00	4.456E−05	4.456E−05	0.00E+00	3.846E−03	3.846E−03
	40	0.00E+00	3.355E−05	3.355E−05	0.00E+00	5.995E−03	5.995E−03
	50	0.00E+00	3.309E−05	3.309E−05	0.00E+00	8.343E−03	8.343E−03

裂变薄层	PuO_2 体积分数/%	裂变薄层 ^{243}Am 产量/kg（0 燃耗天）	裂变薄层 ^{243}Am 产量/kg（1 040 燃耗天）	^{243}Am 变化量 3)/kg	裂变薄层 MA 产量/kg（0 燃耗天）	裂变薄层 MA 产量/kg（1 040 燃耗天）	MA 变化量 4)/kg
IMF（PuO_2+ZrO_2+MgO）	10	0.00E+00	3.326E−03	3.326E−03	0.00E+00	1.601E−02	1.601E−02
	20	0.00E+00	7.949E−03	7.949E−03	0.00E+00	2.148E−02	2.148E−02
	30	0.00E+00	8.859E−03	8.859E−03	0.00E+00	2.099E−02	2.099E−02
	40	0.00E+00	9.164E−03	9.164E−03	0.00E+00	2.152E−02	2.152E−02
	50	0.00E+00	9.463E−03	9.463E−03	0.00E+00	2.291E−02	2.291E−02
IMF（PuO_2+ThO_2）	10	0.00E+00	6.335E−03	6.335E−03	0.00E+00	1.732E−02	1.732E−02
	20	0.00E+00	9.354E−03	9.354E−03	0.00E+00	2.262E−02	2.262E−02
	30	0.00E+00	1.087E−02	1.087E−02	0.00E+00	2.521E−02	2.521E−02
	40	0.00E+00	1.187E−02	1.187E−02	0.00E+00	2.730E−02	2.730E−02
	50	0.00E+00	1.234E−02	1.234E−02	0.00E+00	2.910E−02	2.910E−02

注：1）$M=M_{1040}-M_0$ M—^{237}Np 变化量（kg）；M_0—0 天 ^{237}Np 产量（kg）；M_{1040}—1 040 天 ^{237}Np 产量（kg）。

2）$M=M_{1040}-M_0$ M—^{241}Am 变化量（kg）；M_0—0 天 ^{241}Am 产量（kg）；M_{1040}—1 040 天 ^{241}Am 产量（kg）。

3）$M=M_{1040}-M_0$ M—^{243}Am 变化量（kg）；M_0—0 天 ^{243}Am 产量（kg）；M_{1040}—1 040 天 ^{243}Am 产量（kg）。

4）$M=M_{1040}-M_0$ M—MA 变化量（kg）；M_0—0 天 MA 产量（kg）；M_{1040}—1 040 天 MA 产量（kg）。

由表 4-23 可得：① 裂变薄层内的 ^{237}Np、^{241}Am、^{243}Am 的量随燃耗的加深而增大，其中 ^{237}Np 增加幅度很小，^{241}Am 略大于 ^{237}Np，^{243}Am 产量略大于 ^{241}Am 且大于 ^{237}Np；② 在相同 PuO_2 体积份额下，IMF（PuO_2+ThO_2）裂变薄层中的 ^{237}Np、^{241}Am、^{243}Am 产量均高于 IMF（PuO_2+ZrO_2+MgO）中产量；③ 裂变薄层内的 MA 也随燃耗的加深而增加，且在相同 PuO_2 体积份额下，IMF（PuO_2+ThO_2）裂变薄层中的 MA 产量也高于 IMF（PuO_2+ZrO_2+MgO）中产量。

计算裂变薄层中 PuO_2 体积分数为 10%、20%、30%、40%、50%时两种 IMF 的 FNZ 元件，得到单根 FNZ 元件中快中子能谱区中 ^{237}Np、^{241}Am、^{243}Am 及 MA 的产量及其销毁率，具体结果见表 4-24，由表 4-24 可得：① ^{237}Np、^{241}Am、^{243}Am、MA 销毁率随裂变薄层 PuO_2 体积份额增大而减小，其中 IMF（PuO_2+ZrO_2+MgO）中 ^{237}Np 销毁率降低了 59.8%、^{241}Am 销毁率降低了 59.2%、^{243}Am 销毁率降低了 55%、MA 销毁率降低了 55.1%；② IMF（PuO_2+ThO_2）中 ^{237}Np 销毁率降低了 28.3%、^{241}Am 销毁率降低了 36.6%、^{243}Am 销毁率降低了 27.2%、MA 销毁率降低了 26.9%。

因此，IMF（PuO_2+ZrO_2+MgO）裂变薄层 PuO_2 体积分数比 IMF（PuO_2+ThO_2）裂变薄层 PuO_2 体积分数对 ^{237}Np、^{241}Am、^{243}Am、MA 销毁率影响要大。

表 4-24　FNZ 元件快中子能谱区 ^{237}Np、^{241}Am、^{243}Am、MA 产量

裂变薄层	PuO_2 体积分数/%	快中子能谱区 ^{237}Np 产量/kg（0 燃耗天）	快中子能谱区 ^{237}Np 产量/kg（1 040 燃耗天）	^{237}Np 销毁率 1)/%	快中子源区 ^{241}Am 产量/kg（0 燃耗天）	快中子源区 ^{241}Am 产量/kg（1 040 燃耗天）	^{241}Am 销毁率 2)/%
IMF（PuO_2+ZrO_2+MgO）	10	3.352E−01	1.497E−02	95.5	2.292E−01	8.966E−04	99.6
	20	3.352E−01	1.162E−01	65.3	2.292E−01	5.373E−02	76.6
	30	3.352E−01	1.724E−01	48.6	2.292E−01	1.005E−01	56.2
	40	3.352E−01	1.995E−01	40.5	2.292E−01	1.233E−01	46.2
	50	3.352E−01	2.155E−01	35.7	2.292E−01	1.365E−01	40.4
IMF（PuO_2+ThO_2）	10	4.125E−01	1.338E−01	67.6	2.822E−01	5.389E−02	80.9
	20	4.125E−01	1.770E−01	57.1	2.822E−01	9.407E−02	66.7
	30	4.125E−01	2.080E−01	49.6	2.822E−01	1.221E−01	56.7
	40	4.125E−01	2.316E−01	43.9	2.822E−01	1.420E−01	49.7
	50	4.125E−01	2.503E−01	39.3	2.822E−01	1.572E−01	44.3

裂变薄层	PuO_2 体积分数/%	快中子能谱区 ^{243}Am 产量/kg（0 燃耗天）	快中子能谱区 ^{243}Am 产量/kg（1 040 燃耗天）	^{243}Am 销毁率 3)/%	快中子源区 MA 产量/kg（0 燃耗天）	快中子源区 MA 产量/kg（1 040 燃耗天）	MA 销毁率 4)/%
IMF（PuO_2+ZrO_2+MgO）	10	1.024E−01	7.653E−03	92.5	6.667E−01	9.554E−02	85.7
	20	1.024E−01	3.378E−02	67.0	6.667E−01	2.839E−01	57.4
	30	1.024E−01	5.016E−02	51.0	6.667E−01	3.863E−01	42.1

续表

裂变薄层	PuO_2 体积分数/%	快中子能谱区 ^{243}Am 产量/kg（0 燃耗天）	快中子能谱区 ^{243}Am 产量/kg（1 040 燃耗天）	^{243}Am 销毁率 3)/%	快中子源区 MA 产量/kg（0 燃耗天）	快中子源区 MA 产量/kg（1 040 燃耗天）	MA 销毁率 4)/%
IMF（PuO_2+ZrO_2+MgO）	40	1.024E−01	5.880E−02	42.6	6.667E−01	4.346E−01	34.8
	50	1.024E−01	6.402E−02	37.5	6.667E−01	4.625E−01	30.6
IMF（PuO_2+ThO_2）	10	1.260E−01	4.088E−02	67.6	8.206E−01	3.228E−01	60.7
	20	1.260E−01	5.285E−02	58.1	8.206E−01	4.083E−01	50.2
	30	1.260E−01	6.194E−02	50.8	8.206E−01	4.669E−01	43.1
	40	1.260E−01	6.916E−02	45.1	8.206E−01	5.098E−01	37.9
	50	1.260E−01	7.506E−02	40.4	8.206E−01	5.431E−01	33.8

注：1）$V=[|M_0-M_{1040}|/M_0]\times 100\%$ V—^{237}Np 销毁率（%）；M_0—0 天 ^{237}Np 产量（kg）；M_{1040}—1 040 天 ^{237}Np 产量（kg）。
2）$V=[|M_0-M_{1040}|/M_0]\times 100\%$ V—^{241}Am 销毁率（%）；M_0—0 天 ^{241}Am 产量（kg）；M_{1040}—1 040 天 ^{241}Am 产量（kg）。
3）$V=[|M_0-M_{1040}|/M_0]\times 100\%$ V—^{243}Am 销毁率（%）；M_0—0 天 ^{243}Am 产量（kg）；M_{1040}—1 040 天 ^{243}Am 产量（kg）。
4）$V=[|M_0-M_{1040}|/M_0]\times 100\%$ V—MA 销毁率（%）；M_0—0 天 MA 产量（kg）；M_{1040}—1 040 天 MA 产量（kg）。

为了研究 FNZ 中 MA 嬗变能力，定义 FNZ 净嬗变率（见图 4-50），计算定义见公式（4-1），得到表 4-25 中 FNZ 嬗变 MA 净嬗变率。从表 4-25 可以得到裂变薄层为 IMF（PuO_2+ZrO_2+MgO）时 MA 嬗变率达到 83.3%，比 IMF（PuO_2+ThO_2）作为裂变薄层时的 FNZ 元件同等体积分数 PuO_2 高 20%左右。

$$\text{净MA嬗变率}=\frac{\text{净MA嬗变量}}{\text{R1中的MA初装量}}=\frac{\text{R1中MA初装量}-\text{R2中MA产生量}-\text{R1中MA剩余量}}{\text{R1中MA初装量}} \tag{4-1}$$

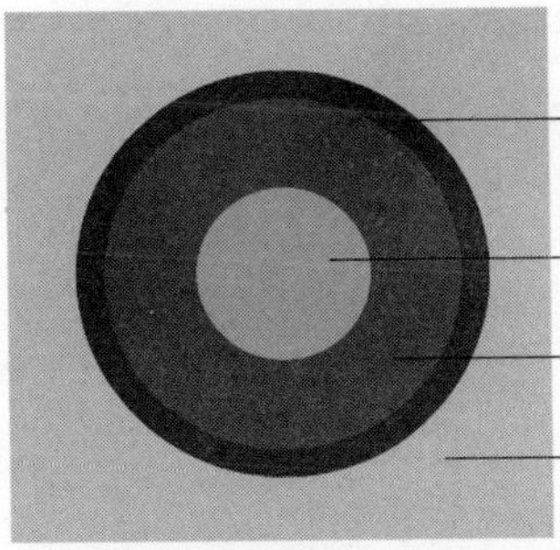

图 4-50　FNZ 嬗变率计算示意图

表 4-25　FNZ 元件嬗变 MA 净嬗变率

裂变薄层	PuO_2 体积分数/%	^{237}Np 嬗变率/%	^{241}Am 嬗变率/%	^{243}Am 嬗变率/%	MA 嬗变率/%
IMF（PuO_2+ZrO_2+MgO）	10	95.5	99.6	89.3	83.3
	20	65.3	76.2	59.2	54.2
	30	48.6	54.8	42.4	38.9

续表

裂变薄层	PuO_2体积分数/%	^{237}Np嬗变率/%	^{241}Am嬗变率/%	^{243}Am嬗变率/%	MA嬗变率/%
IMF（PuO_2+ZrO_2+MgO）	40	40.5	44.0	33.6	31.6
	50	35.7	37.3	28.2	27.2
IMF（PuO_2+ThO_2）	10	67.5	80.7	62.5	58.6
	20	57.1	66.0	50.6	47.5
	30	49.6	55.4	42.2	40.0
	40	43.9	47.6	35.7	34.5
	50	39.3	41.3	30.6	30.3

上述研究对MA均匀加载和中心加载时IMF嬗变MA燃料元件进行了燃耗－反应性计算，对两种加载方式时MA及TRU产量进行了分析。结论是：① 在IMF中添加MA可以使整体k_{inf}降低，所以MA可以起到控制反应性的作用；② 均匀加载MA时燃料元件，同等PuO_2体积分数IMF，MA的产量随着MA体积分数的增大而减少，TRU的销毁率随MA体积分数的增大而减小，所以根据k_{inf}随燃耗时间的变化关系的分析，得到均匀加载MA时IMF（PuO_2+ZrO_2+MgO）最佳方案是体积分数8%PuO_2、体积分数0.5%MA；IMF（PuO_2+ThO_2）最佳方案是体积分数10%PuO_2、体积分数0.5%MA；③ 进行FNZ元件计算，在快中子能谱区随裂变薄层PuO_2体积分数的增加快中子能谱越来越硬。MA净嬗变率最高达到80%，随着裂变薄层中PuO_2体积分数的增加MA净嬗变率降低。此结论为IMF在元件中添加MA提供可行方案，也为IMF（PuO_2+ZrO_2+MgO）剩余反应性的控制提供依据。

（3）IMF均匀加载MA组件嬗变率

无限增殖系数随燃耗时间的变化分为CONFU组件排布方式和中心对称组件排布方式两种。其中图4-51至图4-53是CONFU组件排布方式时无限增殖系数随燃耗时间的变化。

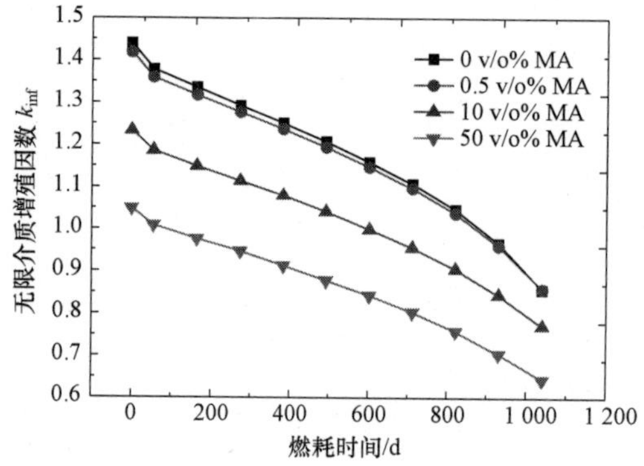

图4-51　CONFU组件排布方式6%PuO_2体积分数k_{inf}随燃耗变化

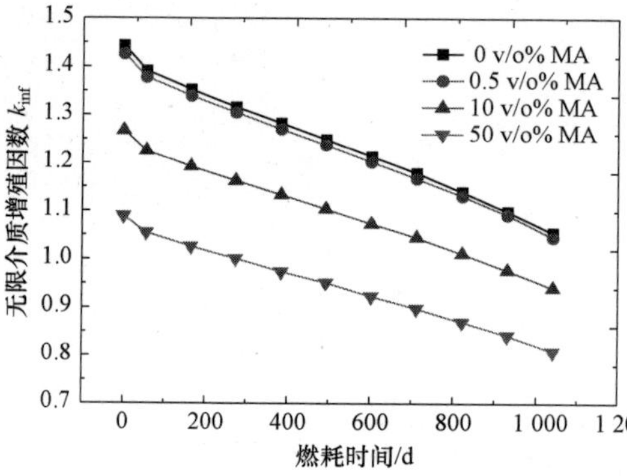

图4-52　CONFU组件排布方式8%PuO_2体积分数k_{inf}随燃耗变化

由图 4-51 至图 4-53 中得到：① 随着惰性基质燃料 PuO_2 体积分数的增加，在添加相同体积分数的 MA 时组件初始 k_{inf} 增大，这是由于发生裂变反应的燃料的增加导致的，所以不管是否有 MA 的存在增加 PuO_2 体积分数必定使得初始 k_{inf} 增大；② 在相同体积分数下时添加不同体积分数 MA 时，MA 越多组件 k_{inf} 就下降越快；③ IMF 为 8%PuO_2 体积分数，MA 为 10% 体积分数在 CONFU 组件排布方式时仍能使组件处于临界状态。

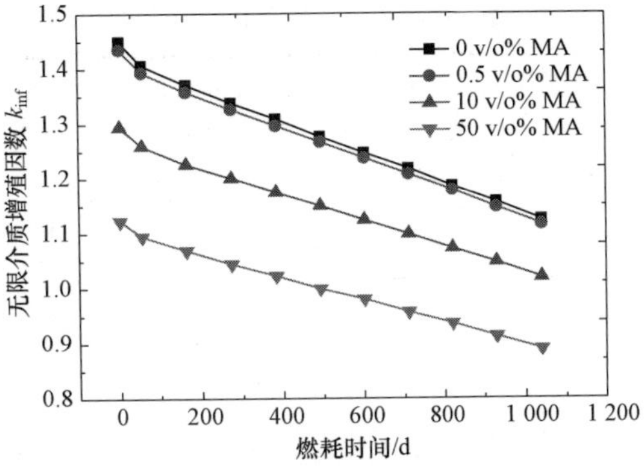

图 4-53 CONFU 组件排布方式 10%PuO_2 体积分数 k_{inf} 随燃耗变化

图 4-54 至图 4-56 是中心对称组件排布方式时无限增殖系数随燃耗时间的变化，从图中得到：① 随着惰性基质燃料 PuO_2 体积分数的增加，在添加相同体积分数的 MA 时组件初始 k_{inf} 增大；② 与相同 PuO_2 体积分数的 CONFU 组件排列相比，中心对称组件的初始 k_{inf} 略大，但 k_{inf} 随燃耗时间的变化速度减慢，这就表示中心对称组件的 PuO_2 体积分数多于 CONFU 组件排布方式的；③ 对于中心对称组件排布方式，IMF 为 8%PuO_2 体积分数，MA 为 10%体积分数时组件仍能处于临界状态。

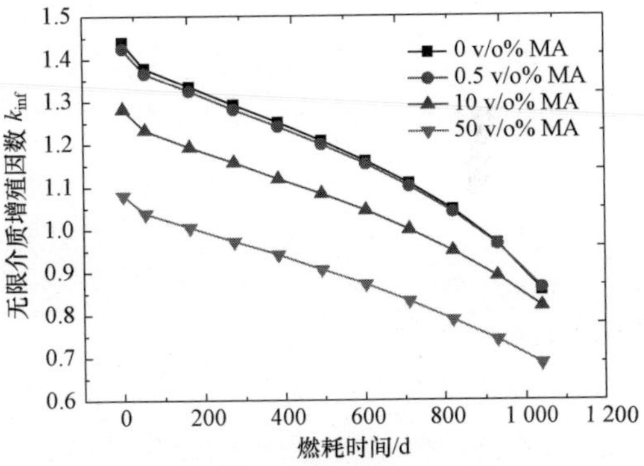

图 4-54 中心对称组件排布方式 6%PuO_2 体积分数 k_{inf} 随燃耗变化

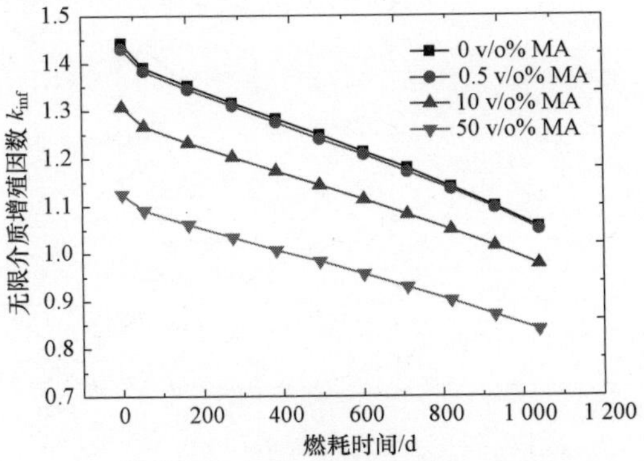

图 4-55 中心对称组件排布方式 8%PuO_2 体积分数 k_{inf} 随燃耗变化

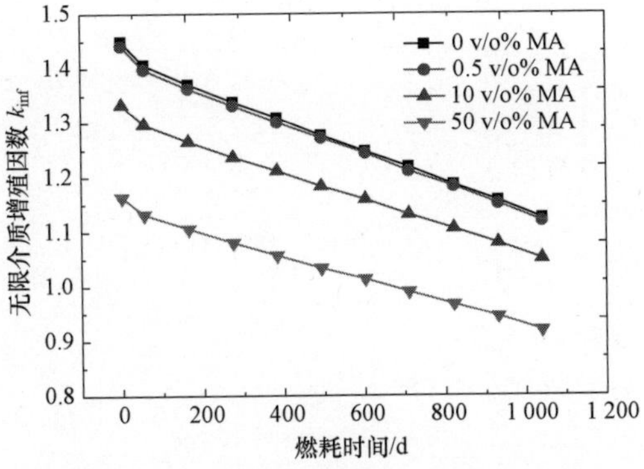

图 4-56 中心对称组件排布方式 10%PuO_2 体积分数 k_{inf} 随燃耗变化

表 4-26、表 4-27 分别是 CONFU 组件排布 IMF 混合 MA 组件 ^{237}Np、^{241}Am、^{243}Am、MA 产量和 ^{237}Np、^{241}Am、^{243}Am、MA 销毁率。

表 4-26　CONFU 组件排布时 IMF 混合 MA 组件 ^{237}Np、^{241}Am、^{243}Am 及 MA 产量

MA 添加量	PuO_2 体积分数/%	组件中 IMF 元件 ^{237}Np 的量		组件中 IMF 混合 MA 元件 ^{237}Np 的量		组件中 IMF 元件 ^{241}Am 的量		组件中 IMF 混合 MA 元件 ^{241}Am 的量	
		0 天/（g·tHM^{-1}）	1 040 天/（g·tHM^{-1}）	0 天/（g·tHM^{-1}）	1 040 天/（g·tHM^{-1}）	0 天/（g·tHM^{-1}）	1 040 天/（g·tHM^{-1}）	0 天/（g·tHM^{-1}）	1 040 天/（g·tHM^{-1}）
0.5%MA	6	0	1.397E + 01	9.483E + 03	3.430E + 03	0	2.581E + 03	6.832E + 03	1.594E + 03
	8	0	1.880E + 01	7.147E + 03	3.354E + 03	0	5.610E + 03	5.149E + 03	3.013E + 03
	10	0	2.103E + 01	5.735E + 03	3.029E + 03	0	7.083E + 03	4.131E + 03	3.544E + 03
10%MA	6	0	1.020E + 01	1.386E + 05	7.734E + 04	0	1.909E + 03	9.987E + 04	3.051E + 04
	8	0	1.457E + 01	1.119E + 05	7.011E + 04	0	4.270E + 03	8.061E + 04	3.565E + 04
	10	0	1.709E + 01	9.381E + 04	6.240E + 04	0	5.692E + 03	6.758E + 04	3.537E + 04
50%MA	6	0	4.838E + 00	3.250E + 05	2.503E + 05	0	9.178E + 02	2.341E + 05	1.492E + 05
	8	0	7.637E + 00	2.923E + 05	2.333E + 05	0	2.246E + 03	2.105E + 05	1.470E + 05
	10	0	9.692E + 00	2.655E + 05	2.161E + 05	0	3.222E + 03	1.913E + 05	1.401E + 05

MA 添加量	PuO_2 体积分数/%	组件中 IMF 元件 ^{243}Am 的量		组件中 IMF 混合 MA 元件 ^{243}Am 的量		组件中 IMF 元件 MA 的量		组件中 IMF 混合 MA 元件 MA 的量	
		0 天/（g·tHM^{-1}）	1 040 天/（g·tHM^{-1}）	0 天/（g·tHM^{-1}）	1 040 天/（g·tHM^{-1}）	0 天/（g·tHM^{-1}）	1 040 天/（g·tHM^{-1}）	0 天/（g·tHM^{-1}）	1 040 天/（g·tHM^{-1}）
0.5%MA	6	0	1.919E + 04	3.052E + 03	6.097E + 03	0	3.970E + 04	1.937E + 04	1.868E + 04
	8	0	1.459E + 04	2.300E + 03	4.877E + 03	0	3.242E + 04	1.460E + 04	1.647E + 04
	10	0	1.231E + 04	1.846E + 03	4.126E + 03	0	2.872E + 04	1.171E + 04	1.469E + 04
10%MA	6	0	1.433E + 04	4.462E + 04	2.640E + 04	0	3.014E + 04	2.831E + 05	1.699E + 05
	8	0	1.189E + 04	3.602E + 04	2.321E + 04	0	2.629E + 04	2.285E + 05	1.542E + 05
	10	0	1.031E + 04	3.020E + 04	2.059E + 04	0	2.393E + 04	1.916E + 05	1.378E + 05
50%MA	6	0	6.796E + 03	1.046E + 05	7.897E + 04	0	1.432E + 04	6.637E + 05	5.220E + 05
	8	0	6.194E + 03	9.408E + 04	7.333E + 04	0	1.371E + 04	5.969E + 05	4.875E + 05
	10	0	5.833E + 03	8.547E + 04	6.797E + 04	0	1.348E + 04	5.422E + 05	4.523E + 05

表 4-27 CONFU 组件排布时 IMF 混合 MA 组件 ^{237}Np、^{241}Am、^{243}Am 及 MA 总量及销毁率

MA 添加量	PuO_2 体积分数/%	组件中 ^{237}Np 总量/（g·tHM^{-1}）（0 天）	组件中 ^{237}Np 总量/（g·tHM^{-1}）（1 040 天）	组件中 ^{237}Np 销毁率 1)/%	组件中 ^{241}Am 总量/（g·tHM^{-1}）（0 天）	组件中 ^{241}Am 总量/（g·tHM^{-1}）（1 040 天）	组件中 ^{241}Am 销毁率 1)/%
0.5%MA	6	9.483E+03	3.444E+03	63.7	6.832E+03	4.175E+03	38.9
	8	7.147E+03	3.373E+03	52.8	5.149E+03	8.623E+03	0
	10	5.735E+03	3.050E+03	46.8	4.131E+03	1.063E+04	0
10%MA	6	1.386E+05	7.735E+04	44.2	9.987E+04	3.242E+04	67.5
	8	1.119E+05	7.012E+04	37.3	8.061E+04	3.992E+04	50.5
	10	9.381E+04	6.242E+04	33.5	6.758E+04	4.106E+04	39.2
50%MA	6	3.250E+05	2.503E+05	23.0	2.341E+05	1.501E+05	35.9
	8	2.923E+05	2.333E+05	20.2	2.105E+05	1.492E+05	29.1
	10	2.655E+05	2.161E+05	18.6	1.913E+05	1.433E+05	25.1

MA 添加量	PuO_2 体积分数/%	组件中 ^{243}Am 总量/（g·tHM^{-1}）（0 天）	组件中 ^{243}Am 总量/（g·tHM^{-1}）（1 040 天）	组件中 ^{243}Am 销毁率 1)/%	组件中 MA 总量/（g·tHM^{-1}）（0 天）	组件中 MA 总量/（g·tHM^{-1}）（1 040 天）	组件中 MA 销毁率 1)/%
0.5%MA	6	3.052E+03	2.529E+04	0	1.937E+04	5.838E+04	0
	8	2.300E+03	1.947E+04	0	1.460E+04	4.889E+04	0
	10	1.846E+03	1.644E+04	0	1.171E+04	4.341E+04	0
10%MA	6	4.462E+04	4.073E+04	8.7	2.831E+05	2.000E+05	29.3
	8	3.602E+04	3.510E+04	2.5	2.285E+05	1.805E+05	21.0
	10	3.020E+04	3.090E+04	0	1.916E+05	1.617E+05	15.6
50%MA	6	1.046E+05	8.577E+04	18.0	6.637E+05	5.363E+05	19.2
	8	9.408E+04	7.952E+04	15.5	5.969E+05	5.012E+05	16.0
	10	8.547E+04	7.380E+04	13.7	5.422E+05	4.658E+05	14.1

注：1）$V=[|M_0-M_{1040}|/M_0]\times 100\%$；

V—^{237}Np、^{241}Am、^{243}Am、MA 销毁率（%）；

M_0—0 天组件中 ^{237}Np、^{241}Am、^{243}Am、MA 总量（g·tHM^{-1}）；

M_{1040}—1 040 天组件中 ^{237}Np、^{241}Am、^{243}Am、MA 总量（g·tHM^{-1}）；

组件中 ^{237}Np、^{241}Am、^{243}Am、MA 总量＝组件中 IMF 元件 ^{237}Np、^{241}Am、^{243}Am、MA 的量＋组件中 IMF 混合 MA 元件 ^{237}Np、^{241}Am、^{243}Am、MA 的量。

从表 4-26 可得到：① 在组件中 IMF 元件中 ^{237}Np、^{241}Am、^{243}Am、MA 的产量均是呈增长趋势，但是其中 ^{237}Np 的增长量很少，这是由于在燃料中没有添加 U 燃料的原因所致；② 组件中 IMF 混合 MA 元件中 ^{237}Np 在不同 PuO_2 体积分数和 MA 体积分数时均是呈减少趋势；③ ^{241}Am、^{243}Am、MA 均在 MA 体积分数为 0.5%、PuO_2 体积分数为 6%时呈增长趋势，其余 PuO_2 体积分数和 MA 体积分数时也呈减少趋势；④ MA 体积分数为 0.5%、PuO_2 体积分数为 6%时由于燃料过少导致 MA 中 ^{241}Am、^{243}Am 没有被嬗变，所以使得在这种成分下 MA 总产量从 0 d 至 1 040 d 呈增长趋势。

表 4-27 得到组件中所有 ^{237}Np、^{241}Am、^{243}Am、MA 的产量和销毁率，^{237}Np 销毁率可以达到 63.7%，但在最高 ^{237}Np 销毁率这种填充方案时 ^{241}Am、^{243}Am 均为增加趋势。所以从燃耗－反应性角度分析，IMF 元件为 8%PuO_2 体积分数，MA 为 10%体积分数混合，在 CONFU 组件排布方式时为最佳方案。

表 4-28、表 4-29 分别是中心对称组件排布 IMF 混合 MA 组件 ^{237}Np、^{241}Am、^{243}Am、MA 产量和 ^{237}Np、^{241}Am、^{243}Am、MA 销毁率。

表 4-28　中心对称组件排布时 IMF 混合 MA 组件 ^{237}Np、^{241}Am、^{243}Am 及 MA 产量

MA 添加量	PuO_2 体积分数/%	组件中 IMF 元件 ^{237}Np 的量		组件中 IMF 混合 MA 元件 ^{237}Np 的量		组件中 IMF 元件 ^{241}Am 的量		组件中 IMF 混合 MA 元件 ^{241}Am 的量	
		0 天/（g・tHM^{-1}）	1 040 天/（g・tHM^{-1}）	0 天/（g・tHM^{-1}）	1 040 天/（g・tHM^{-1}）	0 天/（g・tHM^{-1}）	1 040 天/（g・tHM^{-1}）	0 天/（g・tHM^{-1}）	1 040 天/（g・tHM^{-1}）
0.5%MA	6	0	1.611E+01	5.725E+03	1.941E+03	0	3.062E+03	4.124E+03	7.805E+02
	8	0	2.153E+01	4.186E+03	1.875E+03	0	6.522E+03	3.015E+03	1.566E+03
	10	0	2.388E+01	3.451E+03	1.757E+03	0	8.093E+03	2.486E+03	1.968E+03
10%MA	6	0	1.381E+01	9.368E+04	4.607E+04	0	2.901E+03	6.748E+04	1.362E+04
	8	0	1.855E+01	7.379E+04	4.258E+04	0	5.641E+03	5.316E+04	1.862E+04
	10	0	2.114E+01	6.087E+04	3.790E+04	0	7.153E+03	4.385E+04	1.947E+04
50%MA	6	0	8.210E+00	2.653E+05	1.874E+05	0	1.873E+03	1.911E+05	9.624E+04
	8	0	1.176E+01	2.302E+05	1.719E+05	0	3.629E+03	1.658E+05	9.866E+04
	10	0	1.425E+01	2.032E+05	1.564E+05	0	4.838E+03	1.464E+05	9.448E+04

MA 添加量	PuO_2 体积分数/%	组件中 IMF 元件 ^{243}Am 的量		组件中 IMF 混合 MA 元件 ^{243}Am 的量		组件中 IMF 元件 MA 的量		组件中 IMF 混合 MA 元件 MA 的量	
		0 天/（g・tHM^{-1}）	1 040 天/（g・tHM^{-1}）	0 天/（g・tHM^{-1}）	1 040 天/（g・tHM^{-1}）	0 天/（g・tHM^{-1}）	1 040 天/（g・tHM^{-1}）	0 天/（g・tHM^{-1}）	1 040 天/（g・tHM^{-1}）
0.5%MA	6	0	2.114E+04	1.843E+03	3.851E+03	0	4.400E+04	1.169E+04	1.133E+04
	8	0	1.638E+04	1.347E+03	2.964E+03	0	3.646E+04	8.548E+03	9.621E+03
	10	0	1.358E+04	1.111E+03	2.575E+03	0	3.187E+04	7.048E+03	8.829E+03
10%MA	6	0	1.740E+04	3.015E+04	1.650E+04	0	3.675E+04	1.913E+05	1.025E+05
	8	0	1.413E+04	2.375E+04	1.438E+04	0	3.153E+04	1.507E+05	9.400E+04
	10	0	1.215E+04	1.959E+04	1.264E+04	0	2.846E+04	1.243E+05	8.402E+04

续表

MA 添加量	PuO_2 体积分数/%	组件中 IMF 元件 ^{243}Am 的量		组件中 IMF 混合 MA 元件 ^{243}Am 的量		组件中 IMF 元件 MA 的量		组件中 IMF 混合 MA 元件 MA 的量	
		0 天/（g·tHM^{-1}）	1 040 天/（g·tHM^{-1}）	0 天/（g·tHM^{-1}）	1 040 天/（g·tHM^{-1}）	0 天/（g·tHM^{-1}）	1 040 天/（g·tHM^{-1}）	0 天/（g·tHM^{-1}）	1 040 天/（g·tHM^{-1}）
50%MA	6	0	9.854E+03	8.540E+04	5.939E+04	0	2.112E+04	5.418E+05	3.883E+05
	8	0	8.822E+03	7.409E+04	5.387E+04	0	1.975E+04	4.701E+05	3.584E+05
	10	0	8.113E+03	6.542E+04	4.887E+04	0	1.894E+04	4.150E+05	3.271E+05

表 4-29 中心对称组件排布时 IMF 混合 MA 组件 ^{237}Np、^{241}Am、^{243}Am 及 MA 总量及销毁率

MA 添加量	PuO_2 体积分数/%	组件中 ^{237}Np 总量/（g·tHM^{-1}）（0 天）	组件中 ^{237}Np 总量/（g·tHM^{-1}）（1 040 天）	组件中 ^{237}Np 销毁率 1)/%	组件中 ^{241}Am 总量/（g·tHM^{-1}）（0 天）	组件中 ^{241}Am 总量/（g·tHM^{-1}）（1 040 天）	组件中 ^{241}Am 销毁率 1)/%
0.5%MA	6	5.725E+03	1.957E+03	65.8	4.124E+03	3.843E+03	6.8
	8	4.186E+03	1.897E+03	54.7	3.015E+03	8.088E+03	0
	10	3.451E+03	1.781E+03	48.4	2.486E+03	1.006E+04	0
10%MA	6	9.368E+04	4.608E+04	50.8	6.748E+04	1.652E+04	75.5
	8	7.379E+04	4.260E+04	42.3	5.316E+04	2.426E+04	54.4
	10	6.087E+04	3.792E+04	37.7	4.385E+04	2.662E+04	39.3
50%MA	6	2.653E+05	1.874E+05	29.4	1.911E+05	9.811E+04	48.7
	8	2.302E+05	1.719E+05	25.3	1.658E+05	1.023E+05	38.3
	10	2.032E+05	1.564E+05	23.0	1.464E+05	9.932E+04	32.2

MA 添加量	PuO_2 体积分数/%	组件中 ^{243}Am 总量/（g·tHM^{-1}）（0 天）	组件中 ^{243}Am 总量/（g·tHM^{-1}）（1 040 天）	组件中 ^{243}Am 销毁率 1)/%	组件中 MA 总量/（g·tHM^{-1}）（0 天）	组件中 MA 总量/（g·tHM^{-1}）（1 040 天）	组件中 MA 销毁率 1)/%
0.5%MA	6	1.843E+03	2.499E+04	0	1.169E+04	5.533E+04	0
	8	1.347E+03	1.934E+04	0	8.548E+03	4.608E+04	0
	10	1.111E+03	1.616E+04	0	7.048E+03	4.070E+04	0
10%MA	6	3.015E+04	3.390E+04	0	1.913E+05	1.393E+05	27.2
	8	2.375E+04	2.851E+04	0	1.507E+05	1.255E+05	16.7
	10	1.959E+04	2.479E+04	0	1.243E+05	1.125E+05	9.5
50%MA	6	8.540E+04	6.924E+04	18.9	5.418E+05	4.094E+05	24.4
	8	7.409E+04	6.269E+04	15.4	4.701E+05	3.782E+05	19.6
	10	6.542E+04	5.698E+04	12.9	4.150E+05	3.460E+05	16.6

注：1）$V=[|M_0-M_{1040}|/M_0]\times100\%$；

V—^{237}Np、^{241}Am、^{243}Am、MA 销毁率（%）；

M_0—0 天组件中 ^{237}Np、^{241}Am、^{243}Am、MA 总量（g·tHM^{-1}）；

M_{1040}—1 040 天组件中 ^{237}Np、^{241}Am、^{243}Am、MA 总量（g·tHM^{-1}）；

组件中 ^{237}Np、^{241}Am、^{243}Am、MA 总量=组件中 IMF 元件 ^{237}Np、^{241}Am、^{243}Am、MA 的量+组件中 IMF 混合 MA 元件 ^{237}Np、^{241}Am、^{243}Am、MA 的量。

从表 4-28 可得到：① 在组件里 IMF 元件中 ^{237}Np、^{241}Am、^{243}Am、MA 的产量均是呈增长趋势，但是其中 ^{237}Np 的增长量很少，这是由于在燃料中没有添加 U 燃料的原因所致；② 组件中 IMF 混合 MA 元件中 ^{237}Np 在不同 PuO_2 体积分数和 MA 体积分数时均是呈减少趋势；③ ^{241}Am、^{243}Am、MA 均在 MA 体积分数为 0.5%、PuO_2 体积分数为 6%时呈增长趋势，其余 PuO_2 体积分数和 MA 体积分数时也是呈减少趋势的；④ 在 MA 体积分数为 0.5%、PuO_2 体积分数为 6%时由于燃料过少导致 MA 中 ^{241}Am、^{243}Am 没有被嬗变，所以使得在这种成分下 MA 总产量从 0 d 至 1 040 d 呈增长趋势。

表 4-29 中得到了组件中所有 ^{237}Np、^{241}Am、^{243}Am、MA 的产量和销毁率，^{237}Np 销毁率可以达到 65.8%，但在最高 ^{237}Np 销毁率这种填充方案时 ^{241}Am、^{243}Am 均为增加趋势。所以从燃耗－反应性方面分析，IMF 元件为 8%PuO_2 体积分数，MA 为 10%体积分数混合，在中心对称组件排布方式时为最佳方案。

从表 4-27 和表 4-29 中还可以得到，CONFU 组件排布方式时 MA 的销毁率比中心对称组件排布方式的 MA 的销毁率高。故从燃耗特性方面分析，CONFU 组件排布方式要优于中心对称组件排布方式[10-12]。

（4）FNZ－CONFU 嬗变率

图 4-57、图 4-58 所示分别是 CONFU 组件排布方式和中心对称组件排列时不同 PuO_2 体积分数裂变薄层时 k_{inf} 随燃耗时间变化，两种排布方式均是随裂变薄层中的 PuO_2 体积分数的增加 k_{inf} 也随之增大，但在相同 PuO_2 体积分数时中心对称排布方式比 CONFU 组件排布方式初始 k_{inf} 增大，且中心对称排布方式比 CONFU 组件排布方式 k_{inf} 减小的更慢。

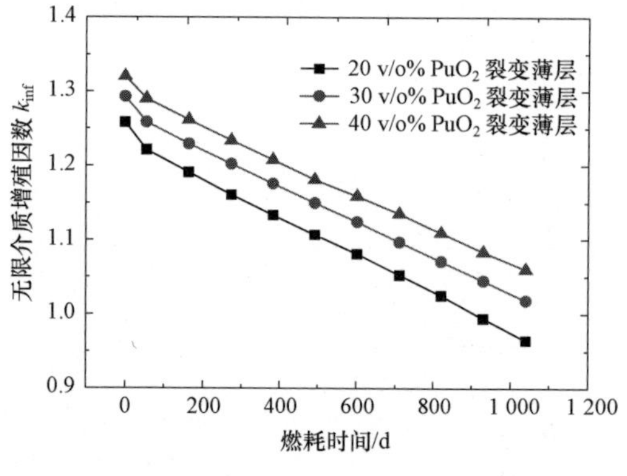

图 4-57 CONFU 组件排布方式不同 PuO_2 体积分数裂变薄层时 k_{inf} 随燃耗时间变化

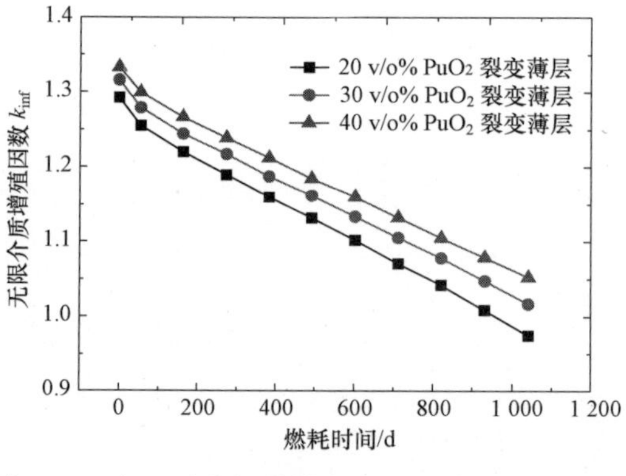

图 4-58 中心对称组件排布方式不同 PuO_2 体积分数裂变薄层时 k_{inf} 随燃耗时间变化

表 4-30、表 4-31 分别是 FNZ－CONFU 组件在 CONFU 组件排布方式时和在中心对称组件排布方式时 ^{237}Np、^{241}Am、^{243}Am、MA 的产量。在 FNZ－CONFU 组件中核素产量分析分为 3 个部分，分别是 IMF 元件、FNZ 元件裂变薄层以及 FNZ 元件快中子能谱区的 MA 产量分析。

表 4-30 CONFU 组件排布时 FNZ – CONFU 组件 ^{237}Np、^{241}Am、^{243}Am、MA 产量

单位：g · tHM^{-1}

裂变薄层 PuO_2 体积分数/%	组件中 IMF 元件 ^{237}Np 的量		组件中 FNZ 元件裂变薄层 ^{237}Np 的量		组件中 FNZ 元件快中子能谱区 ^{237}Np 的量		组件中 IMF 元件 ^{241}Am 的量		组件中 FNZ 元件裂变薄层 ^{241}Am 的量		组件中 FNZ 元件快中子能谱区 ^{241}Am 的量	
	0 天	1 040 天	0 天	1 040 天	0 天	1 040 天	0 天	1 040 天	0 天	1 040 天	0 天	1 040 天
20	0	9.929E+00	0	6.875E+00	2.100E+05	1.769E+05	0	3.078E+03	0	2.509E+03	1.436E+05	1.119E+05
30	0	9.243E+00	0	9.526E+00	1.899E+05	1.623E+05	0	2.967E+03	0	3.548E+03	1.299E+05	1.045E+05
40	0	8.624E+00	0	1.177E+01	1.733E+05	1.498E+05	0	2.835E+03	0	4.439E+03	1.185E+05	9.749E+04

裂变薄层 PuO_2 体积分数/%	组件中 IMF 元件 ^{243}Am 的量		组件中 FNZ 元件裂变薄层 ^{243}Am 的量		组件中 FNZ 元件快中子能谱区 ^{243}Am 的量		组件中 IMF 元件 MA 的量		组件中 FNZ 元件裂变薄层 MA 的量		组件中 FNZ 元件快中子能谱区 MA 的量	
	0 天	1 040 天	0 天	1 040 天	0 天	1 040 天	0 天	1 040 天	0 天	1 040 天	0 天	1 040 天
20	0	7.103E+03	0	2.368E+03	6.413E+04	5.175E+04	0	1.572E+04	0	6.094E+03	4.178E+05	3.587E+05
30	0	6.151E+03	0	2.489E+03	5.798E+04	4.761E+04	0	1.368E+04	0	7.196E+03	3.777E+05	3.294E+05
40	0	5.403E+03	0	2.522E+03	5.290E+04	4.405E+04	0	1.207E+04	0	8.034E+03	3.447E+05	3.038E+05

表 4-31 中心对称组件排布时 FNZ – CONFU 组件 ^{237}Np、^{241}Am、^{243}Am、MA 产量

单位：g · tHM^{-1}

裂变薄层 PuO_2 体积分数/%	组件中 IMF 元件 ^{237}Np 的量		组件中 FNZ 元件裂变薄层 ^{237}Np 的量		组件中 FNZ 元件快中子能谱区 ^{237}Np 的量		组件中 IMF 元件 ^{241}Am 的量		组件中 FNZ 元件裂变薄层 ^{241}Am 的量		组件中 FNZ 元件快中子能谱区 ^{241}Am 的量	
	0 天	1 040 天	0 天	1 040 天	0 天	1 040 天	0 天	1 040 天	0 天	1 040 天	0 天	1 040 天
20	0	1.437E+01	0	4.804E+00	1.590E+05	1.307E+05	0	4.549E+03	0	1.638E+03	1.087E+05	7.987E+04
30	0	1.364E+01	0	6.906E+00	1.472E+05	1.225E+05	0	4.447E+03	0	2.428E+03	1.006E+05	7.680E+04
40	0	1.292E+01	0	8.765E+00	1.370E+05	1.151E+05	0	4.303E+03	0	3.142E+03	9.367E+04	7.327E+04

裂变薄层 PuO_2 体积分数/%	组件中 IMF 元件 ^{243}Am 的量		组件中 FNZ 元件裂变薄层 ^{243}Am 的量		组件中 FNZ 元件快中子能谱区 ^{243}Am 的量		组件中 IMF 元件 MA 的量		组件中 FNZ 元件裂变薄层 MA 的量		组件中 FNZ 元件快中子能谱区 MA 的量	
	0 天	1 040 天	0 天	1 040 天	0 天	1 040 天	0 天	1 040 天	0 天	1 040 天	0 天	1 040 天
20	0	9.844E+03	0	2.228E+03	4.855E+04	3.800E+04	0	2.204E+04	0	5.281E+03	3.163E+05	2.644E+05
30	0	8.776E+03	0	2.488E+03	4.493E+04	3.554E+04	0	1.977E+04	0	6.368E+03	2.928E+05	2.486E+05
40	0	7.927E+03	0	2.636E+03	4.182E+04	3.342E+04	0	1.794E+04	0	7.213E+03	2.725E+05	2.339E+05

由表 4-30 中可得到：① FNZ－CONFU 组件在 CONFU 组件排布方式时 IMF 元件中 MA 各个核素均呈增长趋势，但其中 ^{237}Np 的产量增长很小；② FNZ 元件裂变薄层中 MA 各个核素也是呈增长趋势的，但是没有 IMF 元件中 MA 各个核素产量增长的多；③ 在 FNZ 元件快中子能谱区中，添加一定质量分数的 ^{237}Np、^{241}Am、^{243}Am，得到 ^{237}Np、^{241}Am、^{243}Am、MA 的产量均是从 0 d 至 1 040 d 随着燃耗时间的增加而减小的，使得寿期末总的 MA 各个核素的产量也减小，综上所述，FNZ 元件快中子裂变薄层销毁了一定量的 MA。

从表 4-31 得到：① FNZ－CONFU 在中心对称组件排布方式时 IMF 元件中 MA 各个核素均呈增长趋势，但其中 ^{237}Np 的产量增长很小；② FNZ 元件裂变薄层中 MA 各个核素也是呈增长趋势的，但是没有 IMF 元件中 MA 各个核素产量增长的多；③ 在 FNZ 元件快中子能谱区中，添加一定质量分数的 ^{237}Np、^{241}Am、^{243}Am，得到 ^{237}Np、^{241}Am、^{243}Am、MA 的产量均是从 0 d 至 1 040 d 随着燃耗时间的增加而减小的，使得寿期末总的 MA 各个核素的产量也减小。综上所述，FNZ 元件快中子裂变薄层销毁了一定量的 MA。

故不论是 CONFU 组件排布还是中心对称组件排布方案均能销毁一定量的 MA，FNZ－CONFU 组件可以达到一定的嬗变能力。

为了研究 FNZ－CONFU 组件的 MA 嬗变能力，定义 FNZ－CONFU 组件嬗变率，FNZ－CONFU 组件包含两种燃料元件分别为 IMF 元件和 FNZ 元件，其中 FNZ 元件包含两个部分分别为不同 PuO_2 体积分数时的裂变薄层 R2 和中心区域快中子能谱区 R1。对于 FNZ－CONFU 组件的净 MA 嬗变率就为两种燃料元件总 MA 产生量除以快中子能谱区中添加的 MA 的总量。定义公式为（4-2）。

表 4-32、表 4-33 分别为 CONFU 组件排布方式时和在中心对称组件排布方式时 ^{237}Np、^{241}Am、^{243}Am、MA 的净嬗变率。两种排布方式时 MA 的净嬗变率均随裂变薄层中 PuO_2 体积分数的增大而减小。从燃耗特性角度分析得到，裂变薄层中 PuO_2 体积分数为 30%时为最佳方案，这时 MA 的净嬗变率 CONFU 组件排布时为 7.26%，中心对称组件排布时为 6.17%，所以相同 PuO_2 体积分数 IMF 作为裂变薄层时，CONFU 排布时嬗变能力要比中心对称组件排布方式的嬗变能力要强。

$$\text{组件净MA嬗变率} = \frac{\text{FNZ元件净MA嬗变量} - \text{IMF元件MA产生量}}{\text{FNZ元件快中子能谱区中MA初装量}} = \frac{\text{R1中MA初装量} - \text{R2中MA产生量} - \text{R1中MA剩余量} - \text{IMF元件MA生产量}}{\text{R1中MA初装量}} \tag{4-2}$$

表 4-32　CONFU 组件排布时 FNZ－CONFU 组件嬗变 MA 净嬗变率

裂变薄层 PuO_2 体积分数/%	^{237}Np 嬗变率/%	^{241}Am 嬗变率/%	^{243}Am 嬗变率/%	MA 嬗变率/%
20	15.8	18.2	4.54	8.92
30	14.5	14.5	2.98	7.26
40	13.5	11.6	1.75	6.03

表 4-33 中心对称组件排布时 FNZ－CONFU 组件嬗变 MA 净嬗变率

裂变薄层 PuO_2 体积分数/%	^{237}Np 嬗变率/%	^{241}Am 嬗变率/%	^{243}Am 嬗变率/%	MA 嬗变率/%
20	17.8	20.8	－3.13	7.77
30	16.8	16.8	－4.17	6.17
40	16.0	13.8	－5.17	4.93

在 MA 的添加分为均匀加载和中心加载两种方式下，对 CONFU 组件排布方式和中心对称组件排布方式进行了 IMF 嬗变 MA 组件的燃耗－反应性计算。其中 IMF 燃料采用 ZrO_2、MgO 做基质。

计算分析得到以下结论：

1）无论哪种排布方式，在组件中添加 MA 会使 k_{inf} 随 PuO_2 体积分数的增加整体降低，所以添加一定量 MA 可以控制组件反应性。

2）在 MA 均匀加载的方式下，CONFU 组件排布方式比中心对称排布方式 MA 的销毁率高。根据 k_{inf} 燃耗时间的关系确定 CONFU 组件按照 IMF 元件为 8%PuO_2 体积分数，MA 为 10%体积分数混合为最佳方案；确定中心对称排布方案按照 IMF 元件为 8%PuO_2 体积分数，MA 为 10%体积分数混合时为最佳方案。

3）相同 PuO_2 体积分数 IMF 作为裂变薄层时，CONFU 排布时组件的嬗变能力要比中心对称排布时的嬗变能力强。从燃耗－反应性角度分析来看，裂变薄层中 PuO_2 体积分数为 30%时为最佳方案。

4.2.4 FNZ－CONFU 中子学特性

添加 MA 会引起堆芯反应性的下降；IMF 燃料加入一定量 MA 后，在不同的 PuO_2 体积份额下，燃料温度系数均为负，并且随着 PuO_2 体积份额的增加，燃料温度系数的绝对值减小。在相同的 PuO_2 体积份额下，随着加入 MA 体积份额增加，燃料温度系数变得越负。因此，MA 加入可有效地增加 IMF 的负燃料温度系数，有助于 IMF 燃料反应堆的安全[13-14]。如图 4-59 至图 4-61 所示。

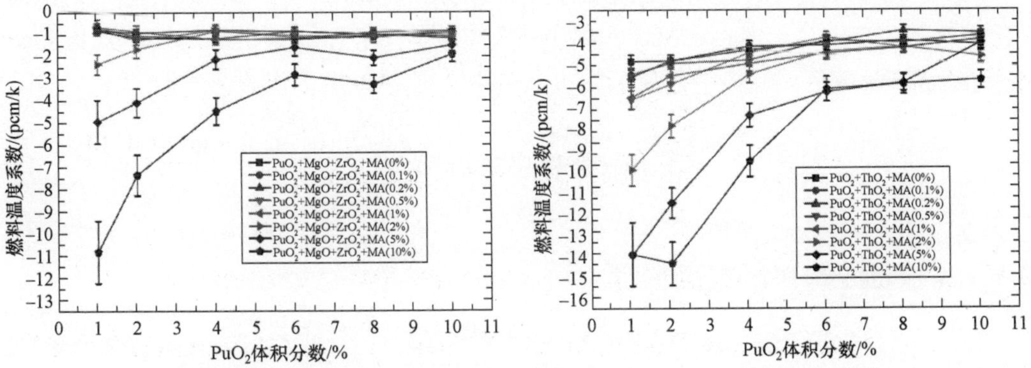

(a) $PuO_2+MgO+ZrO_2$　　(b) PuO_2+ThO_2

图 4-59 IMF 燃料加入 MA 后燃料温度系数随 PuO_2 体积份额的变化

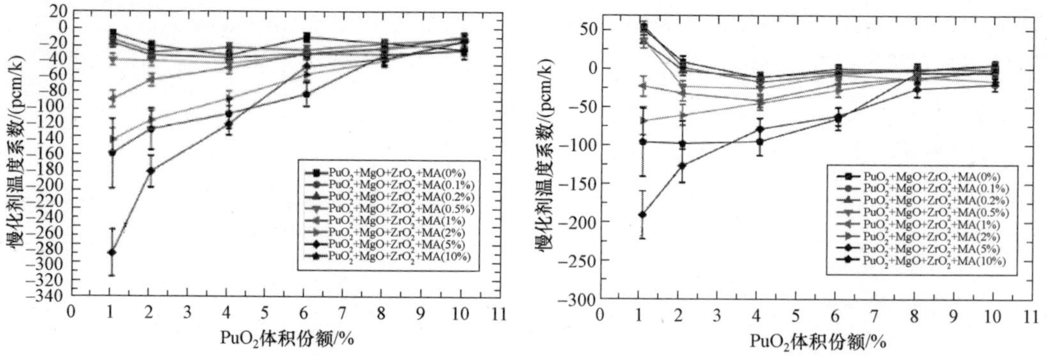

(a) 无硼　　(b) 1 400 ppm硼浓度

图 4-60　IMF 燃料加入 MA 后慢化剂温度系数随 PuO_2 体积份额的变化（PuO_2+ZrO_2+MgO）

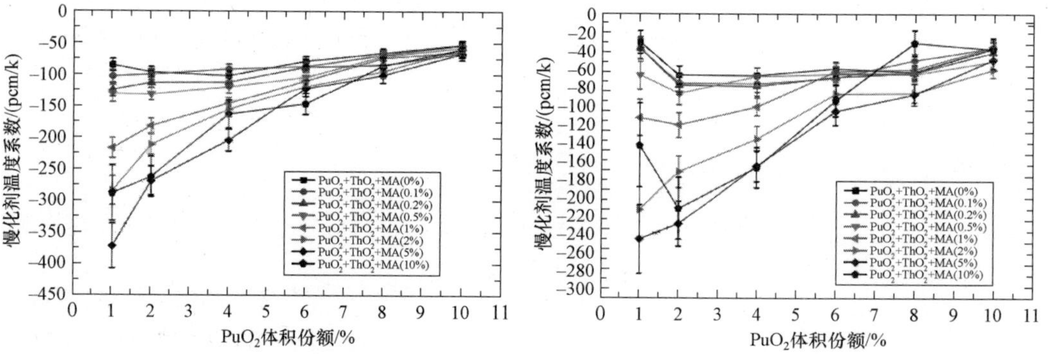

(a) 无硼　　(b) 1 400 ppm硼浓度

图 4-61　IMF 燃料加入 MA 后慢化剂温度系数随 PuO_2 体积份额的变化（PuO_2+ThO_2）

从图 4-60，图 4-61 中可以看出，在无硼酸与 1 400 ppm 硼浓度情况下，在一定量的 MA 加入下，慢化剂温度系数随着 PuO_2 体积份额增加而增大（负的绝对值减小）；在一定的 PuO_2 体积份额下，随着加入 MA 体积份额的增加，慢化剂温度系数变得越负，MA 的加入有助于增强 IMF 堆芯的负慢化剂温度系数。

惰性基质燃料联合快中子源区是嬗变 MA 的有效技术，计算分析表明：采用添加 MA 的 FNZ－CONFU 元件时，MA 净嬗变率最高可达 83.3%，且堆芯的燃料温度系数与慢化剂温度系数更负，获得了较好的嬗变效率并保证了堆芯的固有安全性。

4.3　高通量超热中子堆嬗变[15]

4.3.1　高通量超热中子嬗变原理

研究表明当中子通量密度达到 10^{16} n/cm^2·s 量级时，次锕系核素 MA 核素可在衰变前就发生裂变，故在此通量密度下具有较高的嬗变效率，而且在此高通量下具有较好的中子经济性。由此可知，在热中子区内当中子能谱越硬，中子通量密度越大时，核素嬗变效率和中子经济性也越好。从理论分析和工程应用两方面考虑，建模具有较高份额超热中子区，同时中子通量密度达到 10^{16} n/cm² • s 数量级堆芯结构并进行相关嬗变性能分析具有较高的价值和意义。

高通量热中子嬗变堆研究方面，美国橡树岭国家实验室设计了 HFIR（High Flux Isotope Reactor）堆和 ANS 实验装置，荷兰佩藤 HFR 等高通量嬗变实验堆。国内有西安交通大学、华北电力大学和中国原子能科学研究院等科研机构进行相关研究。高通量堆的堆芯分为两部分，内层区域和外层区，为了能够得到较高的热中子通量，将内层区域用于慢化中子的水层厚度变宽，燃料厚度降低。高通量热中子堆采用 MOX 燃料，当反应堆达到临界时，堆芯的中子通量密度可达到 1.8×10^{15} n/cm²。MA 加入堆芯的方式有 3 种：① MA 与燃料均匀混合；② MA 制成单独的嬗变棒，替换堆芯中的一部分燃料棒；③ MA 替换部分可燃毒物棒，或在可燃毒物棒外添加 MA 薄层。结果表明：MA 与燃料均匀混合，会引起堆芯反应性大幅下降，只有提高燃料的富集度才能够使堆芯重新临界，并导致整个堆总反应性不匹配，对反应堆控制产生不利影响。而后两种方案具备技术可行性，且第 3 种方案嬗变率最高，为 37.1%。MA 作为可燃毒物，比常规的可燃毒物的剩余反应性控制能力强，同时不会明显影响堆芯的 k_{eff}。

4.3.2　高通量超热中子堆嬗变方案

高通量超热中子堆的设计主要参考美国橡树岭国家实验室的 HFIR 堆，其堆芯实物和结构如图 4-62，HFIR 堆采用扇板型的燃料元件，燃料组件成圆形，其热中子通量密度达到 2.6×10^{15} n/cm² • s，功率为 85 MW，其燃料板平均铀密度为 1 g/cm³ 左右，其堆芯基本参数见表 4-34。为了能够达到比 HFIR 更高中子通量密度的堆芯模型，采用了圆板型燃料元件和 ^{235}U 和 ^{239}Pu 富集度较高的 MOX 燃料，同时将燃料板内燃料密度提高至 8 g/cm³，其中铀同位素中 ^{235}U 为 25%，钚的同位素中 ^{239}Pu 为 54.4%。采用铍（Be）作为反射层使堆芯内各栅元体中子通量密度提高且更加均匀。如图 4-63、图 4-64 所示。

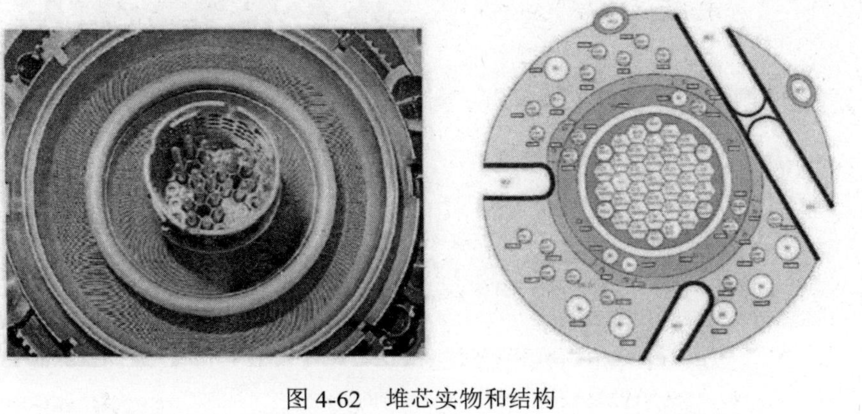

图 4-62　堆芯实物和结构

表 4-34　堆芯基本参数

堆功/MW	85
燃料区高度/cm	50.8
燃料类型	U_3O_8-Al
^{235}U 总质量/kg	内区　2.60　外区　6.83
^{235}U 富集度/%	93.1%
燃料板数量	内区　171　外区　369
燃料密度/（g/cm^3）	内区　0.776　外区　1.151
燃料板厚度/cm	0.127
冷却剂厚度/cm	0.127
燃料板宽度/cm	内区　8.1　外区　7.3
中心区（嬗变区）直径/cm	12.7
反射层成分	铍（Be）
反射层厚度/cm	30

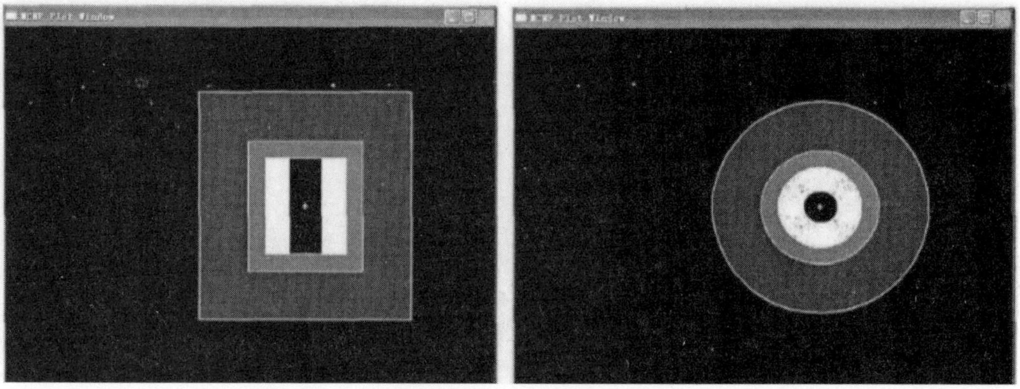

图 4-63　嬗变堆芯横截面与纵截面示意图

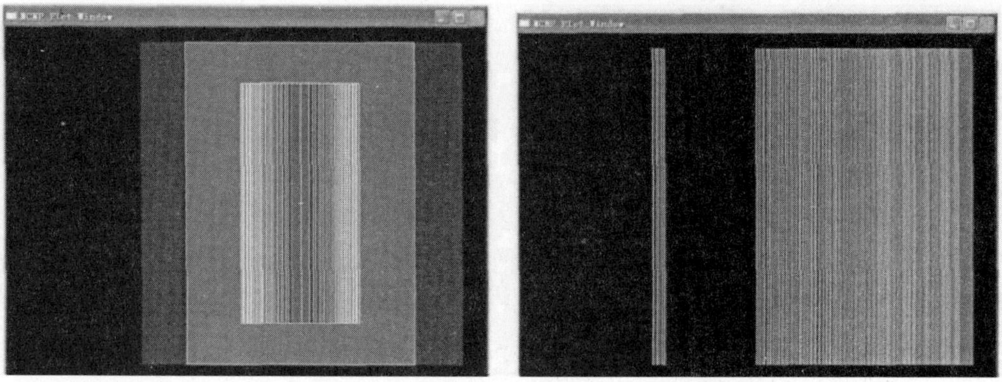

图 4-64　燃料与慢化剂夹层示意图

高通量超热中子堆芯中心区为中空，用于布置嬗变材料，外层由燃料层与慢化剂层交替分布区，其次为反射层和水区。堆芯材料和结构参数数据见表 4-35。

表 4-35 堆芯材料和结构参数数据

参数	设计值
堆功/MW	250
堆芯总体高度/cm	140
燃料区高度/cm	60
堆芯直径（除去最外水层）/cm	50
燃料类型	MOX 燃料
MOX 中铀、钚含量比（质量含量）	铀 75% 钚 25%
MOX 中的铀（质量含量）	$^{235}U/U$ 25%
MOX 中的钚（质量含量）	压水堆乏燃料中的钚
	$^{238}Pu/^{239}Pu/^{241}Pu/^{242}Pu/^{241}Am$
	2.8%/54.4%22.8%/11.8%/7%/1.2%
燃料板厚度/cm	0.125
慢化剂层厚度/cm	0.125
反射层厚度/cm	10
中空区直径/cm	12
燃料成分质量比	UO_2 75% PuO_2 25%
燃料板数量	33
燃料总质量/kg	125.184 6
慢化剂成分	H_2O
慢化剂总层数	32
慢化剂总质量/kg	152
反射层成分	铍（Be）
外层水区厚度/cm	30

4.3.3 高通量超热堆嬗变效果

高通量超热中子堆芯设计是为了改善热堆嬗变的中子经济性，并提高热堆的嬗变能力，因此对于高通量超热中子堆芯与热堆和快堆嬗变性能的比较，主要基于两方面内容：① 堆芯对 MA 核素嬗变能力对比；② 堆芯嬗变 MA 核素时中子经济性的对比。同时也验证了加入 MA 后堆芯的中子能谱的变化情况和中子通量密度的变化情况，并分析了温度效应对超热中子堆的影响情况。从这几方面完成对超热中子堆嬗变 MA 性能的对比分析，并得到具体的结论。表 4-36 列出了嬗变 MA 核素性质及成分比例，嬗变 MA 核素混合物是按照压水堆燃耗 33 000 MWd/t，乏燃料卸料后冷却 5 a 后的比例计算值。

表 4-36 嬗变 MA 核素性质及成分比例

MA 核素	^{237}Np	^{241}Am	^{243}Am	^{244}Cm	^{245}Cm
混合物质量分数	0.483	0.297	0.167	0.048	0.003
单质密度/（g/cm^3）	20.25	13.6		13.5	
混合物密度/（g/cm^3）			8		
氧化物	NpO_2	AmO_2		Cm_2O_3	
氧化物密度/（g/cm^3）	11.1	11.68		11	

MA 核素嬗变率的对比分析，主要从核素的裂变反应率、俘获反应率和裂变比 3 方面进行对比，在 3 种堆芯嬗变区加入核素混合物后，采用 MCNP 程序对每种核素的俘获反应率，裂变反应率、裂变比进行计算，得出表 4-37 和表 4-38 所示数据。

表 4-37 3 种堆芯嬗变区中 MA 核素俘获吸收率和裂变反应率

堆型		^{237}Np	^{241}Am	^{243}Am	^{244}Cm	^{245}Cm
热堆	俘获吸收率	0.100 0	0.213 0	0.120 0	0.043 2	0.056 8
	裂变反应率	0.008 2	0.009 1	0.006 7	0.011 2	0.400 0
快堆	俘获吸收率	0.041 8	0.046 6	0.041 6	0.022 5	0.009 4
	裂变反应率	0.017 1	0.015 5	0.012 4	0.021 6	0.081 7
超热堆	俘获吸收率	0.055 3	0.063 0	0.055 8	0.027 9	0.015 2
	裂变反应率	0.041 7	0.040 9	0.033 2	0.051 7	0.152 0

表 4-38 三种堆芯嬗变区中 MA 核素裂变比

堆型		^{237}Np	^{241}Am	^{243}Am	^{244}Cm	^{245}cm
热堆	总吸收率	0.108 7	0.221 9	0.126 5	0.054 4	0.457 2
	裂变比	7.56%	4.12%	5.31%	20.52%	87.58%
	表 2-2 中裂变比	1.37%	0.98%	0.82%	4.76%	86.30%
快堆	总吸收率	0.059 0	0.062 1	0.054 0	0.044 1	0.091 1
	裂变比	29.06%	25.02%	22.95%	49.08%	89.70%
	表 2-2 中裂变比	14.37%	11.90%	6.99%	34.58%	88.23%
超热堆	总吸收率	0.097 0	0.103 9	0.089 0	0.079 6	0.167 3
	裂变比	43.02%	39.35%	37.34%	64.91%	90.94%

由表 4-37 可以看出 ^{237}Np、^{241}Am、^{243}Am、^{244}Cm、^{245}Cm 的俘获吸收率：超热中子堆＞热堆＞快堆；裂变反应率：超热中子堆＞快堆＞热堆；高通量超热中子堆中嬗变 MA 核素的俘获吸收率和裂变反应率均优于其他堆型。从表 4-38 可以看出，热堆、快堆和超热中子堆中 ^{237}Np、^{241}Am、^{243}Am、^{244}Cm、^{245}Cm 的裂变比依次增大，同时与表 4-37 中核素裂变比进行对比，也均有相似比例的增大，而超热堆中的裂变比要大于热堆和快

堆，再次证明了 MA 核素在高通量超热中子区具有较好的裂变反应性。

比较核素在 3 种堆芯中嬗变的中子经济性，一个重要方法是计算核素加入到嬗变区后引起的临界堆芯反应性的变化情况，如果反应性提高，有效增殖因子会增大表明中子经济性好，反之表明嬗变 MA 核素消耗中子，中子经济性较差。因此对比 MA 核素在 3 种堆芯中嬗变的中子经济性主要通过分析加入嬗变核素后对 k_{eff} 的影响值来进行判断。

分别将 ^{237}Np、^{241}Am、^{243}Am、^{244}Cm、^{245}Cm 五种核素的单质和氧化物形式添加入达到临界状态的 3 种堆芯嬗变区，同时将 ^{237}Np、^{241}Am、^{243}Am、^{244}Cm、^{245}Cm 的混合物也添加入嬗变区，并调整各核素的含量使超热中子堆临界，并计算热堆和快堆中 k_{eff} 的变化值。

由表 4-39 可以看出对于 MA 的单质核素，在热中子堆中除 ^{245}Cm 外，其他单质核素均使 k_{eff} 减小，^{237}Np 和 ^{241}Am 减小幅度最大；快堆中所有单质核素均使 k_{eff} 增大，其中 ^{237}Np 和 ^{243}m 的 k_{eff} 增幅较小；超热中子堆中，所有单质核素也均使 k_{eff} 增大，且增幅均大于热堆和快堆；对于 MA 核素的氧化物，$^{245}Cm_2O_3$ 使热堆 k_{eff} 增大，其他均为负值，减小的程度与单质状态成正比；快堆中除了 NpO_2 使 k_{eff} 减小外，其余均增大，增大的程度也与其单质状态成正比；在超热中子堆中 k_{eff} 全部增加，与单质状态相似。嬗变物添加 MA 核素混合物时，超热堆 k_{eff} 有小幅增加，而热堆和快堆减小，热堆降幅较大。

表 4-39 添加 MA 核素后 k_{eff} 的变化情况

MA 核素	热堆	k_{eff} 变化值	快堆	k_{eff} 变化值	超热中子堆	k_{eff} 变化值
k_{eff} 初始值	1.018 47		1.008 2		1.006 32	
^{237}Np	0.778 22	−0.240 25	1.019 92	0.011 72	1.205 78	0.199 46
^{241}Am	0.777 05	−0.241 42	1.021 73	0.013 53	1.211 229	0.204 909
^{243}Am	0.814 6	−0.203 87	1.012 35	0.004 15	1.103 37	0.097 05
^{244}Cm	1.016 12	−0.002 35	1.096 34	0.088 14	1.424 09	0.417 77
^{245}Cm	1.151 281	0.132 811	1.370 36	0.362 16	1.987 75	0.981 43
NpO_2	0.809 86	−0.208 61	1.006 33	−0.001 87	1.046 39	0.040 07
$^{241}AmO_2$	0.782 31	−0.236 16	1.013 92	0.005 72	1.112 58	0.106 26
$^{243}AmO_2$	0.830 68	−0.187 79	1.008 27	0.000 07	1.047 46	0.041 14
$^{244}Cm_2O_3$	1.011 28	−0.007 19	1.074 94	0.066 74	1.278 27	0.271 95
$^{245}Cm_2O_3$	1.450 81	0.432 34	1.291 74	0.283 54	1.799 42	0.793 1
嬗变混合物	0.791 45	−0.227 02	1.006 20	−0.002	1.054 16	0.047 84

综上所述，可以初步得出结论，在超热中子堆中，无论加入 MA 单质核素核素、氧化物或者混合物，均能使堆芯的反应性有较大提高，并且增幅大于快堆和热堆，因为 MA 核素 ^{237}Np、^{241}Am、^{243}Am、^{244}Cm、^{245}Cm 在超热中子区具有更大的裂变截面和裂变比，在热中子通量密度达到 10^{16} n/cm^2 · s 量级时，裂变反应占有较大优势，因此在高通量超热中子对中嬗变 MA 具有较好的中子经济性，同时也表明其具有较好的嬗变能力。

4.3.4 高通量超热堆添加 MA 的中子学特性

为了对比研究加入核素后堆芯的中子物理变化情况，对高通量超热中子堆芯加入核素后中子能谱的变化情况，以及超热中子堆中子通量密度变化进行了计算，堆芯中子能谱变化如图 4-65 所示，超热中子堆中子通量密度变化如图 4-66 所示。

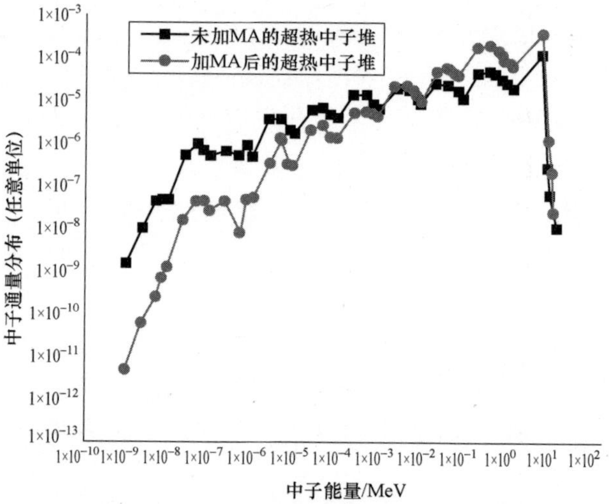

图 4-65 有无 MA 的超热中子堆中子通量密度变化

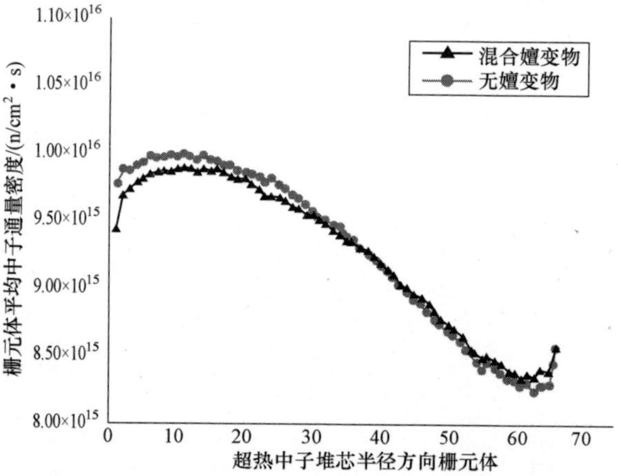

图 4-66 超热中子堆芯中加入 MA 后中子通量密度变化情况

图 4-65 表明在超热中子堆中低能中子区的中子通量密度降低较大，而热中子、超热中子和快中子区中子通量密度均有提高，能谱变硬趋势明显。

由图 4-66 可见超热中子堆嬗变区加入 MA 后，嬗变区附近栅元体的中子通量密度略有增加，而堆芯外延的中子通量密度略有减小。分析原因是由于超热中子堆加入 MA 后，反应性增加，且嬗变区将产生正系数的裂变中子，因此中子通量密度略有增加，而由于嬗变 MA 吸收了堆芯内热中子，所以外延附近中子通量密度有所减小，整个堆芯的中子通量密度呈现不均匀化趋势。

由图 4-66 可见超热中子堆嬗变区加入 MA 后，嬗变区附近栅元体的中子通量密度略有增加，而堆芯外延的中子通量密度略有减小。分析原因是由于超热中子堆加入 MA 后，反应性增加，且嬗变区将产生正系数的裂变中子，因此中子通量密度略有增加，而由于嬗变吸收了堆芯内热中子，所以外延附近中子通量密度有所减小，整个堆芯的中子通量密度呈现不均匀化趋势。

由图 4-67 至图 4-71 可见 ^{237}Np、^{241}Am、^{243}Am、^{244}Cm、^{245}Cm 核素加入嬗变区后都引起正的反应性变化，且变化曲线比添加 MA 混合物时明显，堆芯中子通量密度不均匀化趋势明显，而 ^{241}Am、^{244}Cm、^{245}Cm 对堆芯反应性的提高比 ^{237}Np、^{243}Am 大，这加入单质核素时堆芯 k_{eff} 的变化情况相一致。

综合嬗变反应率和中子经济性因素，中子通量密度在 10^{16} n/cm^2 • s 数量级的高通量超热中子堆具有较稠密栅棒型热堆和快堆更好的嬗变性能，具有继续深入研究的价值和意义。

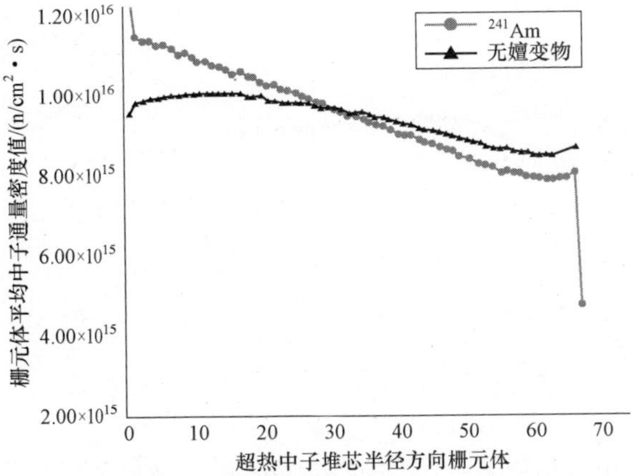

图 4-67 超热中子堆芯加入 ^{241}Am 后中子通量密度变化情况

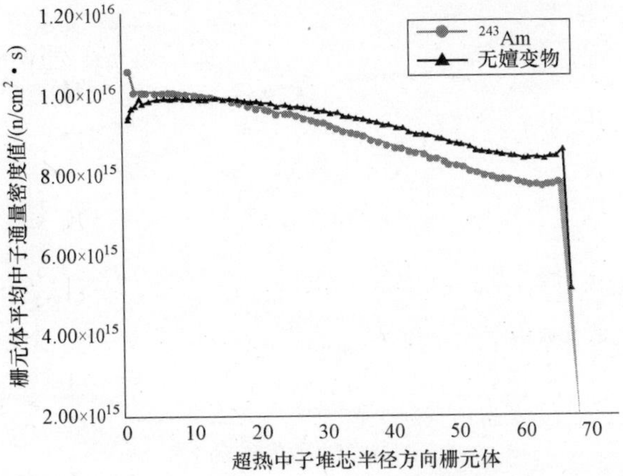

图 4-68 超热中子堆芯加入 ^{243}Am 后中子通量密度变化情况

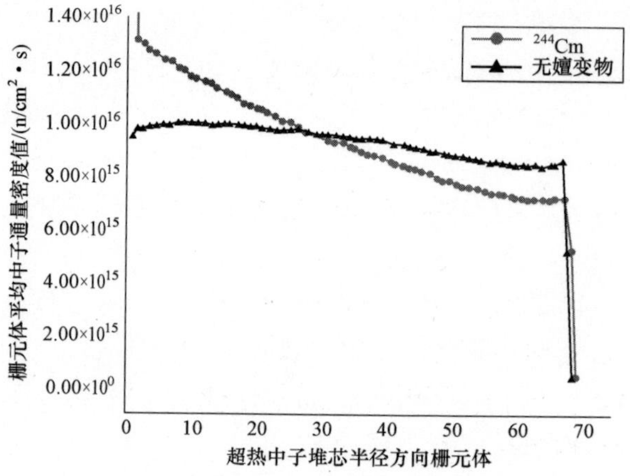

图 4-69　超热中子堆芯加入 ^{244}Cm 后中子通量密度变化情况

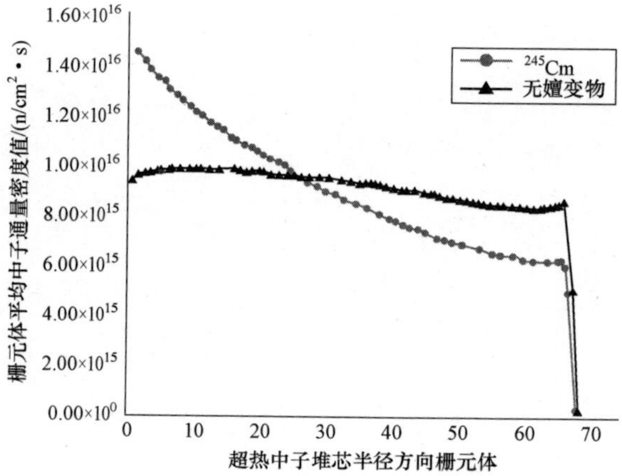

图 4-70　超热中子堆芯加入 ^{245}Cm 后中子通量密度变化情况

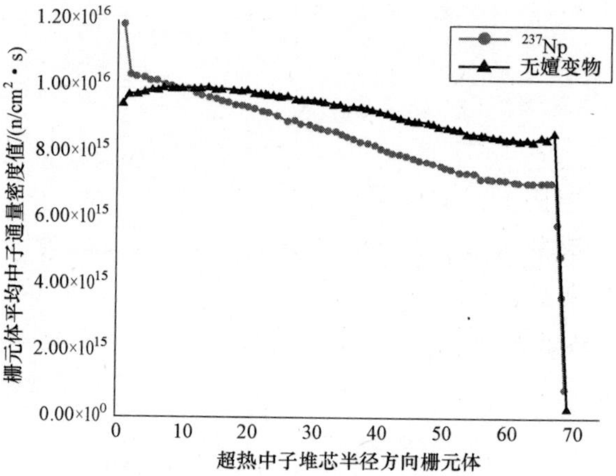

图 4-71　超热中子堆芯加入 ^{237}Np 后中子通量密度变化情况

4.4 小 结

压水堆嬗变可从源头使核废物量的最小化，将对裂变核能持续发展提供有力保障。先进商用压水堆将 MA 薄层添加到锆铌合金包壳和不锈钢之间的空隙中，不需要改变堆芯整体结构和燃料的组成且嬗变率很高；将 ^{99}Tc 和 ^{129}I 弥散在惰性基体慢化剂中单独做成靶件是先进商用压水堆中嬗变 LLFP 较好的形式。IMF 惰性基质燃料可降低自身产生的高毒性 TRU，又能嬗变累存的 MA，采用 IMF 燃料联合快中子源区嬗变技术，MA 净嬗变率最高可达 83.3%，且堆芯的燃料与慢化剂温度系数负值更大。MA 核素在高通量超热中子区具有较好的裂变反应性，中子通量密度大于 10^{16} n/cm^2 • s 的高通量超热中子堆具有较稠密栅棒型热堆和快堆更好的嬗变性能。

参考文献

［1］胡文超．次锕系核素在热堆中的嬗变特性研究［D］．华北电力大学，2015．

［2］贾晓淳．热堆嬗变 ^{99}Tc 靶件中子学与释热率特性研究［D］．南华大学，2015．

［3］胡文超，靖剑平，潘昕怿，等．大型先进压水堆中次锕系核素嬗变特性［J］．强激光与粒子束，2017，29（3）：88-93．

［4］刘琨，吴宏春，曹良志，等．压水堆高放长寿命裂变产物堆内嬗变平衡循环设计［J］．原子能科学技术，2013，47（S1）：202-206．

［5］刘琨，秦东，倪东洋．长寿命裂变产物热堆嬗变可行性研究［J］．科技创新与应用，2017（11）：22-24．

［6］Liu K，Wu H，Cao L，et al. Studies on LLFP transmutation in a pressurized water reactor［J］．Journal of Nuclear Science & Technology，2013，50（6）：581-598．

［7］Liu K，Wu H，Cao L，et al. A code development for LLFP transmutation analysis based on the whole pin－wise calculation in PWRs［J］．Nuclear Engineering and Design，2013，256：56-66．

［8］贾晓淳，于涛，谢金森．^{99}Tc 靶件中子学特性及释热率特点的初步研究［J］．南华大学学报（自然科学版），2015，29（1）：1-5．

［9］于涛，谢金森，刘紫静，等．基于惰性基质燃料 PWR 嬗变技术研究［J］．中国核电，2017，10（2）：178-187．

［10］武祥．基于惰性基质燃料的压水堆嬗变 MA 研究［D］．南华大学，2015．

［11］武祥，于涛，谢金森，等．IMF 燃耗特性与次锕系核素产量分析［J］．原子能科学技术，2015，49（8）：1417-1423．

［12］Yu T，Wu X，Xie J S，et al. A study on the burn－up characteristics of inert matrix fuels［J］．Progress in Nuclear Energy，2015，78：341-345．

[13] 于涛，陈昊威，谢金森，等．次锕系核素对惰性基质燃料中子学参数的影响研究［J］．南华大学学报（自然科学版），2015，29（2）：1-5．
[14] 陈昊威．用于压水堆嬗变 MA 的 IMF 燃料中子学特性研究［D］．南华大学，2015．
[15] 赵伟．高通量超热中子堆芯设计及长寿命核废物嬗变的研究［D］．华北电力大学（北京），2011．

第 5 章

快堆嬗变

5.1 快堆嬗变基本原理

5.1.1 快堆嬗变理论基础

快堆在嬗变核废料方面具备独特优势，2002 年成立的“第四代核能系统国际论坛（GIF）”提出的 6 种最具发展潜力的先进核能系统中，就有两种是快堆，且钠冷快堆、铅冷快堆被 GIF 预计有望成为率先实现工业示范化和商业应用的第四代核能系统[1]。快堆（Fast Reactor）的中子能谱比热堆硬，中子通量密度较高，是当前可用于次锕系核素 MA 嬗变的成熟和现实技术[2]。快中子可以使用所有锕系核素裂变，但裂变截面比较小。MA 加入快堆后，燃料在循环期间的 MA 含量不会积累到放射性不可容忍的程度。在快堆中嬗变 MA 时，高原子序数锕系核素的积累比在热堆中嬗变时慢，MA 的裂变与俘获截面比随中子平均能量的增加而增加，在很硬的中子场中，MA 可作为燃料使用，甚至全部由 MA 组成的堆也可以达到临界[3]。在快堆中 MA 是额外的可裂变资源，而不像在热堆中那样是不可利用的核废物。

在快堆中嬗变 MA 对堆芯特性有比较大的影响，有许多堆芯特性参数需要计算分析[4]。MA 的中子俘获截面大，是一种中子吸收剂，但俘获反应产物（或俘获反应后的衰变产物）的裂变/俘获截面比其母核要大，这在一定程度上可以恢复后备反应性，甚至可以增加反应性。这种滞后反应性的增加可以降低燃耗反应性损失，从而降低反应堆的后备反应性和减少控制棒数量，加深燃料的燃耗深度，延长元件燃烧时间。另外，MA 加入快堆堆芯后会增加冷却剂密度效应正反馈，减少多普勒负反馈，并且堆芯的有效缓发中子份额和平均中子寿命都会有所减小，给反应堆的控制及安全运行带来影响[5]。

一般来说，MA 核素嬗变有两种形式，一是在核燃料中均匀混合少量的 MA 核素制成均匀嬗变燃料。例如将 ^{237}Np 与反应堆燃料均匀混合。^{237}Np 在反应堆中受中子辐照之后，嬗变掉的 ^{237}Np 数量可观。以往的研究表明，^{237}Np 非常适合以均匀混合形式加入燃料中，而镅和锔则不如 ^{237}Np 那么适合均匀混合的方式。从许多方面来讲，均匀混合嬗变方式都是最简单的一种选择，不需要改变燃料的结构设计，由于 ^{237}Np 的含量被限制在很小的数量中，燃料的性质也只是受到 ^{237}Np 的轻微影响。但混合燃料的制造则需要更加先进了。另一种嬗变形式是非均匀嬗变靶件，这种形式将 MA 核素浓缩制成嬗变靶件，如嬗变组件，这样一来，MA 核素嬗变材料就与燃料分隔开[6]。镅和锔更适合以非均匀嬗变靶件的形式嬗变。嬗变靶件的添加会使堆芯结构变得更加复杂，并且不含铀的嬗变组件的制造非常困难，但嬗变靶件的形式对嬗变而言是一个更佳的选择。

对于长寿命裂变产物，由于快中子堆中热中子通量密度很低，所以很难通过（n，γ）反应使其发生有效嬗变，且长寿命裂变产物的（n，2n）反应中子能量阈值很高（>10 MeV），（n，2n）反应几乎可以忽略。因此，长寿命裂变产物在快中子堆中不能直接得到有效的嬗变，较为可行的办法是在快中子堆周围加适当的慢化剂，建立超热中子区，则可较轻水堆能更有效的嬗变 LLFP 等。但是，由于快堆中子能谱比较硬，在进行 LLFP 嬗变的时候需要更合理地慢化靶组件的能谱。较为可行的办法是在快堆堆芯周围布置 LLFP 嬗变组件，利用慢化快堆泄漏中子进行 LLFP 的嬗变[7-8]。

5.1.2 快堆嬗变的优势[8]

核素嬗变的过程是一个产生与消失相互竞争的过程，例如 ^{241}Pu，涉及该核素的产生和消失的过程如图 5-1 所示。

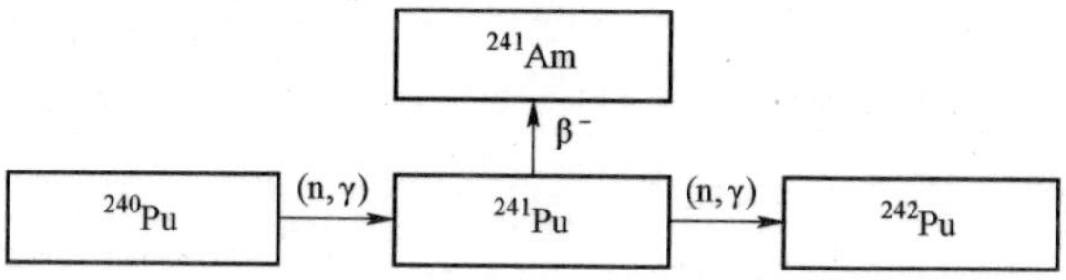

图 5-1 ^{241}Pu 的产生与消失

进行嬗变的目的是希望减小一些长半衰期对环境影响较大的核素的量。MA 核素吸收中子后，可能发生俘获反应，也可能发生裂变反应。然而，MA 核素发生俘获反应的产物仍旧是锕系核素，因此希望避免俘获反应的发生，而直接将 MA 核素裂变掉。裂变的好处一方面在于 MA 裂变后其裂变产物半衰期较短，相比 MA 长期的放射性毒性会减小；另一方面，裂变反应会放出中子，有利于维持链式反应的进行。MA 核素吸收中子后，发生俘获或是裂变反应的概率用截面来表示，发生裂变反应概率的大小与俘获/裂变截面比有关，俘获/裂变截面比越小，则裂变反应发生的概率就越大。表 5-1 给出一些锕系核素在热谱和快谱情况下的平均俘获截面/平均裂变截面。表中数据表明了快谱下 MA 有着较小的俘获/裂变截面比，快中子谱更有利于 MA 核素的裂变。对于主要的 MA 核素其裂变反应几乎都为高能阈反应，能谱越硬越有利于它们裂变的发生。而且由于裂变概率大，快谱下 MA 嬗变链往往较热谱下的短，高序数锕系核素的生成较少。实际上，MA 在硬能谱下也是一种裂变资源，计算表明在一定硬度能谱下 1 kg MA 核素的作用相当于 0.6 kg 的 ^{235}U。

表 5-1 不同核素在不同能谱下的俘获/裂变截面比

核素	$\overline{\sigma_c} / \overline{\sigma_f}$ $[\overline{\sigma} = \int \sigma(E)\phi(E)\mathrm{d}E / \int \phi(E)\mathrm{d}E]$	
	热谱	快谱
^{237}Np	63	5.3
^{238}Pu	12	0.53
^{239}Pu	0.58	0.3
^{240}Pu	396.6	1.6
^{241}Pu	0.4	0.19
^{242}Pu	65.5	1.8
^{241}Am	100	7.4
^{243}Am	111	8.6
^{242}Cm	3.9	1.7
^{243}Cm	0.16	0.14
^{244}Cm	16	1.4
^{245}Cm	0.15	0.18
^{235}U	0.22	0.29
^{238}U	8.3	7.5

对于 MA 的嬗变，从中子经济性的角度来看，快谱也是较优的。不同核素在不同能谱下的中子消耗 *D* 值列于表 5-2 中。*D* 值为正，表示消耗中子，*D* 值为负，表示产生中子。可以看出，在快中子能谱下 MA 核素是可以提供额外中子的，而在热谱情况下 MA 核素的嬗变基本上是完全消耗中子。*D* 值涉及整个核素反应链的平衡，如果核素反应链上有衰变与吸收中子引起的反应相竞争的话，通量的大小就会影响到 *D* 值的大小，通量升高多数核素都能提供更多的中子。对于 ^{99}Tc 和 ^{129}I，由于它们的嬗变完全依靠俘获反应，理论上的 *D* 值分别为 1.01 和 1.008。

表 5-2 不同核素在不同能谱下的 *D* 值

核素	氧化物快堆快中子谱		标准 LWR 热中子谱	
	10^{15}/（cm^2 • s）	10^{17}/（cm^2 • s）	10^{14}/（cm^2 • s）	10^{16}/（cm^2 • s）
^{238}Pu	−1.36	−1.49	0.17	0.042
^{239}Pu	−1.46	−1.51	−0.67	−0.79
^{240}Pu	−0.96	−1.18	0.44	0.085
^{241}Pu	−1.24	−1.60	−0.56	−0.91
^{242}Pu	−0.44	−0.75	1.76	1.10
^{237}Np	−0.59	−0.72	1.12	0.53
^{242}Am	−0.62	−0.78	1.12	0.076
^{241}Am	−1.36	−1.54	0.15	−0.88
^{243}Am	−0.60	−1.07	0.82	0.16

续表

核素	氧化物快堆快中子谱		标准 LWR 热中子谱	
	10^{15}/（$cm^2 \cdot s$）	10^{17}/（$cm^2 \cdot s$）	10^{14}/（$cm^2 \cdot s$）	10^{16}/（$cm^2 \cdot s$）
^{243}Cm	−2.13	−2.26	−1.9	−2.04
^{244}Cm	−1.39	−1.92	−0.15	−0.53
^{245}Cm	−2.51	−2.50	−1.48	−1.46
D_{TRU}	−1.17	−1.33	−0.05	−0.35
D_{MA}	−0.70	−0.90	1.1	0.3
D_{Pu}	−1.1	−1.2	−0.2	−0.40

再看不同能谱系统能够提供的中子剩余 G。如果 $G>0$ 的话则意味着该系统是可以用于嬗变的。表 5-3 对比快堆和热堆的中子剩余可以得出，MA 作为燃料在快堆情况下能够提供更多的中子剩余，更进一步证实了快谱对 MA 嬗变的好处。中子剩余对 LLFP 的嬗变更为重要，因为 LLFP 的嬗变依靠俘获反应，完全是一个消耗中子的过程。

表 5-3　不同堆型对应不同燃料的 *G* 值

燃料	热堆		快堆
	10^{14}/（$cm^2 \cdot s$）	10^{15}/（$cm^2 \cdot s$）	10^{15}/（$cm^2 \cdot s$）
MA 燃料	−1.09	−0.80	+0.52
Pu+MA 燃料	−0.14	+0.08	+1.12

从对燃料再循环的角度来看，快谱依然是较优的[9]。我们知道在热堆中嬗变 MA 也是可行的，前提是有足够的剩余中子，因为热堆中 MA 核素的中子经济性比较差。直观的描述的话，MA 核素在热堆中的嬗变是以间接形式进行的，即利用 MA 核素在热能区较大的俘获截面产生相比更容易裂变的俘获产物，从而完成 MA 的嬗变[10-11]。但是，此过程由于发生俘获反应消耗的中子会较多，参见表 5-2 中子消耗 D 值。较多俘获反应的发生同时也会产生一些高原子序数（$\geq^{96}Cm$）的锕系产物，这些产物导致燃料的衰变热、γ 和中子出射率都大大增加，尤其是中子出射源强，见表 5-4。这些后果对燃料（包括 MA）的多次循环不利，也会限制 MA 的循环次数。

表 5-4　LWR 中多次循环 TRU 对一些燃料循环参数的影响

参数	参考值	PWR CORAIL	PWR CORAIL	快堆 EFR
	PWR EPR−MOX	只再循环 Pu	再循环 Pu+MA	Pu+MA 再循环
Pu/MA 含量%	12/0	7.8/0	10.3/2.1	20.2/1.2
α 衰变热	1	0.7	6.7	0.5
β 衰变热	1	0.6	1.5	0.2
γ 衰变热	1	0.7	9.1	1.5
中子源强	1	0.8	370	30

5.2 快堆嬗变燃料研究[12]

快中子堆的燃料可以采用铀–钚氧化物燃料、碳化物燃料、金属燃料及氮化物燃料等，钍–铀燃料也可以用于快堆[12-13]。液态金属是快堆使用最多的冷却剂，这是因为其具有特别优良的导热特性。关于液态金属冷却剂，如钠、钠钾合金、水银、铅、铋及铅铋合金等都已经被研究过，其中最常用的是钠。

添加 MA 的燃料研制，是快堆嬗变的关键技术之一。当前基本处于实验室研究开发、堆内辐照测试实验阶段。美国、欧盟、日本、俄罗斯等开展了添加 MA 的燃料材料相关研究工作，目的是验证一些基本的性能和极端情况下的性能特点。目前尚无含 MA 燃料用于大规模的工业实践。对于包含不同的原子点阵和化学形态的许多种类的燃料，国际上进行了添加 MA 核素的尝试和测试，并且对一些与传统方法不同的燃料制造技术进行了探索。燃料的堆内辐照实验是材料性能检验的最有效方式，辐照后检查的结果将提供有价值的信息。

添加 MA 的燃料材料的物理化学性质将会对添加前的燃料性质有一定的改变。下面主要针对 MA 核素的燃料材料开展论述，这些 MA 主要包括 Np、Am 和 Cm 等同位素。表 5-5 给出了几种典型的添加 MA 的燃料形式以及组成成分。

表 5-5 典型的含 MA 燃料

燃料形式	燃料类型	Pu/HM/%（质量分数）	MA/HM/%（质量分数）	Pu+MA/（g/cm^3）	AMX/IM/%（体积分数）
均匀	（U，PU，Am）O_2	15～20	3～5	2.1	*n*/a
非均匀/多循环	AmO_2+IM	*n*/a	100	2	20
非均匀/一次通过	AmO_2+IM	*n*/a	100	1～1.5	15
	$Am_2Zr_2O_7$+IM	*n*/a	100	1～1.5	15
	$Am_2Zr_2O_7$	*n*/a	100	1～1.5	*n*/a
MA 添加转换区燃料	（U，PU）O_2	*n*/a	10～20	1～2	*n*/a
ADS 燃料	（Pu，Am）N+IM	50	50	6	40～60
	Pu–Am–^{40}Zr	50	10	6	*n*/a
	（PU，Am）O_2+IM	40	60	4.5	*n*/a

注：IM 指惰性基体；AMX/IM 指燃料相与基体的体积比。

对于添加 MA 的燃料，在有些文献中以添加 MA 的基体材料来分类，分为含易裂变的基体，含可转换材料基体以及不含重核的惰性基体。由此，MA 及燃料的组合形式分为两类：

1）MA 均匀添加的燃料

均匀添加燃料即在原有燃料的基础上，添加一定比例的 MA 作为堆芯燃料，在驱动反应堆同时达到嬗变的目的。处于堆芯安全性能设计的考虑，以及燃料燃耗水平限制的因素，驱动燃料中添加 MA 的份额一般不超过 5%。而在转换去，由于转换去裂变较少，裂变产物和裂变气体释放比驱动燃料少得多，添加 MA 对于堆芯的安全性能参数影响较小，转换区燃料中添加 MA 则一般可以达到 10%～20%。若不考虑对于快堆增殖性能的影响，在转换区燃料中添加 MA 来进行嬗变也是一种选择，主要分为氧化物燃料、金属燃料以及氮化物燃料等。

2）MA 非均匀添加的燃料

非均匀燃料，是指燃料芯体内各组成部分核素小是均匀混合的燃料形式，即 MA 制成辐照靶件的形式。主要分为 3 类：

① 弥散体燃料（dispersion fuels）；

② 颗粒尺度上的非均匀混合燃料（vibro－pac 和 sphere－pac 燃料）；

③ 包覆颗粒燃料（coated particles）。

当前研究的比较充分的是弥散体燃料，其在研究堆和生产堆中有较广泛的应用，也可作为 MA 辐照嬗变靶件的燃料形式。由于弥散体燃料的燃料基体通常是不含易裂变核的材料，这种燃料有时又称为惰性基体燃料。

5.2.1 氧化物燃料

氧化物燃料是运行经验最多的燃料类型，在轻水堆的长期运行实践过程中，体现出了令人满意的结构稳定性以及辐照稳定性，并且它与包壳和冷却剂材料的化学相容性都很好。氧化物燃料在快堆中也是运行经验最为丰富的燃料类型[14-15]。混合氧化物燃料 MOX 是当前大部分增殖快堆的标准燃料材料[16-17]。氧化物燃料主要有以下一些优点：

1）氧的快中子俘获截面低；

2）熔点高达 2 800 ℃，并且高温下热稳定性好；

3）熔点以下只有一种结晶形态，各向同性，辐照下尺寸稳定性好；

4）与冷却剂以及包壳材料有良好的相容性；

5）有良好的包容裂变产物的能力；

6）易于制造。

但是作为快堆燃料，混合氧化物燃料的主要缺点是它的热导率和密度都偏低。热导率低，往往使得燃料中的温度梯度很高。在快堆中，燃料棒的线功率较大，导致芯块的中心温度一般在 2 000 ℃以上，而且芯块沿径向的晶分区明显。氧化物燃料不足之处主要有以下几点：

1）含铀密度低（氧/铀比在 2 左右）；

2）热导率较低；

3）材料质脆且硬度较高；

4）燃料芯体温度梯度较大，燃料芯块在运行过程中会产生开裂和组分的再分布。

混合氧化物陶瓷燃料是一种固溶体陶瓷燃料，其嬗变的应用是很有吸引力的，因为添加 MA 对这种燃料材料的性质改变相对比较小。混合氧化物型燃料中添加适量的 MA，可以作为燃料在各种反应堆尤其是快堆中进行嬗变。在 SUPERFACT 实验中，添加 MA 的混合氧化物陶瓷燃料已经在法国凤凰快堆中进行了实际的堆内辐照实验研究。

添加了 MA 燃料的辐照行为与不添加的燃料材料会有所不同，其中最突出的是燃料中氦气释放量大大增加。^{241}Am 是 MA 中主要核素之一，其经过辐照产生的氦气主要燃耗的核反应链如图 5-2 所示，^{241}Am 俘获中子并且经过 β 衰变生成 ^{242}Cm，^{242}Cm 的 α 衰变是氦气增加的主要原因。并且由于 ^{242}Cm 的半衰期为 163 d，停止辐照之后的很长一段时间内，燃料内仍然会有较多的氦气释放。氦气的释放在 Am 添加燃料棒设计的时候需要予以充分的考虑。

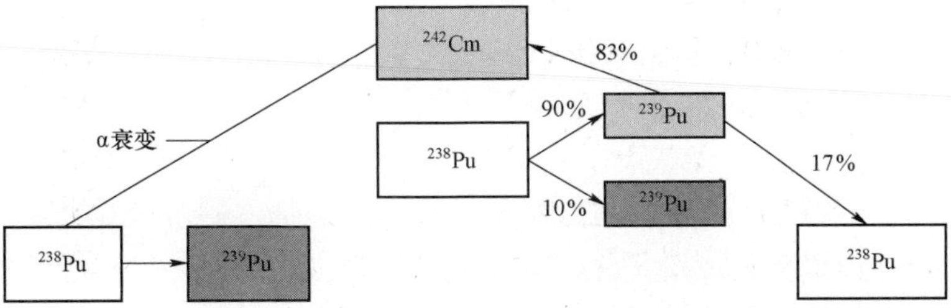

图 5-2 ^{241}Am 辐照产生氦气的主要燃耗链

在较高的 ^{241}Am 和 ^{237}Np 含量的燃料中，由于通过中子俘获反应而产生的 Pu 的积累，燃料棒功率往往会随着辐照时间逐渐增加，这在燃料棒的安全设计上需要进行全燃耗周期的考虑。另外，添加 MA 将使得 MOX 燃料最佳的 O/M 也会产生一定的变化。

一般而言，与金属燃料相比，氧化物燃料中 MA 的添加比例可以大些。在氧化物燃料中添加 Np 对燃料性能影响不大，但添加 Am 后对燃料的热导率、燃料辐照后的 He 释放都有很大影响。燃料中添加 MA 后会降低材料的热导率和熔点，明显降低线功率峰值限值，其降低程度与 MA 含量基本成正比。

5.2.2 金属燃料

金属燃料是最早用于反应堆的燃料，美国早期的 EBR－I，EBR－Ⅱ，Fermi－I 等实验堆都是采用金属燃料装载。金属燃料的制造、堆内辐照以及乏燃料后处理都已经积累了相当的经验，大部分环节完成了实验规模的实践[18-20]。当前美国设计的快堆都将金属燃料作为主要技术选择。

金属燃料有很多优点，主要概括为以下几个方面：

1）金属燃料的制造加工和乏燃料后处理更为容易。

2）金属燃料具有良好的导热性能，燃料芯体内温度梯度较小，热蠕变相对较小。

3）金属燃料与液态金属冷却剂有很好的相容性。

4）金属燃料中重核所占的比重高，并且芯块密度高，故金属燃料一般有较高的重核密度，使得堆芯有着更硬的中子能谱和更好的中子经济性。

同时，金属燃料在反应堆中的应用也面临一些技术难题，主要概括为以下几个方面：

1）在辐照下会生长出各向异性非常严重的晶格点阵，这将引起很大的尺寸改变，材料的早期辐照肿胀严重。

2）金属燃料的熔点比较低，限制燃料线功率提高。

3）金属燃料芯块与包壳之间接触会发生相互渗透迁移的反应。

其中，金属燃料的肿胀是金属燃料作为反应堆燃料需要克服的最主要缺点，同时需要注意的是，在燃料出现肿胀后，燃料的热导率将会出现比较明显的降低。

为了提高燃料的经济性，通常要求燃料能达到一定的燃耗水平，这也就要求金属燃料的有效密度比较低，但是即使在低的有数密度下，其重核密度及中子的经济性仍然要好于其他类型的燃料材料。

5.2.3 碳化物燃料

作为快堆的一种备选燃料，碳化物燃料最具意义的基本特性是其密度相当高，同时热导率也非常好[21-22]。与氧化物燃料相比，碳化物燃料的热导率高，燃料棒中的峰值温度和温度梯度都比较小。在碳化物燃料中，不会出现明显的重结构现象，燃料中心孔也基本建立不起来，燃料结构比较单一和简单。与氧化物燃料相比，在相同的温度条件下，尽管在应力相依性方面存在着差别，但是蠕变的速率是相似的。对于裂变气体的释放特性，理想配比的碳化物燃料释放出的裂变气体要比氧化物燃料少得多。

混合碳化物燃料在美国的快堆中进行了一些辐照实验，有超过 470 根碳化物燃料棒在 EBR－Ⅱ上进行过辐照，超过 200 根在 FFTF 实验快堆上进行过辐照。70%PuC 份额的混合碳化物燃料已经在印度的实验堆 FBTR 中被用作驱动燃料。这种燃料在 FBTR 中达到了 150 000 MWd/t 的高燃耗，并且较成功实现了乏燃料后处理。

由于碳化物燃料肿胀大于氧化物燃料，碳化物燃料元件棒的失效通常是由于燃料包壳的机械相互作用（FCMI）。所以，碳化物燃料元件的设计必须采用较大的芯包间隙来延缓 FCMI。虽然包壳的碳渗透以及碳化反应一直以来是碳化物燃料的主要缺陷之一，但辐照实验结果表明，这不是燃料棒失效的主要原因。

碳化物燃料是添加 MA 的快堆燃料的一个潜在选择。在实际应用时还需要考虑和解决以下问题：

1）碳化物燃料仍处于技术发展阶段，与氧化物及金属燃料技术相比，适合碳化物燃料的包壳材料仍是一个技术难题。

2）虽然碳化物燃料的制造和后处理已经有了一些研究但只限于小的实验规模，技术积累不够。

3）由于 Am 金属的挥发性，添加 Am 的碳化物燃料制造过程必须保证在封闭系统内进行，增加了燃料制造工艺难度。

4）添加了超铀元素的碳化物燃料，其性能还没有足够的实验数据支持。

5）由于添加超铀元素碳化物燃料的芯–包机械相互作用显著，需要通过实验验证这种燃料的燃耗限制条件。

6）碳化物燃料在超功率瞬变等运行瞬态和超设计基准事故工况下的性能，也需要进行足够的实验验证。

7）碳化物燃料的后处理工艺仍是一个有待研究的领域。

由于Am的高挥发性，并且含Am的碳化物热力学稳定性较差，所以碳化物燃料作为快堆MA焚烧嬗变燃料，需要克服很多技术难题。同时对于添加MA的碳化物燃料性质，也没有足够的针对性燃料测试和辐照实验经验。碳化物燃料仅仅作为嬗变燃料的一个备选方案。

5.2.4 氮化物燃料

氮化物燃料的物理性质与碳化物燃料基本相似，同样具有高的热导率、熔点以及高重核密度[23-25]。氮化物燃料的熔点与氧化物燃料接近，比金属燃料高得多。而氮化物燃料的热导率与金属燃料接近，远高于氧化物燃料。同时氮化物与包壳的相容性好，没有所谓的碳化问题。与混合碳化物燃料相比，混合氮化物燃料的燃料肿胀更小，惰性气体释放更少，并且燃料后处理和加工更为容易。与含Am的碳化物燃料相比，含Am的氮化物燃料有更好的热力学稳定性。

氮化物燃料主要问题在于，由于核反应 ^{14}N（n，p）^{14}C，如采用天然丰度的氮，氮化物燃料在中子辐照后会产生较多的放射性同位素 ^{14}C，对环境和公众有辐射影响。氮化物燃料需要采用浓缩的 ^{15}N，增加了燃料制造成本。而且，锕系核素的氮化物，特别是AmN和CmN，具有吸湿性，并且容易与氧发生化学反应。

NpN、PuN，AmN和CmN等锕系核素的氮化物与NaCl型晶体结构具有相似的晶格参数。锕系核素的混合氮化物会形成固溶体，从而可以允许锕系核素的组分较高。Np-Pu-Am-Cm氮化物燃料已经被实验证实可以形成固溶体。

在AFCI项目中，进行了添加MA的氮化物燃料相关研究。氮化物是国际上先进燃料的主要潜在选择，现在仍然属于发展的早期阶段。初步研究认为超铀元素氮化物燃料是可行的，但还面临以下一些问题：

1）在燃料制造过程中，有两方面的技术需要进行示范验证，首先是燃料烧结过程中保持合适的燃料密实度，需要发展新的低温制造技术，缓解Am的挥发。

2）需要解决辐照过程中燃料的开裂和破碎问题。

3）考虑 ^{15}N 的浓缩，必须发展有经济性的燃料循环技术路线。富集的 ^{15}N 需要在燃料循环中得到循环利用，需要在燃料后处理以及制造过程考虑何种工艺流程可以实现这样的利用方式。

5.2.5 弥散体燃料

弥散体燃料旨在解决高燃耗所带来的肿胀和辐照损伤。弥散体燃料的燃料基体有空间滞留裂变气体，可降低超铀元素堆内中子辐照过程中引起的燃料肿胀[26-28]。弥散体燃料是以细颗粒弥散在基体材料中组成的混合燃料。分散的燃料颗粒称为燃料相，基体材料称为基体相，弥散体燃料一方面保留了燃料相的优点，另一方面基体的材料性能得以最大化利用。

弥散体燃料中燃料相和基体可以采取不同的材料组合。当前主要有 3 种：CERCER（陶瓷陶瓷弥散燃料）、CERMET（陶瓷金属弥散燃料）和 ZrH 基体燃料。3 种燃料的基本性质分别如下：

1）CERCER 燃料，采用陶瓷燃料相与陶瓷基体配合，燃料制造的过程相对容易实现，并且陶瓷材料一般拥有较好的抗辐照性能。

2）CERMET 燃料，陶瓷燃料相弥散在金属基体中，将导热率低，而且又具脆性的陶瓷燃料，弥散在塑性好、强度高而且导热性好的金属基体中进行性能补偿。金属通常具有较高的热传导性，在辐照过程中也可以保持一定的韧性，这将有效缓解辐照过程中基体的开裂。

3）ZrH 基体燃料，由于 H 的慢化作用很好，可以使得燃料相内的中子得到有效慢化，所以比较适合作为长寿命裂变产物嬗变靶件技术选择。另外，基体相与燃料相充分混合，使得燃料具有很大的多普勒反馈效应，适合作为一些特殊用途堆（如脉冲堆）的燃料。

通常弥散体燃料的燃料相所占体积份额不超过 50%，所以弥散体燃料不适合作为快中子反应堆的驱动燃料使用，主要用于一些辐照考验实验组件或靶件中。辐照肿胀是弥散体燃料高燃耗时候的主要表现。弥散体燃料中的辐照损伤很大一部分来自于裂变碎片的迁移。大部分裂变碎片的平均自由程约为 10 μm，这在燃料设计和制造过程中要重点关注。

通常 MA 弥散体燃料基体材料选择需要以下因素：

1）优异的热工特性。

2）能够促进裂变气体释放，减小材料的辐照肿胀。

3）优异的中子辐照性能。

4）与 MA 之间有很好化学惰性。

5）易于制造和后处理。

当前研究的基体材料一般分为两类：① 金属：Mg、Al、W；② 陶瓷：MgO、$MgAl_2O_4$、ZrN、TiN 等。

5.2.6 Vibro－pac 和 Sphere－pac 燃料

Vibro－pac 和 Sphere－pac 燃料是将各种燃料颗粒进行简单混合处理，装入燃料包壳内，经过振动密实达到一定的有效密度，形成燃料棒[29-31]。Vibro－pac 燃料是不规则燃料颗粒经过振动密实来形成燃料棒。Sphere－pac 燃料是将各种燃料制成燃料小球，通过合理的配比装入燃料包壳，振动密实形成燃料棒。

MA 添加的 Vibro－pac 或 Sphere－pac 燃料，由于燃料是由微小燃料颗粒组成，裂变气体可以容易地扩散进入气腔从而缓解燃料本身的辐照肿胀，故可以接受大量氦气释放。另外 Vibro–pac 和 Sphere–pac 燃料的制造过程简单（见图 5-3），省略了燃料的烧结等过程。这样的燃料制造工艺路线可以直接把燃料和 MA 进行简单有效的混合，并且特别适合于密闭环境中的远程操作。所以这种较新颖的燃料制造技术对嬗变用途的 MA 添加燃料制造具有很大吸引力。

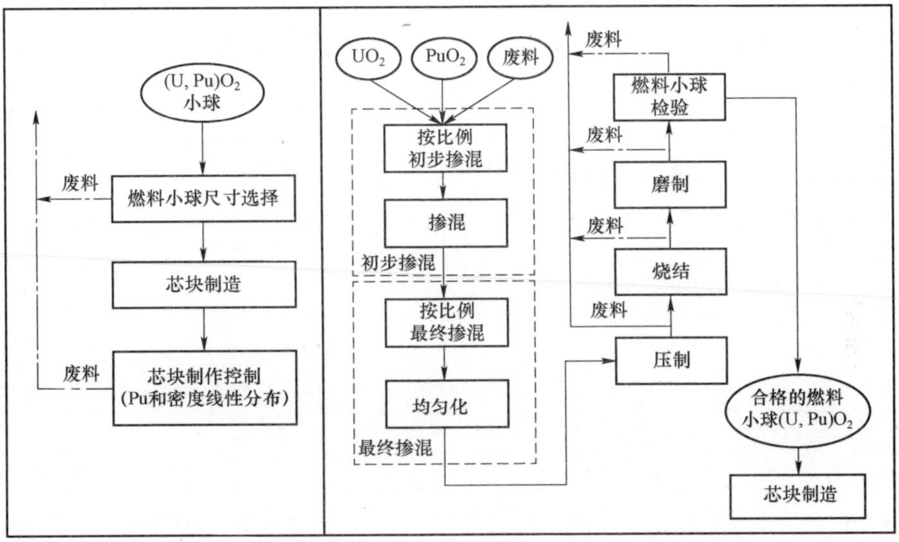

图 5-3　pac 型燃料与典型混合氧化物燃料棒的制造过程比较

5.3　快堆 MA 嬗变特性研究[8,12]

钠冷快中子反应堆是效率比较高的、同时也是目前最现实的嬗变装置。现主要研究 MA 在钠冷氧化物燃料快堆中嬗变的基本中子学特点，包括：MA 添加方式对堆芯物理性能的影响、MA 嬗变效果的评估以及堆芯规模减小对堆芯安全参数和 MA 嬗变效果的影响。MA 主要指：^{237}Np、^{241}Am、^{243}Am、^{243}Cm、^{244}Cm 和 ^{245}Cm。

5.3.1　参考快堆堆芯方案简介

以快堆中国示范快堆（CDFR）为参考堆芯方案，在驱动燃料中添加少量 MA（质量分数不超过 10%），分析其对堆芯特性的影响以及 MA 嬗变效果。

CDFR 为一座热功率 2 100 MWt（电功率 800 MWe）的钠冷快中子示范堆核电站。其参考堆芯为俄罗斯的 BN–800 堆芯，组件采用 BN–800 堆内组件，但径向增加一排转换区，同时堆内循环周期从 140 d 增加到 160 d。堆内各类组件及燃料棒（控制棒、钢棒和硼屏蔽棒）的材料特性和几何特性同 BN–800 组件。堆内组件的参数见表 5-6、表 5-7，燃料组件及转换区组件的几何示意见图 5-4 和图 5-5。

表 5-6　CDFR 堆芯燃料与转化区组件参数设计

名称	堆芯燃料组件	转换区组件
组件外套管外对边距 × 管壁厚/mm	94.5 × 2.5	94.5 × 2.5
外套管内对边距/mm	89.5	89.5
组件中燃料元件的数目	127	37
元件外径/mm	5.6	11.8
元件包壳外径和壁厚/mm	6.6 × 0.4（中心孔直径 1.6）	13 × 0.4
P/D	7.7/6.6	
燃料类型	MOX（铀为贫铀）	
芯体密度/（g/cm^3）	10.4（11.07）	10.6
芯体有效密度	77.7%T.D.	91.5%T.D
转换区材料类型		UO_2（铀为贫铀）
20 ℃元件活性区长度/mm	880	1 580
20 ℃轴向转换区长度/mm（下/上）	350/0	—

表 5-7　CDFR 堆芯控制、反射和屏蔽组件参数设计

名称	控制棒组件	钢反射层组件	硼屏蔽组件
组件外套管外对边距 × 管壁厚/mm	94.5 × 2.5	945 × 2.5	94.5 × 2.5
外套管内对边距/mm	89.5	89.5	89.5
组件中元件的数目	7	7	19
元件外径/mm	20.5		16.5
元件包壳外径和壁厚/mm	23 × 0.5 B_4C	31	18.5 × 0.5
吸收体类型	安全棒：92%^{10}B 补偿棒：60%^{10}B 调节棒：20%^{10}B	—	天然 B_4C
芯体理论密度/（g/cm^3）	2.3	7.9	2.3
吸收体有效密度/（g/cm^3）	2.0（87%T.D.）	7.9	2.0
元件活性区长度/mm	950/950/850	1 670	1 300

CDFR 堆芯布置了 565 盒燃料组件、186 盒径向转换区组件、30 根控制棒组件。径向转换区外侧依次装有 200 个反射层组件、194 个屏蔽层组件和 190 个乏燃料组件贮存位置。组件的外形为六角形，这些组件组成一个复杂的三维几何布置，径向装载见图 5-6。CDFR 堆芯主要参数如表 5-8 所示。

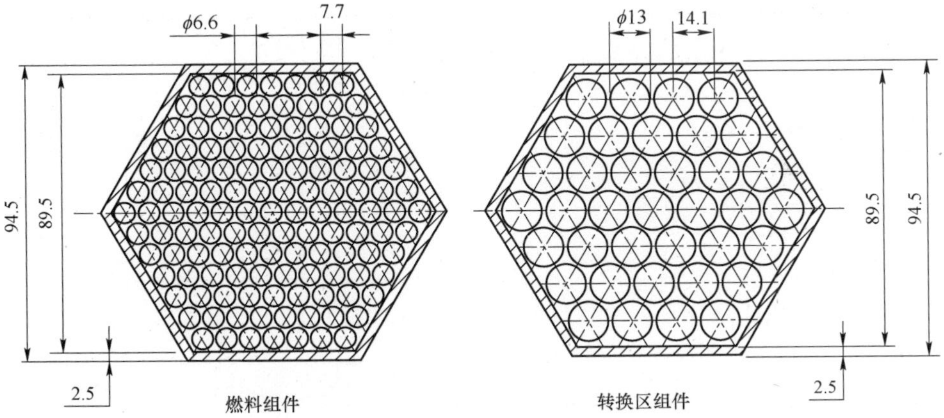

图 5-4　CDFR 燃料组件和转换区组件结构

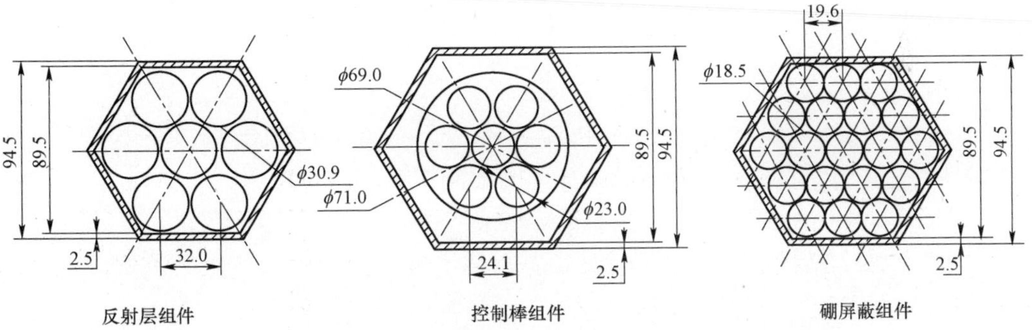

图 5-5　CDFR 反射层组件、控制棒组件和硼屏蔽组件结构

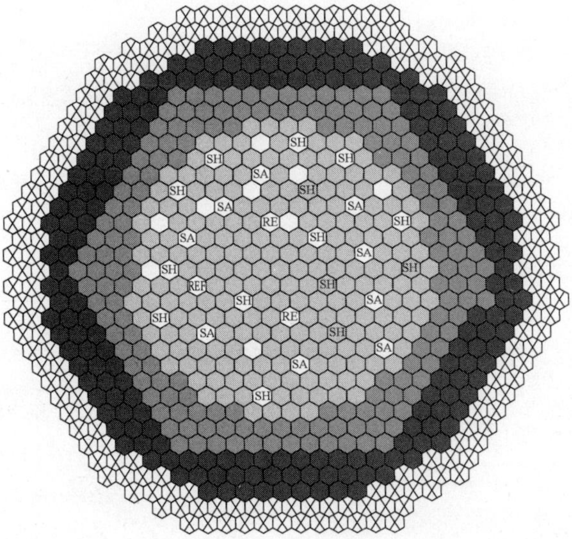

图例	说明	数量
	内堆芯燃料组件	211
	中间堆芯燃料组件	156
	外堆芯燃料组件	198
	径向转换区组件	186
SH	补偿棒	16
SA	安全棒	9
REF	非能动控制棒	3
RE	调节棒	2

图 5-6　CDFR 堆芯装载图

表 5-8 CDFR 堆芯参数

参数	数值	
功率	2 100 MWt/800 MWe	
燃料类型	MOX（PuO_2－dep・UO_2）	
燃料富集度①	内/中/外堆芯：19.5/22.1/24.7	
燃料组件栅元组成	钠/结构/燃料/气隙＝39.3/21.9/33.2/5.6%	
控制系统②	SA－9 根，SH－16 根，RE－2 根，PEP－3 根	
堆芯大小	等效直径 D249.6 cm × 堆芯高 H88.0 cm（20 ℃）	
堆芯初装载/kg	^{235}U	29.7
	U	9 887.2
	$^{239,241}Pu$	1 998.9
	Pu	2 757.1

注：① 富集度=(^{235}U+Pu)/所有重同位素。

② SA 安全棒，SH 补偿棒，RE 调节棒，PEP 非能动控制棒。

该堆芯方案的设计特点总结如下：

1）采用 MOX 燃料，两排径向转换区，提高反应堆的增殖比；

2）燃料分三区布置，展平中子注量率的径向分布，提高燃料组件的卸料燃耗深度；

3）增加非能动的停堆棒，提高反应堆的安全性；

4）钠空泡反应性在堆芯燃料区及堆芯上部出现空泡的情况下为微负值，提高反应堆的固有安全性。

5.3.2 均匀添加模式下快堆嬗变 MA 研究[32]

1. MA 添加对堆芯物理性能的影响

堆芯中添加少量 MA 核素对堆芯性能造成的影响从根本上来说取决于 MA 核素的核特性，主要是中高能区的俘获和裂变截面值及其缓发中子的份额[33]。在快堆堆芯中子能谱主要涉及的能区（100 eV～10 MeV）内，主要的 MA 核素（^{237}Np、^{241}Am、^{243}Am 和 ^{244}Cm）与 ^{238}U 核素类似，其裂变反应为高能阈反应（^{243}Cm 和 ^{245}Cm 除外，乏燃料中它们的份额较小），阈值在 0.1 MeV 到 1 MeV 之间；且 MA 核素在 $E>0.1$ MeV 能区的裂变性能比 ^{238}U 好，原因为阈值低而截面大（见图 5-7）。

另一方面，主要 MA 核素的缓发中子份额 β 与其他主要核素（除 ^{239}Pu 外）相比要小。为此，将 MA 核素加入燃料中会导致堆芯 β_{eff} 减小，如图 5-8 所示。

分析计算中，MA 的均匀添加方式为：保证 Pu 在燃料重金属中所占的质量份额保持不变，MA 加入所占的份额用以取代相对应的贫铀份额。从俘获截面角度看，主要的 MA 核素的俘获截面都比 ^{238}U 的大，尤其是在 $E<1$ MeV 的能区中。而从裂变截面角度看，主要的 MA 核素在高能区的裂变截面随中子能量增加而迅速增加，因而 MA 核素加入到燃料中会使堆芯中子能谱硬化（见图 5-9）。硬化的程度随 MA 添加量的增加而增加。

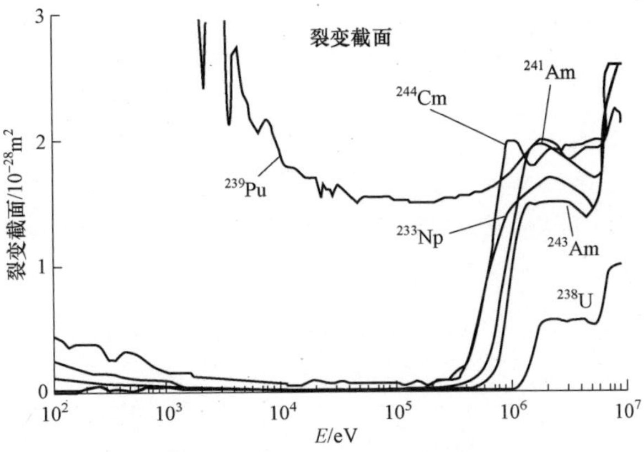

图 5-7 不同核素的裂变截面对比

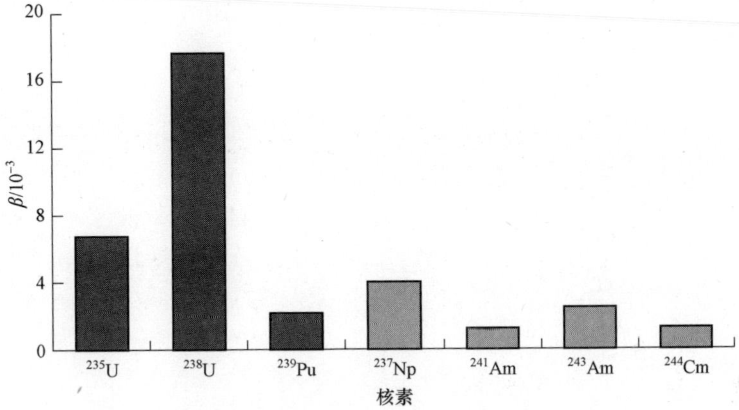

图 5-8 不同核素的缓发中子份额对比

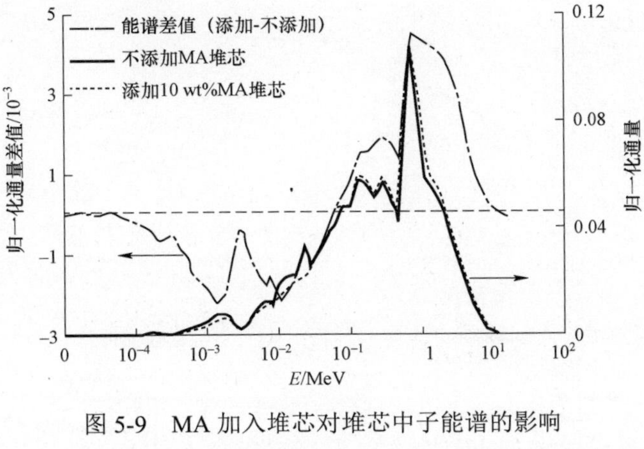

图 5-9 MA 加入堆芯对堆芯中子能谱的影响

MA 核素同 ^{238}U 一样也有类似于“可燃毒物”的性质，它们发生俘获反应的产物及其产物衰变生成的子核（^{238}Pu 和 ^{244}Cm）与母核相比有着更大的裂变/俘获比，即 MA 核素俘获反应产物的裂变能力比母核好，这些核素能够提供一定的后备反应性。因而，堆芯燃料中加入 MA 核素能够减小堆芯的燃耗反应性损失燃耗 $\Delta\rho_{燃耗}$。

MA 核素加入堆芯燃料中主要的缺点是使钠空泡反应性反馈、多普勒反馈和堆芯有效缓发中子份额 β_{eff} 等堆芯安全参数朝着不利的方向变化。钠冷快堆中一个重要的不利因素就是堆芯的冷却剂空泡反应性为正反馈。堆芯钠空泡时，主要带来中子泄漏增加和中子能谱硬化的现象。泄漏增加自然带来负反馈，但能谱硬化会引入正反应性。由于主要的 MA 核素的裂变反应在快堆堆芯能谱范围内为高能阈反应（见图 5-7），因此，一旦堆芯钠发生空泡引起能谱硬化，MA 核素的裂变率增加很明显，因而带来显著的正反应性反馈。

另一方面，由于 MA 核素加入堆芯也会引起能谱的硬化（见图 5-9），同时部分 ^{238}U 被 MA 核素替换，故而会影响到堆芯另一个重要的负反馈：多普勒反馈。多普勒反馈主要由可转换核素在低能区的中子俘获引起，因而 MA 核素加入后多普勒负反馈有所减弱。再者，MA 核素加入到堆芯燃料中后会占一定的裂变份额（这也是嬗变的出发点，即尽量将长寿命的 MA 核素裂变成稳定或短半衰期的裂变产物），而 MA 核素的缓发中子份额较小，所以带来堆芯整体的 β_{eff} 有所下降。

上述影响可归纳于图 5-10。图中标出的皆为相对于不添加 MA 核素堆芯的对应参数的相对值，横坐标 ε=［MA］/［HM］，表示 MA 在重金属（HM）中所占份额。从图 5-10 可以看出，相比其他几个参数，β_{eff} 对 MA 的加入不是特别敏感，但所有参数的变化量都随 MA 份额的增加而增加。

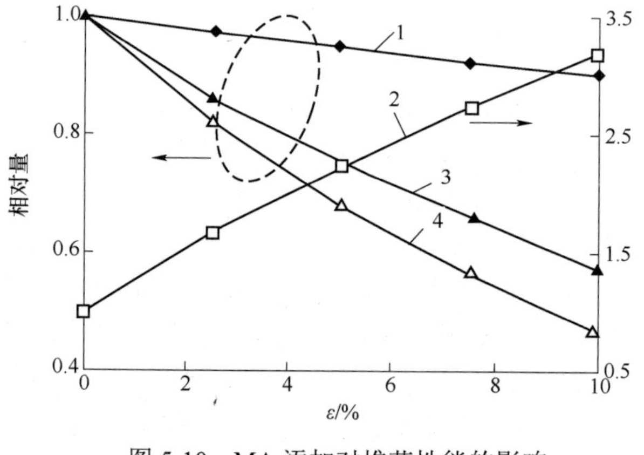

图 5-10　MA 添加对堆芯性能的影响

1—有效缓发中子份额；2—钠空泡反应性；3—燃耗反应性损失；4—多普勒常数

2. MA 嬗变效果分析

在堆芯燃料中添加 MA 的目的是为了让一部分 MA 吸收中子，从而变成稳定或半衰期较短的核素。实际上 MA 吸收中子后可以发生裂变反应，也可以发生俘获反应。但 MA 核素发生俘获反应后（包括之后的衰变产物）的产物仍为锕系核素，并没有解决根本的问题。为此，希望能够增加 MA 核素吸收中子后发生裂变反应的概率。对于主要的 MA 核素发生裂变反应的概率与其所吸收中子的能量有密切关系，基本上是一个阈值函数，能量越高越好；这便是利用中子能谱较高的快堆嬗变 MA 的出发点之一。裂变的好处一方面在于 MA 裂变后其绝大部分裂变产物半衰期较短，相比 MA 长期的放射性毒性会减小；另一方面，裂变反应会放出中子，有利维持链式反应的进行。实际上，MA 在硬能谱下也是一种裂变资源；计算表明，在一定硬度能谱下 1 kg MA 核素的作用相当于 0.6 kg 的 ^{235}U。文中使用"焚毁"一词表示 MA 彻底变成裂变产物，它包括了 MA 的直接裂变和由 MA 转换的 ^{238}Pu 的次级裂变。

分析对比了几种不同堆芯的 MA 的嬗变效果。计算中使用的堆芯如图 5-6 所示，堆芯整体以两种方式逐步减小：① 高度降低；② 保持高度/直径比（H/D）不变而使堆芯整体减小。具体不同堆芯基本参数见表 5-9。堆芯减小后燃料中 Pu 的质量份额需随之增加。

表 5-9　不同计算堆芯模型的描述

不同堆芯标识	图 1 堆芯变化	MA 份额①	堆芯大小（$D\times H$）/（cm × cm）
C1	堆芯布置不变	2.5	249.6 × 89.24
C2	堆芯布置不变	5.0	同上
C3	堆芯布置不变	7.5	同上
C4	堆芯布置不变	10.0	同上
C5	高度降低②	10.0	249.6 × 74.24
C6	高度降低	10.0	249.6 × 59.24
C7	整体减小③	10.0	210.5 × 72.82
C8	整体减小	10.0	164.0 × 56.76

注：① 指 MA/HM，单位为 wt%，下同。
② 保持图 1 堆芯直径不变，堆芯高度降低。
③ 保持图 1 堆芯的高径比，将堆芯整体减小。

对比表 5-9 中不同堆芯方案的嬗变效果，从图 5-11 和图 5-12 可以得出两点结论：

1）MA 加入堆芯，其嬗变效率随 MA 含量的增加先增加后略有减小，对应嬗变比消耗增加。但焚毁效率随 MA 含量增加略有下降，焚毁比消耗有所增加。在图 5-6 堆芯 10 wt%MA 添加量下，全堆 MA 裂变消失比消耗约为 PWR 产生量（使用 25 kg/GW · a）的 3.7 倍，即裂变支持比为 3.7。

2）保持燃料中的 MA 份额，随着堆芯减小，由于中子泄漏的增加，嬗变效率和嬗变比消耗下降明显（见图 5-11 和图 5-12 中 C5～C8 堆芯与 C4 堆芯的对比）。但值得注意的是，随堆芯减小、泄漏增加，堆芯区的能谱有所硬化，为此真正将 MA 核素销毁掉的裂变反应的焚毁效率以及焚毁比消耗的下降相对要缓慢得多。

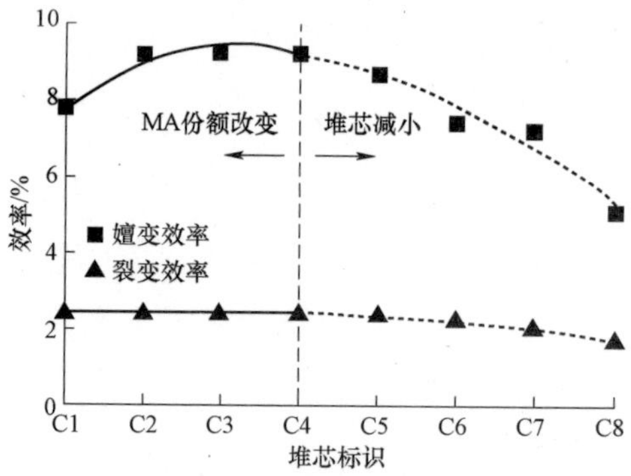

图 5-11　不同堆芯嬗变效率对比

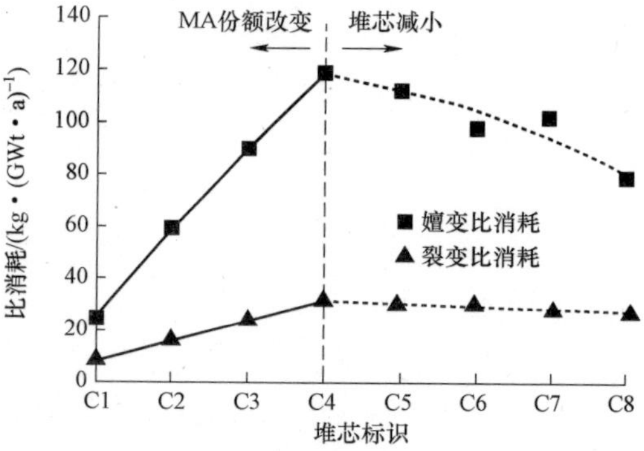

图 5-12　不同堆芯嬗变比消耗对比

尽管堆芯减小后中子泄漏增加，但对 MA 的焚毁速度影响较小。实际上，重核裂变每次释放出的能量约 200 MeV，从比消耗的角度看，重核的裂变比消耗约为 391 kg/(GWt・a)（具体值和裂变核素的摩尔质量相关）。因此，实际上 MA 核素的裂变比消耗与堆芯中 MA 核素所占的裂变份额（包括 MA 转换的 ^{238}Pu 的次级裂变）成正比。可以看出 MA 嬗变的实质问题是堆芯中 MA 所占的裂变份额与安全参数相互矛盾的问题。如前所述，从纯粹的 MA 嬗变角度看，堆芯中 MA 的裂变份额越高越好，但 MA 占到一定的裂变份额后，堆芯的安全参数便会有不同程度的恶化。因此，在保持 MA 裂变份额一定的情况下，对堆芯安全参数的影响尽量小成为 MA 嬗变用快堆设计的关键点。考虑到 β_{eff} 的减小对 MA 在重金属中的份额不是很敏感，而多普勒效应为负，故这里主要考虑钠空泡反应性的比较。

由上述分析可发现，尽管堆芯减小后中子泄漏增加，但对 MA 的焚毁速度影响较小。实际上，重核裂变每次释放出的能量约 200 MeV，从比消耗的角度看，重核的裂变比消耗约为 391 kg/（GWt・a)（具体值和裂变核素的摩尔质量相关）。因此，实际上 MA 核素的裂变比消耗与堆芯中 MA 核素所占的裂变份额（包括 MA 转换的 ^{238}Pu 的次级裂变）成正比。可以看出 MA 嬗变的实质问题是堆芯中 MA 所占的裂变份额与安全参数相互矛盾的问题。如前所述，从纯粹的 MA 嬗变角度看，堆芯中 MA 的裂变份额越高越好，但 MA 占到一定的裂变份额后，堆芯的安全参数便会有不同程度的恶化。因此，在保持 MA 裂变份额一定的情况下，对堆芯安全参数的影响尽量小成为 MA 嬗变用快堆设计的关键点。考虑到 β_{eff} 的减小对 MA 在重金属中的份额不是很敏感，而多普勒效应为负，故这里主要考虑钠空泡反应性的比较。

对比图 5-13 所示的 C1～C8 堆芯的钠空泡反应性反馈，可发现：堆芯布置不变，钠空泡反应性与 MA 裂变份额基本呈线性关系。但在堆芯尺寸减小的情况（C5～C8 堆芯）下，全堆芯钠空泡反应性与较大堆芯相比有明显的下降。另一方面，随堆芯的减小，真正将 MA 核素焚毁的裂变反应的比消耗及效率下降相对较慢（图 5-11 和图 5-12 中 C5～C8 堆芯的焚毁效率及比消耗与 C4 堆芯的相比）。因此，堆芯减小是专用嬗变堆芯设计的趋势所在。

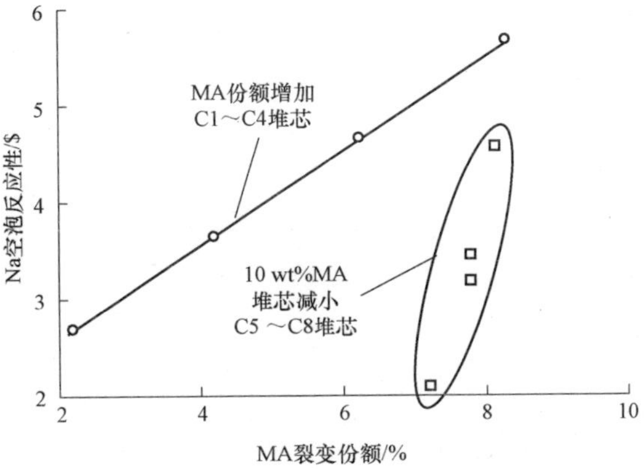

图 5-13 不同堆芯钠空泡反应性的对比

综合上述的研究可发现：

1）MA 核素加入到堆芯中会带来堆芯动态参数的恶化，如 β_{eff} 减小、多普勒负反馈减弱和钠空泡正反馈加强。其中，多普勒反馈和钠空泡反应性对 MA 的添加份额较为敏感，β_{eff} 的敏感度要小得多。MA 加入堆芯的好处是可以减小燃耗反应性损失，同时能够焚毁掉一定量的 MA 核素。

2）MA 嬗变的本质在于裂变，而 MA 的裂变比消耗与 MA 所占堆芯的裂变份额成正比。因此，MA 专用焚烧堆芯中 MA 核素必须占到一定的堆芯裂变份额，根据所要求的支持比的不同而不同。堆芯小型化对 MA 核素的嬗变效率影响较大，但对更为重要的裂变效率影响相对较小，而小型化的好处则是带来相同 MA 裂变份额情况下全堆芯钠空泡反应性的显著减小。较大的钠空泡正反应性反馈正是钠冷 MA 嬗变快堆需要解决的重要问题。

5.3.3 非均匀添加模式下快堆嬗变 MA 研究[34]

1. MA 嬗变燃料添加形式

MA 在快堆中的嬗变可以以均匀添加到燃料中的形式，也可以以靶组件的形式插入到堆芯中，替换部分燃料组件[35-36]。事实上，采用靶组体的形式对制造和管理含 MA 燃料是有利的[37]。但早期的研究表明：靶组件以及周围的燃料组件的功率畸变非常严重，甚至超出热工设计的限值；靶组件的布置不能太密集，以避免中子通量密度在局部区域的下陷；嬗变的效率及堆芯安全参数的变化趋势与均匀添加 MA 的堆芯相类似。这些研究的基础都是没有改变靶组件的设计（与燃料组件的参数一样），而仅仅将燃料中重金属的组成改变了。通常的做法是大大提高 MA 在重金属中的份额，甚至达到 50%左右，同时燃料的基体仍使用 UO_2。在这种情况下，为了使非均匀布置堆芯可行，必须对设计进行改变，如减小棒径，降低 Pu 含量；改变靶组件的装料方案；改变靶组件的冷却设计等。如果能够做到这些设计改变，非均匀方式的嬗变也是可行的。根据文献调研，国际上对此开展的设计研究还比较少。

基于前文所述采用参考堆芯设计方案，考虑 MA 的非均匀嬗变问题。为简单起见，假定非均匀嬗变所使用的靶组件与堆芯燃料组件结构相同，但是，为了解决早期研究中遇到的功率畸变的问题，同时尽量增大 MA 嬗变的效率，靶组件使用的燃料改为惰性基体燃料（Inert Matrix Fuel，IMF）。在允许的范围内，通过改变 IMF 燃料中重金属氧化物与基体的体积份额来满足其功率密度的限值，从而使得非均匀嬗变策略成为可行的方式。所谓的 IMF 燃料指的是 Inert Matrix Fuel，意为惰性基体燃料。常规的 MOX 燃料的组成为（Pu，U）O_2，其中的 PuO_2 为驱动燃料，而 UO_2 则可以视为基体。在进行 MA 核素或者 TRU 核素的嬗变时，为了实现比较高的效率，希望燃料中不含可以生成 MA 或 TRU 核素的材料 ^{238}U。少了可转换核素 ^{238}U 的存在，可以减少 TRU 核素的生成，尤其是 Pu 的生成，同时也可以减少 ^{238}U 对中子的吸收，增加 MA 或 TRU 核素的中子吸收。

IMF 燃料的组成为 TRU 的氧化物和基体。对于基体的选择，有很多的限制因素，如要与驱动燃料（锕系核素氧化物、氮化物或者锕系核素合金）相容、要有较高的热稳定性和辐照稳定性以保证在堆芯辐照过程中的稳定以及较高的热导率以有效地导出热量，还要满足制造、加工和后处理的要求等。从最基本的中子物理的角度，基体材料需要满足的是较小的中子寄生俘获。目前，研究人员考虑了很多的基体的选择：与裂变材料形成固溶体的均匀稀释剂（基体）或形成两相微观结构的非均匀稀释剂，以及陶瓷或者金属稀释剂等。使用陶瓷稀释剂的 IMF 燃料称之为 CERCER 型，使用金属稀释剂的称为 CERMET 型[38-39]。

（1）CERCER 型

此种类型 IMF 燃料使用陶瓷材料作为稀释剂（基体），燃料组成为 TRU 氧化物或氮化物＋陶瓷基体。最初被选为稀释剂的陶瓷材料很多，但是由于前面所述的一些严格的要求，很多材料都是不能够满足要求的，如 B_4C、SiC、$ZrSiO_4$、$CePO_4$ 和 BN。其被否决的原因这里不再赘述。最终确定 Al_2O_3、MgO、$MgAl_2O_4$、CeO_2、Y_2O_3 和 ZrO_2 可以作为均匀或非均匀的陶瓷稀释剂用于IMF燃料中。同时适用于氮化物的陶瓷稀释剂有 CeN、YN、ZrN、ALN、Mg_3N_2 和 Si_3N_4。氧化物稀释剂的一些基本性质列于表 5-10 中。

表 5-10 一些氧化物稀释剂的基本性质

性质	稀释剂类型					
	均匀稀释剂			非均匀稀释剂		
	CeO_2	Y_2O_3	ZrO_2	Al_2O_3	MgO	$MgAl_2O_4$
熔点/℃	2 400	2 430	2 710	2 054	2 827	2 105
热导率/［W/（K•m）］						
500 ℃		4.1		13.3	20.0	9.0
1 000 ℃	1.2	2.5	2.2	8.2	13.0	7.7
1 500 ℃	0.9	2.9	1.5	5.8	6.0	≈8.0
2 000 ℃	1.2	≈4.0	1.8		5.0	

使用加速器加速重离子来轰击靶材料的模拟实验验证了 ZrO_2、$MgAl_2O_4$、$Y_5Al_5Ol_2$、MgO、SiC 和 CeO_2 的可接受的辐照性能，实验结果如表 5-11 所示。ZrO_2 的首次堆内辐照（USA，1955）表明其晶相从单斜晶系转变成立方体结构，但后来该效应并没有被确认。在 20 世纪 90 年代末期研究人员对不同的惰性基体材料进行了一系列的辐照研究和模拟辐照环境下基本性质变化的研究，得到了一些结论。比较有代表性的是 EFTTRA T4 和 T4bis 系列辐照实验，实验的目标是 Am 在无 U 基体的靶件中嬗变的可能性，辐照装置使用荷兰的高通量反应堆 HFR。其靶件组成为：基体 $MgAl_2O_4+11\%$（质量分数）^{241}Am，辐照结果表明 ^{241}Am 嬗变过程中产生的 He 是靶件设计的关键，而且验证了 ^{241}Am 在此种靶件中嬗变是可行的。

表 5-11　EFTTRA T4 和 T4bis 实验的主要参数和结果

主要参数	T4	T4bis
辐照时间/FPDS	358.4	652.55
热中子注量（<0.7 eV）/cm^{-2}	5.8×10^{21}	9.7×10^{21}
快中子注量（>0.1 MeV）cm^{-2}	16.8×10^{21}	21.3×10^{21}
锕系核素消耗/%	28	50
^{241}Am 消耗/%	96	99.8
线功率（最小/最大）/（W/m）	40/70	40/65
燃料中心温度/℃	≈700	≈700
肿胀（体积分数）/%	18	28
总气体释放/%	17.4	42.2

（2）CERMET 型

此种类型 IMF 燃料使用金属作为稀释剂（基体），燃料组成为 TRU 氧化物或氮化物+金属基体。同 CERCER 型 IMF 对基体的要求一样，金属基体的选择也需要满足前面所述的一些条件。如果考虑比较小的中子吸收，Al、Zr 和 Mo（^{92}Mo 富集）是可选择的基体材料。Al 的热导率高［约 200 W/（m·K）］，但是熔点低（933 K）；Zr 的热导率较低［20 W/（m·K）］，但熔点高（约 2 125 K）；Mo 具有较高的熔点（约 2 890 K），居中的热导率［约 100 W/（m·K）］，但天然 Mo 的寄生中子吸收是 Al 或 Zr 的约 10 倍。在法国的 Siloe 实验堆上的 TANOX 装置中进行过 CERMET［$UO_2-64\%$（质量分数）Mo］型燃料的辐照。实验展示了 CERMET 型燃料较高的热导率和较好的裂变气体保持能力，同时辐照过程中其微观结构没有显著变化。鉴于 Mo 基体较优的特点，欧盟计划开展使用 Mo 基体的 IMF 燃料的辐照实验计划。还有许多金属基体作为 TRU 氮化物稀释剂的提议，尚在研究之中。

将含 MA 的 IMF 燃料靶组件布置在 CDFR 堆芯中时，如图 5-14 所示。靶组件的线功率密度需要满足 CERCER 型 IMF 燃料最大线功率密度的限值 281 W/cm，因此其中的驱动燃料的体积份额不能太高。经过初步的计算确定，在燃料体积分数为（$Pu_{0.2}$，$MA_{0.8}$）O_2

占 30%，MgO 基体占 70%的情况下可以满足上述要求，此为计算中使用到的燃料的组成。靶组件的几何参数选择与堆芯标准燃料组件相同，将其中的 MOX 燃料换成含 MA 的 IMF 燃料。

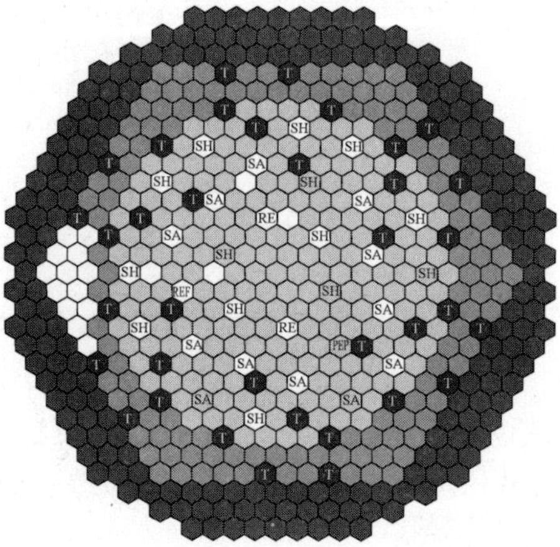

图例	说明	数量
	内堆芯燃料组件	211
	中间堆芯燃料组件	156
	外堆芯燃料组件	198
T	靶组件插入位置	36
SH	补偿棒	16
SA	安全棒	9
REF	非能动控制棒	3
RE	调节棒	2

图 5-14　CDFR 堆芯中靶组件的插入位置

从重金属燃耗的角度出发，希望靶组件在堆内的辐照周期能够尽量长，以实现比较高的燃耗深度。但是靶组件的辐照时间受到很多方面的制约，这里仅考虑结构材料的辐照损伤为其辐照时间的限值。对于结构材料的辐照损伤程度一般用 dpa（Displacement Per Atom，原子位移）表示，该值与结构材料受到的中子注量成正比。对第一代快堆包壳材料（目前运行的绝大多数快堆中正在使用的），辐照损伤限值小于 75 dpa（中子注量约为 1.5×10^{23} n/cm^2）；对第二代先进型奥氏体钢材料，辐照实验结果显示辐照损伤限值可达约 175 dpa，对应中子注量约为 3.5×10^{23} cm^{-2}。对 ODS（Oxide Dispersion Strengthened）材料峰中子注量有可能实现约 250 dpa，最大快中子注量达到约 5.8×10^{23} cm^{-2}。本书中靶组件结构材料辐照损伤限值假设为快中子（$E>0.1$ MeV）注量小于 3.5×10^{23} cm^{-2}。这样靶组件在堆内的停留周期可以达到 5 个循环，单个循环长度为 160 d。

2. MA 添加对堆芯物理特性的影响

由于堆芯中靶组件数相对燃料组件来说其数量是较小的，也即全堆芯中 MA 核素的装量较少，因而从全堆角度上看 MA 核素所占的裂变份额较小。MA 装载对堆芯性能的影响主要在于 MA 所占裂变份额的大小，MA 裂变份额越大影响越大。因此，在少量装载含 MA 靶组件情况下，对堆芯几个主要安全参数的影响不大，具体参数比较见表 5-12。其中最主要的影响为钠空泡反应性价值上，在装载了 36 根靶组件的非均匀嬗变堆芯中钠空泡反应性增加了约 40%。钠空泡反应性对 MA 核素非常敏感，堆芯中只要装载了 MA 核素，钠空泡正反馈就会显著增加，这是 MA 在钠冷快堆中嬗变的问题之一。在非均匀嬗变堆芯中，靶组件位置处的钠价值（指钠密度变化单位核子密度所引起的反应性的变化）显著加大，如图 5-15 所示。

从功率密度看，通过调整驱动燃料与基体的体积比实现了靶组件的功率密度不超过

IMF 燃料的限值。由于 MA 核素发生俘获反应以及随后的一系列衰变过程，IMF 燃料中 ^{238}Pu 逐步累计，靶组件在循环末期其功率密度达到峰值。尽管靶组件的功率限值没有超过，但是靶组件的引入对堆芯的功率分布产生了一定的影响，使得堆芯的功率分布变得更加不均匀。堆芯中靶组件数量较多时需要重新设计三区燃料的富集度，以优化堆芯功率分布。

表 5-12　靶组件插入后堆芯物理性能的变化

参数①	CDFR 标准堆芯	零均匀嬗变堆芯
$\Delta\rho_{burnp}$/\$	9.467	8.947
β_{eff}/pcm	381.845	372.971
多普勒常数②/pcm	−792.995	−738.196
钠空泡反应性/\$	2.254	3.164

注：① 燃耗反应性损失指平衡态 160 d 运行周期内的损失，其他参数为平衡态 BOL 值。
② 定义为 $K_D=\Delta\rho/\ln(T_2/T_1)$。

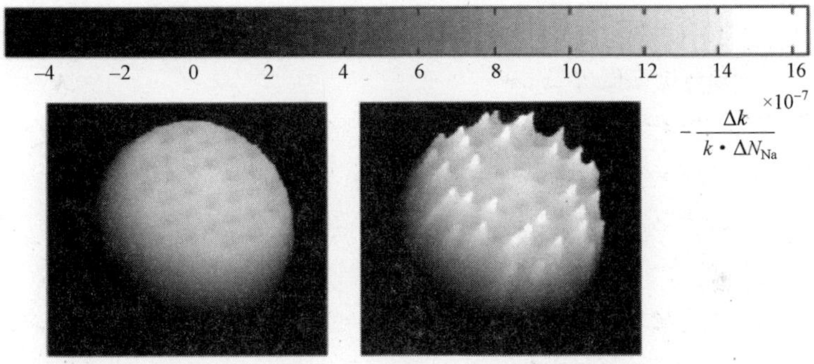

图 5-15　标准 CDFR 堆芯与非均匀嬗变堆芯钠价值分布对比

3. MA 嬗变效果分析

靶组件 IMF 燃料由于基体 MgO 的体积分数达到 70%，靶区的中子能谱相比堆芯燃料区有所软化，这对 MA 核素的直接裂变是不利的。靶组件 IMF 燃料中 TRU 和 MA 的嬗变效果如表 5-13 所示。研究显示，Np 和 Am 随辐照质量逐渐减小，有相当部分的 MA 核素经过俘获反应生成了 ^{238}Pu，导致 Pu 的质量有所增加，但易裂变 $^{239,241}Pu$ 的质量是不断减小的。Cm 的质量在最初的两个循环逐步累计，经过两个循环后逐渐达到饱和。总的来看，靶组件经过 5 个循环后，TRU 的嬗变效率为 27%左右，MA 的嬗变效率为 50%（其中包括了转化成其他锕系核素的部分），但 MA 核素的净焚毁（指彻底裂变掉的，包括了由 MA 转变成的 ^{238}Pu 的裂变）效率为 18.8%左右。平均到单个循环的话 MA 核素的焚毁速度约为 3.76%，对比 CDFR 燃料中均匀添加质量分数 10%MA 时平均单个循环的焚毁效率约为 2.8%，使用 IMF 燃料将 MA 焚毁效率提高了约 35%。可以看出，使用高 MA 含量 IMF 燃料以非均匀靶组件的形式进行嬗变时 MA 的焚毁效率优势比较明显。

另外，由于 HM 中 MA 占比较高的份额，IMF 燃料靶组件非均匀嬗变的另外一个特点是随辐照深度加深由 MA 转变的 ^{238}Pu 的次级裂变对 MA 焚毁的贡献越来越显著，而 MA 的直接裂变率则由于 MA 不断消耗而逐渐减小。5 个循环中，靶组件 IMF 燃料中由 MA 转换的 ^{238}Pu 的裂变占 MA 焚毁总量的比例约为 43.5%。

表 5-13　非均匀嬗变组件 5 个循环嬗变效果的汇总表

		非均匀嬗变堆芯嬗变效果①
TRU/MA 初装量/kg		7.743/6.159
TRU 核素		
	净消耗量/kg	2.067
	效率/%	26.7
MA 核素		
	净消耗量/kg	3.080
	效率/%	50.0
	MA 核素焚毁②/kg	1.157
	焚毁效率/%	18.8

注：① 质量归一到单个靶组件，共 36 根靶组件；效率指 5 个循环后总的效率。
② 包括 MA 直接裂变 + 由 MA 转换的 ^{238}Pu 的裂变。

综合上述的研究，可以发现：

1）CDFR 堆芯中少量布置含 MA 的 IMF 燃料靶组件会对堆芯产生一定影响，主要体现在堆芯钠空泡反应性显著增加，且 IMF 燃料靶组件处的局部钠空泡正反馈变得非常强，同时与 MA 均匀嬗变不同的是堆芯功率峰因子有所增加。

2）使用 IMF 燃料嬗变 MA 核素可以实现比较高的嬗变效率，尤其是 MA 焚毁效率比燃料中均匀添加 MA 提高约 1/3。

3）与燃料中均匀添加 MA 时不同，IMF 燃料靶组件非均匀嬗变时靶件中由 MA 转换的 ^{238}Pu 的次级裂变对 MA 的焚毁所起的作用要显著地多，^{238}Pu 的次级裂变占到 MA 焚毁总量的将近一半。

4）在大型钠冷快堆中使用含 MA 的 IMF 燃料靶组件进行 MA 非均匀嬗变时，靶组件数量和布置位置选择适当的话可以实现 MA 的有效焚毁，同时对堆芯性能不会产生非常显著的影响。

5.4　快堆 LLFP 嬗变特性研究[8]

核电厂乏燃料中的长寿命核素除了TRU核素外还有长寿命裂变产物核素。相比MA，LLFP 的放射毒性较小，但其核素的迁移能力高，更容易扩散到生物圈中，因此 LLFP 也是嬗变应重点考虑的对象，一般认为，需要进行分离－嬗变的 LLFP 主要是 ^{99}Tc 和 ^{129}I。LLFP 的嬗变纯粹消耗中子，而且反应截面较小，需要较高的通量才能实现较高的效率。

快堆嬗变 LLFP 的优势在于：快堆中每次裂变的剩余中子数多，可以用来进行 LLFP 的嬗变；快中子中子通量密度高。

虽然 LLFP 的核素在热中子能区的俘获截面较大，但是由于快堆中子的通量密度更大，若能将快中子进行合理的慢化，得到高通量的超热中子和热中子，就能够在快堆中实现较高的嬗变效率。现阶段比较可行的方法是在快中子反应堆堆芯的周围布置 LLFP 嬗变组件，利用经过了慢化的快堆泄漏中子来进行 LLFP 的嬗变。国际上对快堆嬗变进行了比较系统地研究的主要有日本、俄罗斯、法国和美国等几个国家。

1988 年，日本原子能委员会（JAEA）制定了 OMEGA（Optiongs Making Extra Gains from Actinides and Fission Products）计划，该计划确定了到 2000 年以前日本乏燃料处理技术发展的具体规划，内容包括：LLFP 核素的物理和化学性质、分离技术、嬗变装置和嬗变技术的研究。日本核燃料循环开发研究所（JNC）的 Wakabayashi 等人研究了快堆嬗变 MA 和 LLFP 的可行性。他们在研究裂变产物的过程中发现，当在组件中采用环状慢化剂包裹 ^{99}Tc 芯体的靶件形式时，^{99}Tc 可达到最大嬗变率。近年来，日本 JAEA 在研究快堆嬗变的同时还提出了“双层（Double－Strata）”嬗变技术的概念，即将分离回收的铀和钚在轻水堆中进行后处理的同时，在 ADS 中嬗变 MA 和 LLFP。

法国原子能委员会（CEA）提出了一项乏燃料的“分离和焚烧（Separation and Incineration，SPIN）”计划，相关研究人员已进行了在压水堆和快堆中嬗变 MA 和 LLFP 的可行性分析，并于 2004 年在快堆 PHENIX 和热堆 OSIRIS 中进行了辐照实验。目前，法国正在按照 2006 年制定的“法国未来 15 年核计划”法案进行更多研究。

俄罗斯早在 90 年代初就制定了核废物处理的相关计划，在快堆嬗变方面，俄罗斯相关部门制定了 1990—2005 年的长期发展规划，主要的研究方向是利用快堆嬗变 MA 和 LLFP 的理论方法与技术，其中包括改进型常规快中子反应堆（BN 快堆系列，如 BN600 和 BN800）的设计，均已取得阶段性进展。此外，Kosyakov 等学者近年提出的“利用裂变产物自身的动能将其从乏燃料中分离出来”的概念也颇受关注。

现主要研究利用 MA 焚烧快堆的泄漏中子进行 LLFP（^{99}Tc 和 ^{129}I）的嬗变。将 LLFP 嬗变靶组件布置在 MA 焚烧快堆的反射层中，对快堆泄漏中子的能谱加以合理慢化，可以得到约为 10^{15}/（cm·s）的超热中子通量密度，实现比较高的嬗变效率。

5.4.1 快堆泄漏区中子场的特征

为研究利用 MA 焚烧堆的泄漏中子进行 ^{99}Tc 和 ^{129}I 的嬗变，选择的快堆堆芯布置如图 5-16 所示。燃料组件的轴向布置与 5.2.2 节中的一致，且内区堆芯燃料中不含 MA，中间区和外区燃料 HM 中各含 20%（质量分数）MA，堆芯功率规模 1 120 MWt，循环长度为 160 d。在没有布置嬗变组件的情况下，此堆芯的第 1、2 和 3 排反射层中的中子场的特点见图 5-17 和表 5-14，同堆芯区相比，反射层区中子场能谱软化很多，离堆芯越远能谱越软；反射层区中子通量密度离堆芯越远越小，但即便是离堆芯较远的第 3 排反射层中，中子通量密度仍旧能够达到约 1.4×10^{15}n/（cm^2·s）。

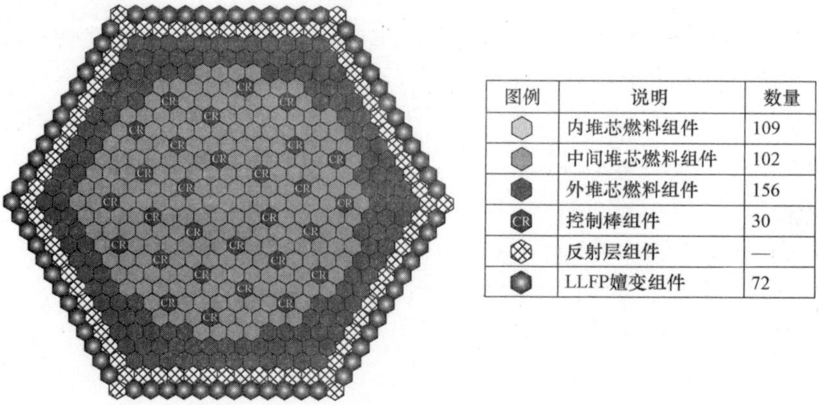

图 5-16　LLFP 嬗变所用堆芯的径向布置

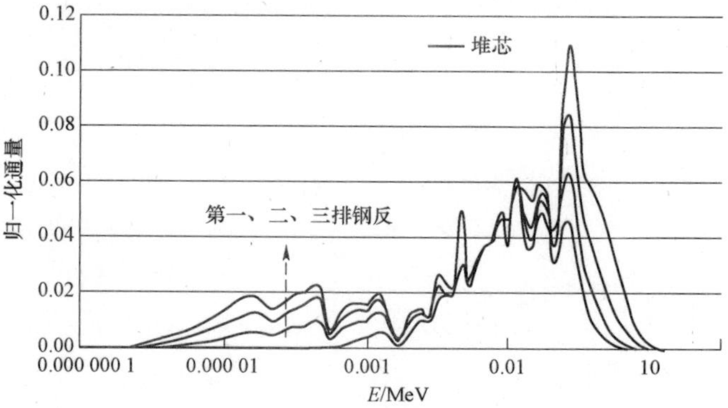

图 5-17　MA 焚烧快堆反射层区中子能谱与堆芯区的对比

表 5-14　MA 焚烧快堆反射层中子场特性与堆芯区的对比

中子场特征	堆芯区	钢反射层		
		第 1 排	第 2 排	第 3 排
中子平均通量密度/［10^{15} *n*/（cm^2·s）］	5.567	2.431	1.897	1.384
中子平均能量 1)/keV	137.2	32.8	15.3	9.2

注：1）使用中子密度 *n*(*E*)作权重函数的结果。

5.4.2　LLFP 嬗变效果分析

1. 靶材料化学形式的选择

关于 Tc 和 I 嬗变的合适的材料选择在欧洲的 EFIIRA 计划中有所研究[40-41]，初步的研究结果表明：金属 Tc 可以作为 ^{99}Tc 嬗变的靶材料，当前 Tc 金属靶棒的铸造制备方法已有一定的发展。热谱下的辐照实验表明，辐照过程中 Tc 靶棒没有发生肿胀失效，且微观结构基本没有改变，^{99}Tc 嬗变量的测量值与计算值吻合。首次辐照实验 ^{99}Tc 燃耗深度约 6%，第二次辐照实验燃耗深度达到 20%。

对于 ^{129}I 嬗变，I 的单质形式具有挥发性高和熔点低（113.7 ℃）的特点，所以它的单质形式对于嬗变是不可行的。EFTTRA 计划考虑使用金属碘化物，包括：

CeI_3、PbI_2 和 NaI，辐照实验在荷兰的 HFR 实验堆中进行，结果表明 NaI 是较好的选择。NaI 的熔点较高（660 ℃），而且与包覆材料的相容性好，在 ^{129}I 吸收中子生成 Xe 气体释放后的 I 可以作为黏合材料，不会对系统产生负面的影响。另外，也有人研究过采用 CaI_2 和 KI 作为 ^{129}I 嬗变的化学形式。

在我国，中国原子能科学研究院、西安交通大学、南华大学及其他高校和研究院所等对 LLFP 嬗变进行相关研究[42-45]。尤其是在国家高技术研究发展计划（863 计划）的支持下，西安交通大学开展了热堆嬗变实验制靶技术研究，研究制备出足够量的 ^{99}Tc 和 ^{129}I，研究了制靶技术与工艺，并制备出多种模拟靶件以及含 ^{99}Tc 和 ^{129}I 的嬗变实验靶件；并且，利用西安脉冲反应堆堆芯中央孔道，对模拟靶件、芯块材料、包壳材料进行了 48 h 的辐照，利用高通量反应堆（493 堆）开展了 33 个满功率天的辐照实验，辐照的相关进一步检验工作正在进行之中。根据文献调研结果，本研究假定 ^{99}Tc 嬗变靶材料的化学形式使用金属 Tc；^{129}I 嬗变靶材料的化学形式使用 NaI，其中 ^{129}I 占 80%（质量分数），^{127}I 占 20%（质量分数）。

2. 能谱慢化材料和方式的选择

（1）靶组件的布置

为了减小 LLFP 嬗变组件布置对堆芯性能的影响，LLFP 嬗变区和堆芯之间设置缓冲区，即第 1 排反射层区不布置嬗变组件，仅第 2 排反射层区布置嬗变组件，靶组件的靶材料区高度为堆芯高度的一半，轴向中心位置与堆芯中心平面相一致，见图 5-18。

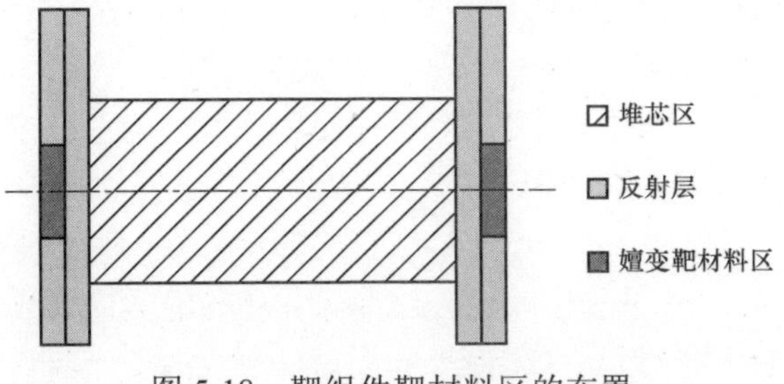

图 5-18　靶组件靶材料区的布置

（2）慢化材料的选择

快堆中子能谱较硬，即便是在第 2 排反射层的位置能谱也不适合直接用来嬗变 LLFP，所以利用快堆泄漏中子进行 LLFP 嬗变需要合理优化快堆泄漏区的中子场。LLFP 的优化中子场包括两个条件：高中子注量率和适当热化。热中子对于 LLFP 的嬗变效率比快中子高很多，表 5-15 给出不同核素在不同能谱情况下的单群截面对比，可以看出在快谱和慢化谱下的单群截面相比，可以看出在快谱和慢化谱下 ^{99}Tc 和 ^{129}I 的单群吸收截面相差 10～20 倍，因此有必要通过优化中子场来提高 LLFP 的嬗变效率。优化中子场来提高 LLFP 的嬗变效率。这样便涉及慢化材料的选择，石墨具有优良的核性能，高温稳定性好，而且大量生产的成本低，是广泛使用的反应堆慢化剂材料。金属氢化物单位体积内的含氢密度高，利用氢较好的慢化性能可以用作反应堆上的慢化剂。氢化锆具有高温下的热稳定性，可用在空间反应堆中作为慢化剂，例如 TRIGA 堆上采用氢化锆与金属 U 混合制成燃料元件。石墨和氢化锆的慢化特性见表 5-16。

表 5-15　不同核素在不同能谱下的单群吸收截面对比

核素	快堆燃料区能谱/b	慢化谱/b
^{93}Tc	0.620	7.303
^{129}I	0.367	6.512
^{127}I	0.675	5.799

表 5-16　不同材料的慢化特性

材料	平均对数能降ξ	慢化能力$\xi\Sigma$/cm^{-1}	慢化比$\xi\Sigma_s/\Sigma_a$
C	0.158	0.06	220
$ZrH_{1.94}$	0.904	1.54	51

本书计算中选择石墨和 $ZrH_{1.7}$ 作为慢化材料，同时比较了两种慢化材料下的核素的嬗变效率，核级石墨的密度取 1.8 g/cm^3，ZrH_x 的密度采用下面公式计算：

$$\rho(\mathrm{ZrH}_x, \mathrm{g/cm^3}) = 5.56 + 0.030\,6 \cdot x; x = 1.45 \sim 1.95$$

（3）慢化方式的选择

对于每一种慢化材料，研究 3 种慢化方式：

1）靶材料和慢化材料在同一根棒内，慢化材料包围在靶材料的外部；

2）嬗变组件内交叉布置慢化体棒和靶棒；

3）靶材料弥散到慢化材料中。

A 和 B 慢化方式下的嬗变组件的结构参数使用 5.2.2 节中燃料组件的结构参数，C 慢化方式下的嬗变组件的结构参数使用 5.2.2 节中反射层组件的结构参数嬗变组件内具体的靶材料和慢化材料的布置见图 5-19 至图 5-21。A 慢化方式下通过改变靶区半径来改变靶材料装载量和慢化效果；B 方式下通过改变慢化体棒和靶棒的数量来改变靶材料装载量和慢化效果；C 方式下通过改变靶材料与慢化材料的质量份额来改变靶材料装载量和慢化效果。

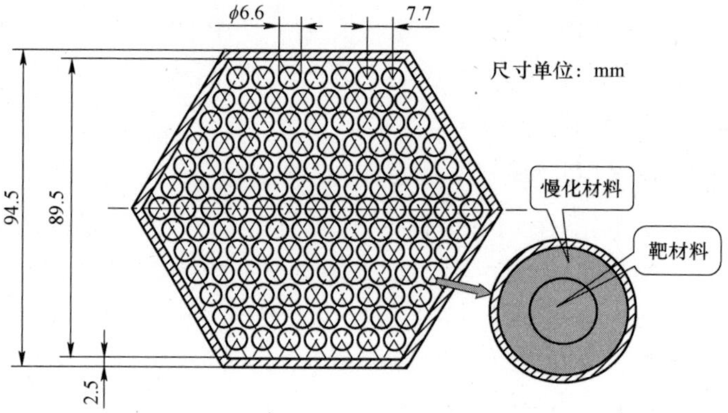

图 5-19　A 慢化方式下的嬗变组件示意

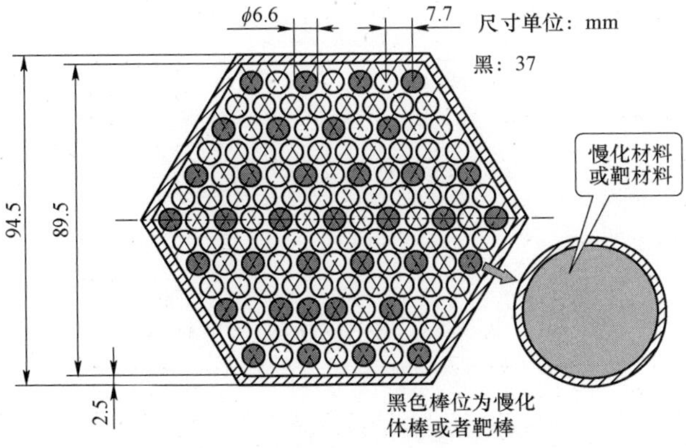

图 5-20 B 慢化方式下的嬗变组件示意

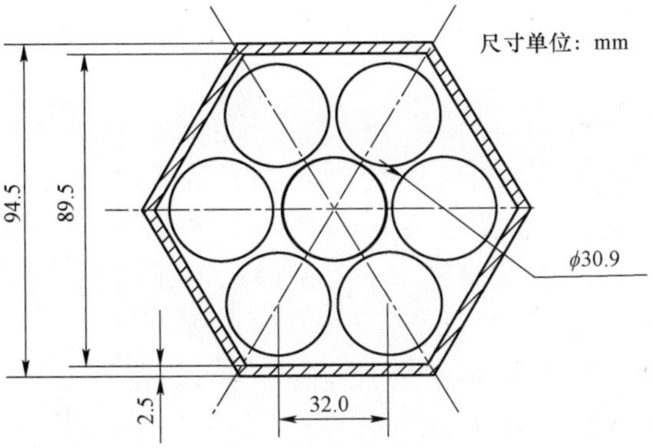

图 5-21 C 慢化方式下的嬗变组件示意

3. 嬗变效率的对比

（1）对堆芯的影响

尽管在嬗变区和堆芯之间布置有缓冲区（即第 1 排反射层组件），第 2 排反射区布置 LLFP 嬗变组件后对堆芯仍有一定的影响。主要因为快堆中子自由程长，第 2 排反射层仍有一定的中子反射回堆芯。将第 2 排反射层组件改成 LLFP 嬗变组件后，嬗变组件中的能谱热化，原来可以反射回堆芯的中子可能不再返回堆芯。两种靶材料 Tc 金属和 NaI，两种慢化材料石墨和 $ZrH_{1.7}$，以及 3 种慢化方式下对堆芯 k_{eff} 的影响可见图 5-22。

总结来看，石墨作慢化体时对堆芯 k_{eff} 的影响比 $ZrH_{1.7}$ 作慢化体时小：石墨慢化时 k_{eff} 最多减小约 0.005，$ZrH_{1.7}$ 慢化时 k_{eff} 最多减小约 0.012。C 方式靶材料弥散到慢化体中的慢化方式对堆芯 k_{eff} 的影响相对较大，A 和 B 方式相当。对堆芯 k_{eff} 的影响较大实际上也表明了嬗变区能谱的充分慢化，也就是说 $ZrH_{1.7}$ 的慢化效果要比石墨好，C 方式的慢化效果要比 A 或 B 方式好，而慢化效果的好坏意味着 LLFP 核素嬗变效率的大小。

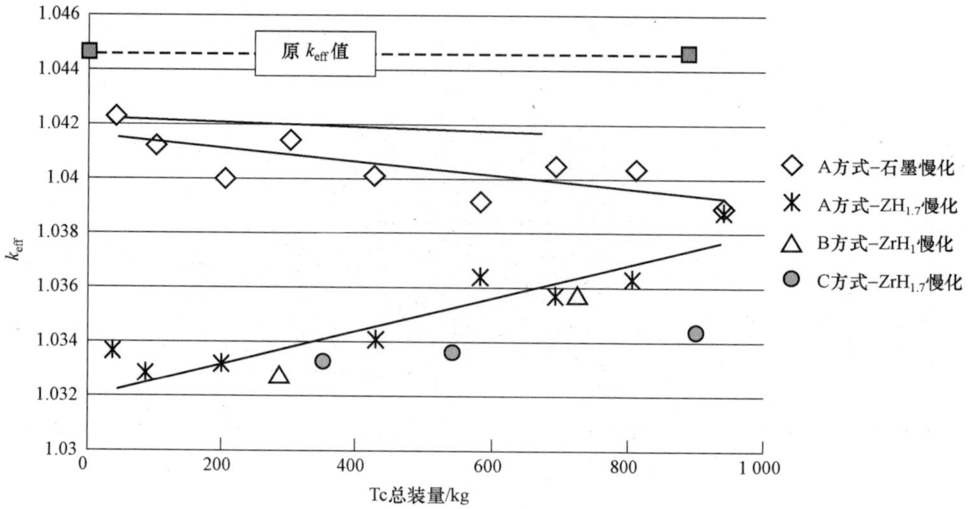

图 5-22　^{99}Tc 嬗变不同慢化材料和慢化方式对堆芯 k_{eff} 的影响

（2）嬗变效率

LLFP 嬗变要求靶区中子场能谱能够适当热化，以实现比较高的核素嬗变效率。在 A 慢化方式下，且靶材料区半径完全一致情况下，靶区能谱的对比。可以看出 $ZrH_{1.7}$，慢化时，能谱环境要优于石墨慢化。图中未给出 B 和 C 方株式 $ZrH_{1.7}$，慢化时的能谱。计算的结果表明在慢化材料一致的情况下，不同慢化方式的能谱变化趋势大体一致。如靶材料装载量一样，C 慢化方式要优于 A 或 B 方式。

图 5-23 和图 5-24 给出不同靶材料时靶区能谱和靶区靶核吸收谱的对比，对比的前提是都使用 $ZrH_{1.7}$ 作慢化体，慢化方式都为 A 方式，且靶棒内的几何结构完全一致，仅仅将靶区材料由金属 Tc 更换为 NaI。从图中看出，^{99}Tc 作靶材料嬗变时的共振自屏要比 ^{129}I 显著得多，这与 ^{99}Tc 的共振吸收比 ^{129}I 强是相对应的。同时，从吸收谱上看出，^{99}Tc 和 ^{129}I 共振吸收强度和能区不同，在热中子能区 ^{129}I 相比 ^{99}Tc 吸收强度大得多。

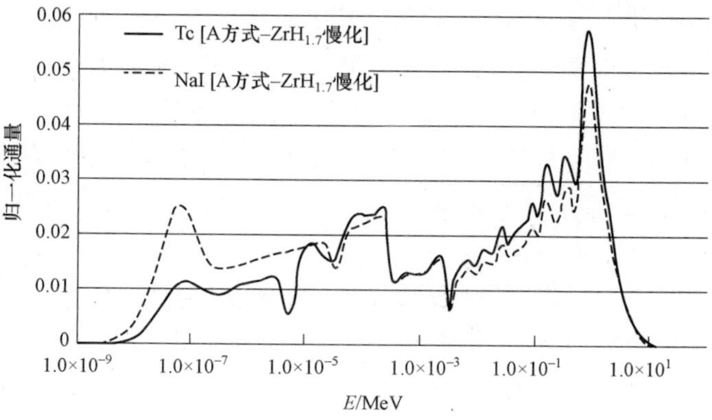

图 5-23　不同靶材料的靶区能谱对比

A 慢化方式，靶棒内几何布置完全一样，慢化体用 $ZrH_{1.7}$

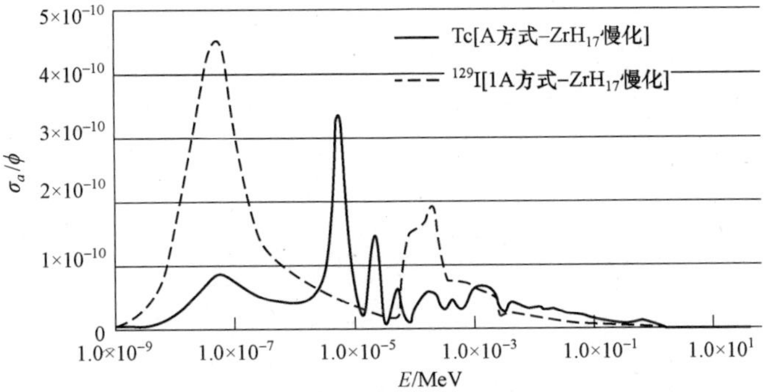

图 5-24 不同靶材料的靶核吸收谱对比

A 慢化方式，靶棒几何布置完全一样，慢化体使用 $ZrH_{1.7}$

下面对比不同慢化材料和不同慢化方式下的嬗变效率。LLFP 嬗变时其消失完全由俘获吸收反应引起，其变化规律可由下式表明：

$$\frac{\mathrm{d}N(t)}{\mathrm{d}t}=N(t)\cdot\sigma_a\phi(t)$$

$\sigma_a\phi(t)$ 值代表了对应核素嬗变的快慢，通过不同慢化体和不同慢化方式下靶区对应待嬗变核素的 $\sigma_a\phi(t)$ 值来对比嬗变效率。图 5-25 和图 5-26 分别给出 ^{99}Tc 嬗变和 ^{129}I 嬗变时对应于不同慢化材料和慢化方式下 $\sigma_a\phi(t)$ 值随靶材料装载量增加的变化。从图中可以得出的结论是：$ZrH_{1.7}$ 慢化时嬗变效率比石墨慢化时高；靶材料弥散到慢化材料中慢化方式是最好的，效率最高；慢化材料包围在靶材料外围的慢化方式比嬗变组件内慢化体棒和靶棒交叉布置的方式略优；随嬗变靶核装载量的增加，嬗变效率逐渐减小趋于饱和。由于石墨慢化时，核素的嬗变效率比较低，因此后面关于嬗变效率、嬗变半衰期、嬗变比消耗和嬗变支持比的年细讨论都以 $ZrH_{1.7}$ 为慢化材料。同时由 ^{235}U 裂变的 ^{99}Tc 和 ^{129}I 产额分别为 0.055 核/裂变和 0.009 核/裂变，推算出 ^{99}Tc 和 ^{129}I 的宏观产额分别约为 8.9 kg/GWt・a 和 1.9 kg/GWt・a，以此数据作为嬗变支持比计算的依据。

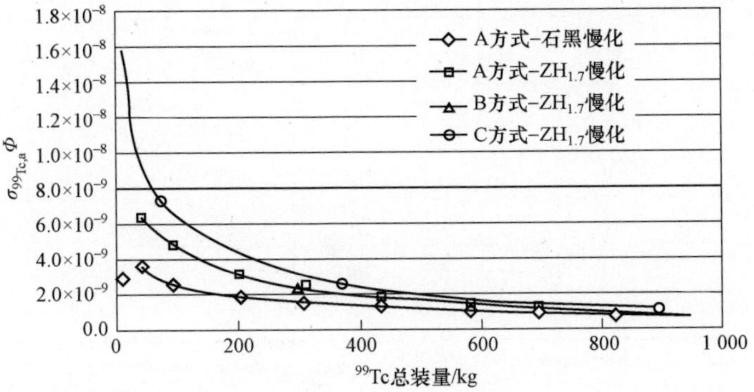

图 5-25 ^{99}Tc 嬗变时不同慢化体和不同慢化方式下的 $\sigma_a\phi$ 值对比

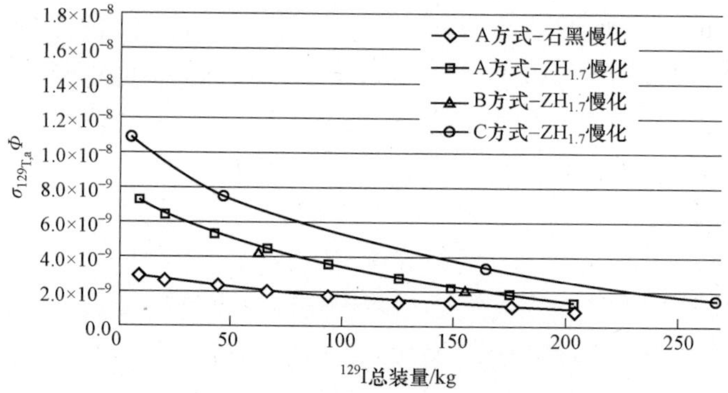

图 5-26 ^{129}I 嬗变时不同慢化体和不同慢化方式下的 $\sigma_a\phi$ 值对比

下面按慢化方式的不同详细讨论 ^{99}Tc 和 ^{129}I 在 MA 焚烧快堆中嬗变的结果。

1）A 慢化方式：慢化体包围在靶材料的外部

此种慢化方式通过调节靶材料区的半径来调节目标靶核的装载量和慢化体与靶材料的体积比。针对 ^{9}Tc 和 ^{129}I 按靶区半径从小到大研究了 7 种方案，不同方案的靶区半径，目标靶核全堆总装载量以及嬗变效率结果列于表 5-17 和表 5-18。

表 5-17 A 慢化方式 $ZrH_{1.7}$ 慢化不同方案 ^{99}Tc 嬗变效果的对比

对比项目 \ 方案	方案 1	方案 2	方案 3	方案 4	方案 5	方案 6	方案 7
靶区半径①/cm	0.09	0.13	0.16	0.19	0.22	0.24	0.26
^{99}Tc 总装载量/kg	97.3	203.0	307.5	433.6	581.4	691.9	812.0
单循环嬗变效率/%	6.160	4.210	3.238	2.490	1.918	1.611	1.314
嬗变半衰期/a	4.8	7.1	9.2	12.1	15.7	18.7	23.0
嬗变支持比	1.4	2.0	2.3	2.5	2.6	2.6	2.4

注：① 包壳内径为 0.29 cm，靶材料区半径不超过该值。

表 5-18 A 慢化方式 $ZrH_{1.7}$ 慢化不同方案 ^{129}I 嬗变效果的对比

对比项目 \ 方案	方案 1	方案 2	方案 3	方案 4	方案 5	方案 6	方案 7
靶区半径①/cm	0.09	0.13	0.16	0.19	0.22	0.24	0.26
^{129}I 总装载量/kg	21.1	43.9	66.5	93.8	125.8	149,7	175.7
单循环嬗变效率/%	8.381	7.051	5.878	4.827	3.900	3.259	2.608
嬗变半衰期/a	3.5	4.2	5.0	6.1	7.6	9.2	11.5
嬗变支持比	1.9	3.3	4.2	4.9	5.3	5.2	4.9

注：① 包壳内径为 0.29 cm，靶材料区半径不超过该值。

靶核全堆芯总装载量随着靶区半径增加而逐渐增加，随靶核装载量增加，单循环嬗变效率逐步减小，嬗变半衰期逐渐增加，嬗变支持比（或单循环嬗变绝对质量）在方案 5

（靶区半径 0.22 cm）出现峰值。

在 $ZrH_{1.7}$ 慢化情况下，^{99}Tc 的嬗变半衰期为 4.8～23 a 不等，嬗变支持比为 1.4～2.6，与 ^{99}Tc 装载量有关；^{129}I 的嬗变半衰期为 3.5～11.5 a，嬗变支持比为 1.9～5.3，与 ^{129}I 装载量有关。在嬗变支持比最大的方案中，^{99}Tc 的嬗变半衰期为 15.7 a，^{129}I 的嬗变半衰期为 7.6 a。

2）B 慢化方式：嬗变组件内慢化体棒和靶棒交叉布置

此种慢化方式通过调节嬗变组件内的靶棒数来调节目标靶核的装载量和慢化体与靶材料的体积比。针对 ^{99}Tc 和 ^{129}I 按靶棒数分别为 37 和 90 根研究了两种方案，不同方案的目标靶核全堆总装载量以及嬗变效率结果列于表 5-19 和表 5-20 中。

表 5-19　B 慢化方式 $ZrH_{1.7}$ 慢化不同方案 ^{99}Tc 嬗变效果的对比

对比项目＼方案	方案 1	方案 2
.组件内靶棒数/慢化棒数	37/90	90/37
^{99}Tc 总装载量/kg	294.a	715.9
单循环嬗变效率/%	3.116	1.485
嬗变半衰期/a	9.6	20.3
嬗变支持比	2.1	2.4

表 5-20　B 慢化方式 $ZrH_{1.7}$ 慢化不同方案 ^{129}I 嬗变效果的对比

对比项目＼方案	方案 1	方案 2
组件内靶棒数/慢化棒数	37/90	90/37
^{129}I 总装载量/kg	63.7	154.9
单循环嬗变效率/%	5.673	2.943
嬗变半衰期/a	5.2	10.2
嬗变支持比	3.9	4.9

靶棒数较少时，慢化效果好，嬗变效率高，嬗变半衰期短，但嬗变支持比相对较低；靶棒数较多时，慢化效果不好，嬗变效率低，嬗变半衰期长，但嬗变支持比相对高一些。B 慢化方式 $ZrH_{1.7}$ 慢化情况下的两种方案，^{99}Tc 的嬗变半衰期分别为 9.6 a 和 20.3 a，嬗变支持比分别为 2.1 和 2.4；^{129}I 的嬗变半衰期分别为 5.2 a 和 10.2 a，嬗变支持比分别为 3.9 和 4.9。

3）C 慢化方式：靶材料弥散到慢化材料中

此种慢化方式通过调节靶材料与慢化材料的质量比来调节目标靶核的装载量和慢化的效果。针对 ^{99}Tc 和 ^{129}I 分别按靶材料质量份额为 1%、10%、40%和 75%研究了 4 种方案，不同方案的目标靶核全堆总装载量以及嬗变效率结果列于表 5-21 和表 5-22 中。

靶核质量份额少时，慢化效果好，嬗变效率高，嬗变半衰期短，但嬗变支持比相对较低；靶核质量份额增加后，慢化效果不好，嬗变效率低，嬗变半衰期长，但嬗变支持比相对高一些。C 慢化方式 $ZrH_{1.7}$ 慢化情况下，^{99}Tc 的嬗变半衰期为 1.4～19.7 a 不等，嬗变支持比从 0.3～3.1，与 ^{99}Tc 质量份额有关；^{129}I 的嬗变半衰期为 2.0～12.8 a，嬗变支持比为 0.7～8.0，与 ^{129}I 质量份额有关。

快堆反射层中堆芯泄漏中子的中子通量密度可达 10^{15}n/（cm^2 • s），中子能谱比堆芯区软化，但能谱分布仍不适合直接进行 LLFP 嬗变。快堆泄漏中子经过进一步适当慢化后能够实现 LLFP 核素的有效嬗变。

表 5-21　C 慢化方式 $ZrH_{1.7}$ 慢化不同方案 ^{99}Tc 嬗变效果的对比

对比项目 \ 方案	方案 1	方案 2	方案 3	方案 4
靶材料质量份额/%	1	10	40	75
^{99}Tc 总装载量/kg	7.4	77.1	368.1	891.0
单循环嬗变效率/%	19.403	9.424	3.410	1.527
嬗变半衰期/a	1.4	3.1	8.8	19.7
嬗变支持比	0.3	1.7	2.9	3.1

表 5-22　C 慢化方式 $ZrH_{1.7}$ 慢化不同方案 ^{129}I 嬗变效果的对比

对比项目 \ 方案	方案 1	方案 2	方案 3	方案 4
靶材料质量份额/%	1	10	40	75
^{129}I 总装载最/kg	4.9	47.2	163.9	266.5
单循环嬗变效率/%	14.070	9.787	4.567	2.353
嬗变半衰期/a	2.0	3.0	6.5	12.8
嬗变支持比	0.7	5.0	8.0	6.7

从慢化材料和慢化方式选择来看，$ZrH_{1.7}$ 的慢化效果比石墨好，靶材料弥散到慢化材料中的慢化方式最优，慢化体包围在靶材料外围的慢化方式比嬗变组件内交叉布置靶组件和慢化组件的慢化方式稍优。与慢化效果相对应的，较好的慢化效果通常也意味着较好的嬗变效果。

在钠冷快堆反射层中大量布置 LLFP 嬗变组件会给堆芯初始剩余反应性带来一定影响，$ZrH_{1.7}$ 作为慢化体引起反应性下降要比石墨大。因此，布置 LLFP 嬗变组件后需要适当提高堆芯易裂变核素富集度，以保证一定的后备反应性。

不管哪种慢化方式，基本上随嬗变区的靶核装载量增加，嬗变效率会有所减小，嬗变半衰期会有所增加，嬗变比消耗会增加，因此需要根据嬗变目标的要求合理选择靶核的装载量。

根据对中等功率快堆堆芯方案计算，快堆反射层中各种不同慢化方式下不同靶核装载量下的嬗变效率、嬗变半衰期和嬗变支持比相差较大。^{99}Tc 最高嬗变支持比可达 3，

^{129}I 最大嬗变支持比可达 8；嬗变支持比大于 1 情况下，^{99}Tc 最大单循环嬗变效率可达 9.4%（对应嬗变半衰期为 3.1 a，嬗变支持比为 1.7），^{129}I 最大单循环嬗变效率可达 9.8%（对应嬗变半衰期为 3 a，嬗变支持比为 5）。

在靶区能谱充分慢化的情况下，^{99}Tc 的共振吸收显著高于 ^{129}I，且 ^{99}Tc 的首个共振峰能量较低，导致热能区通量密度下降，因此影响到 99Tc 的嬗变效率。总体上来说，对于充分慢化的能谱，^{129}I 的嬗变效率高于 ^{99}Tc。除非靶区 ^{99}Tc 核素的浓度足够低。以至其共振吸收非常弱，对其热谱区的中子通量密度影响不大的情况下，^{99}Tc 的嬗变效率才会比 ^{129}I 高。或者慢化不充分的情况下，由于 ^{99}Tc 的共振积分比 ^{129}I 大，99Tc 的嬗变效率此时也可能比 ^{129}I 高。

5.5 小　结

基于 MA 和 LLFP 基本中子物理特性的考虑，其在快堆中进行嬗变的方式不同。吸收中子并发生裂变反应堆是 MA 最佳的嬗变方式，目前认为可行 MA 嬗变方式的主要有在堆芯燃料中均匀添加少量 MA 的均匀嬗变方式和将含 MA 燃料制作成特殊靶件并在堆芯选定位置进行辐照的非均匀嬗变方式，但这两种 MA 嬗变方式各有优缺点。LLFP 嬗变主要依靠吸收中子发生辐射俘获反应，快堆对于 LLFP 嬗变主要优点在于其富余中子较多且中子通量密度高，通过选择合适的慢化剂材料和慢化方式，利用快堆泄露中子并进行适当能谱优化可实现 LLFP 的有效嬗变。本章系统总结了快堆嬗变 MA 和 LLFP 的特征及嬗变效率，可为优化快堆 MA 和 LLFP 嬗变效果提供理论指导。

参考文献

[1] 赵鹏程. 小型自然循环铅冷快堆 SNCLFR-100 一回路主冷却系统热工安全分析[D]. 中国科学技术大学，2017.

[2] Salvatores M. Nuclear fuel cycle strategies including partitioning and transmutation [J]. Nuclear Engineering and Design，2005，235（7）：805-816.

[3] 于涛. 加速器驱动次临界系统（ADS）束流瞬变动态响应的微机仿真研究 [D]. 中国原子能科学研究院，2005.

[4] Takeda T，Yamamoto T，Miyauchi M. Interpretation of actinide transmutation in thermal and fast reactors [J]. Progress in Nuclear Energy，2002，40（3-4）：449-456.

[5] 于涛，谢金森，刘紫静，等. 基于惰性基质燃料 PWR 嬗变技术研究 [J]. 中国核电，2017，10（2）：178-187.

[6] 武祥，于涛，谢金森，等. IMF 燃耗特性与次锕系核素产量分析 [J]. 原子能科学技术，2015，49（8）：1417-1423.

[7] Salvatores M，Palmiotti G. Radioactive waste partitioning and transmutation within advanced fuel cycles: Achievements and challenges[J]. Progress in Particle and Nuclear

Physics，2011，66（1）：144-166.
［8］胡赟．钠冷快堆嬗变研究［D］．清华大学，2009.
［9］杜祥琬，叶奇蓁，徐銤，等．核能技术方向研究及发展路线图［J］．中国工程科学，2018，20（3）：17-24.
［10］于涛，陈昊威，谢金森，等．次锕系核素对惰性基质燃料中子学参数的影响研究［J］．南华大学学报（自然科学版），2015，29（2）：1-5.
［11］于涛，谢金森，李志峰，等．压水堆环境下惰性基质燃料物理参数研究［J］．核动力工程，2014，35（5）：1-3.
［12］周培德．快堆嬗变技术［M］．中国原子能出版社，2015.
［13］顾忠茂．我国先进核燃料循环技术发展战略的一些思考［J］．核化学与放射化学，2006（1）：1-10.
［14］Sari C，Schumacher G．Oxygen redistribution in fast reactor oxide fuel［J］．Journal of Nuclear Materials，1976，61（2）：192-202.
［15］李冠兴，周邦新，肖岷，等．中国新一代核能核燃料总体发展战略研究［J］．中国工程科学，2019，21（1）：6-11.
［16］尹邦跃．中国实验快堆 MOX 燃料研究进展［J］．核科学与工程，2008，28（4）：305-312.
［17］Inoue M．Thermal conductivity of uranium-plutonium oxide fuel for fast reactors［J］．Journal of Nuclear Materials，2000，282（2-3）：186-195.
［18］郭奇勋，李宁．快堆燃料循环与金属燃料［J］．厦门大学学报（自然科学版），2015，54（5）：593-602.
［19］Walters L C，Seidel B R，Kittel J H．Performance of metallic fuels and blankets in liquid-metal fast breeder reactors［J］．Nuclear Technology，1984，65（2）：179-231.
［20］Burkes D E，Fielding R S，Porter D L，et al．A US perspective on fast reactor fuel fabrication technology and experience part I：metal fuels and assembly design［J］．Journal of Nuclear Materials，2009，389（3）：458-469.
［21］Matthews R B，Herbst R J．Uranium-plutonium carbide fuel for fast breeder reactors［J］．Nuclear technology，1983，63（1）：9-22.
［22］Raj B，Mannan S L，Rao P R V，et al．Development of fuels and structural materials for fast breeder reactors［J］．Sadhana，2002，27（5）：527-558.
［23］Bauer A A．Nitride fuels：properties and potentials［R］．Battelle Memorial Inst.，Columbus，Ohio，1972.
［24］Zaki S，Sekimoto H．Accident analysis of lead or lead—bismuth cooled small safe long-life fast reactor using metallic or nitride fuel［J］．Nuclear Engineering and Design，1996，162（2-3）：205-222.
［25］Sekimoto H，Su’ud Z．Design study of lead-and lead-bismuth-cooled small long-life nuclear power reactors using metallic and nitride fuel［J］．Nuclear Technology，1995，

109（3）：307-313.

［26］张琴娣. 弥散板型燃料芯体强度的测试方法研究［J］. 核科学与工程，1990（2）：168-170.

［27］Huet J J，Coheur L，Bremaecker A D，et al. Fabrication and mechanical properties of oxide dispersion strengthening ferritic alloy canning tubes for fast reactor fuel pins［J］. Nuclear technology，1985，70（2）：215-219.

［28］Stacey W M，Van Rooijen W，Bates T，et al. A TRU-Zr metal-fuel sodium-cooled fast subcritical advanced burner reactor［J］. Nuclear technology，2008，162（1）：53-79.

［29］Carmack J，Pasamehmetoglu K O. Review of transmutation fuel studies［R］. Idaho National Laboratory（INL），2008.

［30］Marshin A A，Grachev V D，Shajkhiev A I，et al. Calculatin of vibro-pac fuel pin temperature distribution with allowance for voids plutonium and oxygen redistribution［J］. Atomnaya Ehnergiya，1991，70（2）：134-135.

［31］Bart G，Botta F B，Hoth C W，et al. AC-3-irradiation test of sphere-pac and pellet（U，Pu）C fuel in the US Fast Flux Test Facility［J］. Journal of Nuclear Materials，2008，376（1）：47-59.

［32］胡赟，王侃，徐銤. 钠冷氧化物燃料快堆嬗变 MA 研究［J］. 核动力工程，2010，31（1）：18-22，27.

［33］李寿. 高放废物的嬗变处置与不产生长寿命高放废物的先进核能系统［J］. 核科学与工程，1996（4）：346-359.

［34］胡赟，徐銤，王侃. MA 以 IMF 燃料靶组件形式在大型钠冷快堆中的非均匀嬗变研究［J］. 核科学与工程，2010，30（4）：289-295.

［35］于涛，谢金森，李志峰，等. 惰性基质燃料元件 Doppler 系数分析［J］. 原子能科学技术，2014，48（6）：1067-1071.

［36］王事喜，周培德，杨勇，等. 基于示范快堆的 ADS 次临界快堆堆芯研究［J］. 原子能科学技术，2010，44（3）：285-288.

［37］Salvatores M，Palmiotti G. Radioactive waste partitioning and transmutation within advanced fuel cycles: Achievements and challenges［J］. Progress in Particle and Nuclear Physics，291，66（1）：144-166.

［38］Sobolev V，Uyttenhove W，Thetford R，et al. Prognosis and comparison of performances of composite CERCER and CERMET fuels dedicated to transmutation of TRU in an EFIT ADS［J］. Journal of Nuclear Materials，2011，414（2）：257-264.

［39］Osaka M，Takano S，Yamane Y，et al. On a fast reactor cycle scheme that incorporates a thoria-based minor actinide-containing cermet fuel［J］. Progress in Nuclear Energy，2008，50（2-6）：212-218.

［40］Kozar A A，Peretrukhin V F. Transmutation of 99 Tc as a new source of stable ruthenium［J］. Radiokhimiya，1997，39（4）：294-298.

［41］Konings R J M，Stalios A D，Walker C T，et al. Transmutation of technetium：results of the EFTTRA-T1 experiment［J］. Journal of nuclear materials，1998，254（2-3）：122-128.
［42］朱庆福，赵善桂，宁通. 钍基 ADS 快热耦合次临界核系统燃耗特性分析［J］. 原子能科学技术，2018，52（1）：101-106.
［43］杨莹，王三丙，贺朝会. 压水堆中嬗变 ^{99}T 和 ^{129}I 的计算研究［J］. 原子能科学技术，2013，47（11）：2077-2084.
［44］贾晓淳. 热堆嬗变 ^{99}T 靶件中子学与释热率特性研究［D］. 南华大学，2015.
［45］贾晓淳，于涛，谢金森. ^{99}T 靶件中子学特性及释热率特点的初步研究［J］. 南华大学学报（自然科学版），2015，29（1）：1-5.

第 6 章

ADS 嬗变技术

目前商业应用的核能系统还存在若干阻碍裂变能进一步发展的因素，即高放射性废物的最终处理、铀资源利用率不高和安全性问题。近十余年来，核科学界一直在寻求可以克服这些障碍的创新技术路线——加速器驱动系统[1-2]。在现行燃料循环中引入 ADS，构成新的混合核能系统，这种混合系统将成为目前商用的核能系统与核聚变能可充分利用间的过渡。图 6-1 为加速器驱动的放射性洁净核能系统构成图[3]。

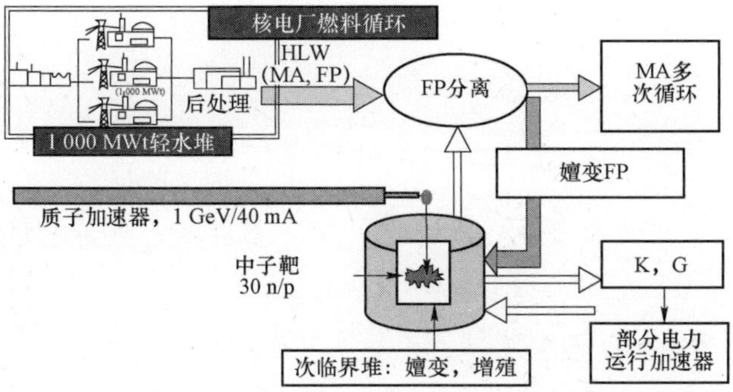

图 6-1　加速器驱动的放射性洁净核能系统构成图

6.1　ADS 概念

6.1.1　ADS 基本原理

加速器驱动次临界反应堆系统的基本原理为[3-5]：外源中子 n_0 注入中子有效增殖因数为 k_{eff} 的反应堆中（为保证不发生超临界事故，取 k_{eff}<1），中子数将按公式（6-1）关系增长。

$$N_s = n_0(1 + k_{\text{eff}} + k_{\text{eff}}^2 + k_{\text{eff}}^3 + \cdots) = \frac{n_0}{1 - k_{\text{eff}}} \tag{6-1}$$

式中：n_0 为每个质子在靶中散裂反应所产生且按每次裂变归一的中子数；其中 $N_s - n_0$ 为由次临界反应堆中裂变提供的中子数，除维持反应堆功率水平所需的中子数与各种吸收及泄漏外；余下的为中子余额。该中子余额可用于嬗变核废料或转换核燃料。

取 N_k，N_c 分别为外源驱动的次临界及临界堆中的中子余额，在静态平衡条件下可以得到，当归一为每次裂变时：

$$N_k = N_c + \nu \frac{1-k_{\text{eff}}}{k_{\text{eff}}} \tag{6-2}$$

即 N_k 比 N_c 要多，多出的中子余额与次临界度（$1-k_{\text{eff}}$）有关。此处 ν 为每次裂变的平均中子数。可见，外源中子驱动的次临界反应堆内，中子余额比同样条件下的临界堆要高。由外源导致的中子余额增量有利于嬗变核废料或增加核燃料的转换，以维持次临界堆内易裂变核素储量，最终达到加深燃耗的目的。

从增殖核燃料的角度看，增殖比定义为：

$$\text{BR} = \frac{\nu}{(1+\alpha)} - 1 - (c+L) \tag{6-3}$$

此处，α 为 δ_c/δ_f，c 及 L 为系统内被吸收及泄漏的中子数。当有外中子源时，等效的中子产生率（由外源及裂变提供）将增加为 $\dfrac{\nu}{k_{\text{eff}}}$（$k_{\text{eff}}<1$），则式（6-3）可写为：

$$\text{BR} = \frac{\nu}{k_{\text{eff}}(1+\alpha)} - 1 - (c+L) \tag{6-4}$$

因此提高了增殖比。

从嬗变核废料的角度看，在次临界堆中，某一核素的等效衰变率可表示为

$$\lambda = \lambda_0 + \delta_{\text{R}}\phi \tag{6-5}$$

式中：λ_0 为本征衰变率；δ_{R} 为反应截面；ϕ 为堆内中子通量密度。

由于散裂中子的平均能量虽高于裂变中子，因此可以通过慢化剂的选择及结构的调节，达到系统内中子能量使某一反应截面 δ_{R} 为一较大的数值，从而有利于嬗变该核素。例如当 $E_{\text{n}}>700$ keV 时，^{237}Np、^{241}Am 等核素的裂变截面相当大，这就使这些核素不仅不是核能系统中吸收中子的核素，而且还可以直接成为“易”裂变核，在嬗变时提供附加的能量。为了嬗变裂变产物，则应选择热能中子或共振中子能区。

式（6-1）中，$N_{\text{s}}-n_0$ 个中子是在次临界堆中由核燃料裂变倍增的，每个质子将引发：

$$N_{\text{f}} = \frac{N_{\text{s}}-n_0}{\nu} = \frac{n_0}{\nu}\frac{k_{\text{eff}}}{1-k_{\text{eff}}} \tag{6-6}$$

次裂变。次临界反应堆输出的功率 $P = E_{\text{f}} I N_{\text{f}}$，$I$ 为质子束流强度，$E_{\text{f}}=200$ MeV 为每次裂变释放的能量，由此可得到系统的能量增益（反应堆输出功率与加速器束流功率之比）：

$$G = \frac{P}{E_{\text{p}}I} = \frac{E_{\text{f}}}{E_{\text{p}}}\frac{n_0}{\nu}\frac{k_{\text{eff}}}{1-k_{\text{eff}}} \tag{6-7}$$

比较式（6-2）与式（6-7），则可以看到 k_{eff} 值越小，中子余额的增量越大，这有利

于增殖核燃料及嬗变核废料，但却使能量增益 G 减小。中子余额增量的提高是以减少系统能量输出为代价的，即系统作为核能系统的效益与作为核燃料循环中的一个特殊技术的效益是互相制约的。在 ADS 的概念研究中，作为产能系统，k_{eff} 值取在 0.94～0.97 之间较为合理。在适当选取中能质子能量及重元素靶的条件下，G 值在 30～70 之间，在现有核电站热/电转换效率及加速器电功率/束功率转换效率下，大约有 80%的电功率可以上网。如作为增殖核燃料或嬗变核废料系统，k_{eff} 值可取 0.9 左右，甚至更小。

从上述原理的说明中可以看到，决定系统性能及功效的两个关键参数是 n_0 及 k_{eff}，n_0 为注入次临界堆的可利用的外源中子数，它由加速器能量、散裂反应靶的核素、结构及与次临界堆的耦合形式所决定：k_{eff} 则为次临界堆的中子增殖因数，由次临界堆选型、结构、堆内中子学的行为等决定。

6.1.2 ADS 基本组成

加速器驱动次临界系统（ADS）的核心组成部分由强流质子加速器、散裂靶和次临界反应堆构成[5-7]，如图 6-2 所示。

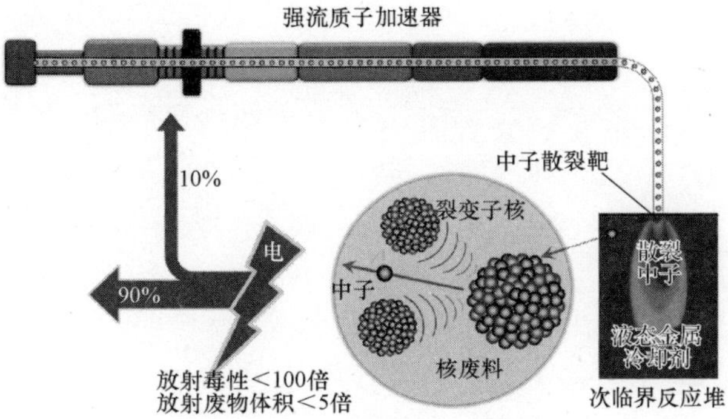

图 6-2 ADS 工作原理示意图

（1）强流质子加速器

质子加速器的能量大约为 1 000 MeV，质子束流强为几十毫安，驱动原理如图 6-3 所示。由它引出的束流打在重金属靶上，产生散裂中子，为次临界反应堆提供外源中子，用以驱动次临界反应堆运行，同时维持 ADS 的功率运行。当进行堆芯功率控制时，通过调节质子束流的强度，从而堆芯外中子源发生改变，进而次临界堆中子通量密度发生变化，通过束流调节可实现对功率的控制。

（2）散裂靶

由特定性能、结构及形状的重金属靶材料做成，它是强流质子加速器与次临界堆的耦合部件，它为系统提供外加中子源。靶材料一般选铅、钨等重金属。当中能质子束打在重核靶件上时，会通过散裂反应产生中子，用以维持次临界反应堆中的链式反应。目前 ADS 散裂靶的形式主要分为以下 3 大类：第一，固态散裂靶；第二，液态无窗散裂靶；第三，液态有窗散裂靶。从物理与热工两个方面的考虑，要求中子产额不低于 20，靶最高温度不超过 800 K，散裂中子能谱合理。

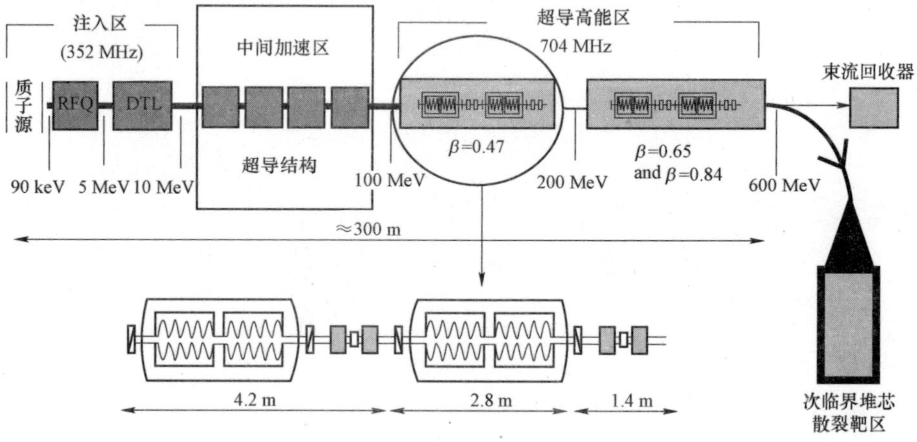

图 6-3　质子加速器驱动原理示意图

（3）次临界反应堆

次临界反应堆是 ADS 的核心，其中有效增殖因数小于 1，外源中子慢化到所需的中子能量及空间分布，核燃料的增殖、核废物的嬗变、能量的产生等过程，都发生在其中。作为外源驱动的次临界堆，可选择快中子反应堆或热中子反应堆，外源的存在使其功率分布的不均匀性将大于无外源的临界堆，同时燃耗行为将更为复杂。

6.1.3　ADS 研究现状

ADS 装置中，通过不同能谱区的材料布置，可以获得合适通量密度的快中子、超热中子和热中子。随着加速器技术的迅速发展，快区可以得到高能量的中子，对 MA 中一些有高裂变阈的核素能很好嬗变；同时超热中子也可以达到要求，用来嬗变 LLFP。

（1）韩国 HYPER

1992 年，韩国原子能研究所（Korea Atomic Energy Research Institute）开始对嬗变进行研究，设计了 HYPER（HYbrid Power Extraction Reactor）次临界反应堆。通过利用质子加速器产生的质子束轰击散裂靶产生中子来维持次临界堆芯的正常运行，它的概念设计如图 6-4 所示[8]，目的是通过处理压水堆的核废料产生能量，主要设计特征有：与液态钠金属冷却堆相比，有更硬的中子能谱；在线再装料，使得加速器质子束功率波动最小；伴随着高温化学过程，金属燃料采用中空形式；液态合金既作冷却剂也作散裂靶。

HYPER 次临界堆芯的纵向截面图和横向截面分别如图 6-5 所示[8-9]，其堆芯设计参数如表 6-1 所示。采用六边形形式进行组件排列，装载 U-TRU-Zr 金属合金燃料组件和长寿期裂变产物组件。堆芯包含 186 个六边形燃料组件、54 个反射层组件和 60 个屏蔽组件。

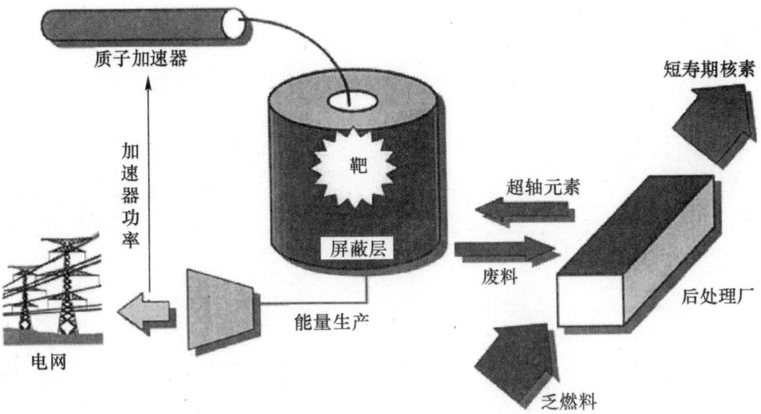

图 6-4　HYPER 的概念设计

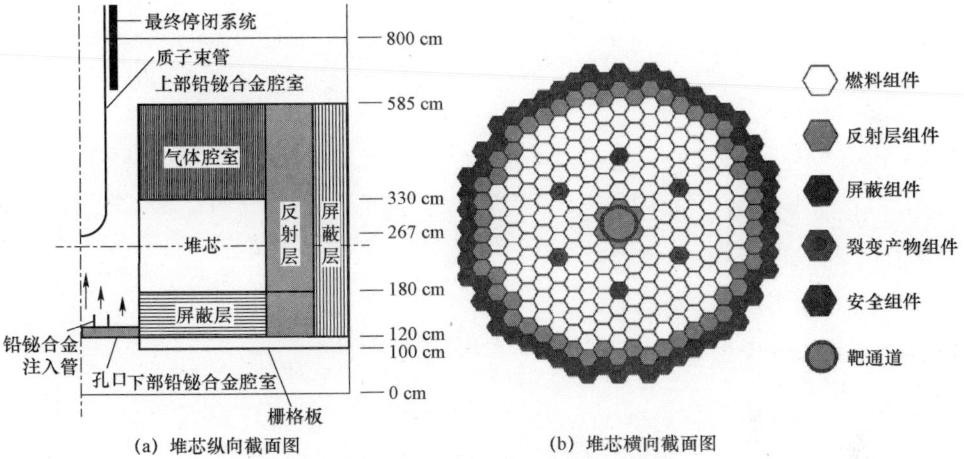

图 6-5　HYPER 次临界堆芯截面图

表 6-1　HYPER 堆芯设计参数

设计参数	数值
堆芯热功率/MW	1 000
有效增殖因子	0.98
平均线功率密度/（$kW\cdot m^{-1}$）	15
堆芯活性区高度/m	1.2
堆芯有效直径/m	3.8
堆芯入口温度/℃	340
堆芯出口温度/℃	490
堆芯内冷却剂平均流速/（$m\cdot s^{-1}$）	1.64
超铀燃料总质量/kg	2 961

（2）欧盟 LBE－XADS

1998 年法国、意大利和西班牙三国研究创建研究加速器驱动次临界系统的平台。从 1999—2001 年，由 Ansaldo 领导的这一组织对 LBE－XADS（Experiment Accelerator Driven System）进行了设计，如图 6-6[10]所示。从 2001 年开始，这一项目得到了欧盟 RTD 框架计划的支持。

LBE－XADS 的主要设计参数如表 6-2 所示，堆芯燃料组件分布如图 6-7[11]所示，整个堆芯包含 120 个燃料组件、162 个虚拟组件和 12 个吸收组件。每个燃料组件中装载 90 根 MOX 燃料棒。燃料组件被一个由 174 个虚拟组件组成的缓冲区包围，缓冲区外部是液态铅铋合金，它充当了中子反射层，提高中子的利用率。

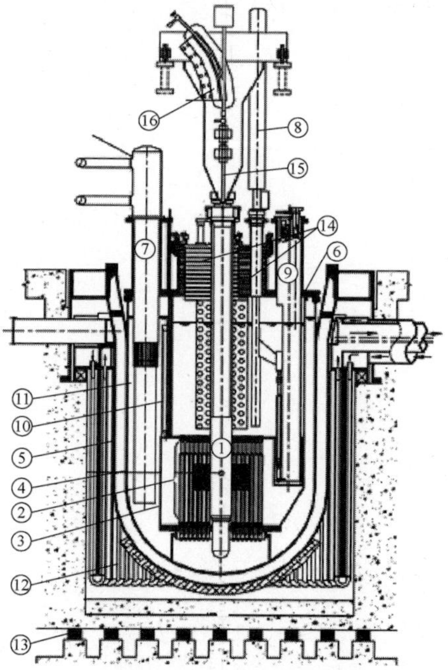

图 6-6　LBE－XADS 反应堆

1—探测器；2—次临界堆芯；3—一回路容器；4—反应堆容器；5—安全容器；6—反应堆顶；7—中间换热器；8—热传送机；9—转子提升；10—上升通道；11—下降通道；12—反应堆冷却系统；13—防震支撑垫；14—旋转插口；15—质子束管道；16—弯转磁体

表 6-2　LBE－XADS 主要设计参数[12]

设计参数或特征	数值
堆芯功率/MW	80
冷却剂进口温度/℃	300
冷却剂出口温度/℃	400
堆芯冷却剂流量/（kg · s^{-1}）	5 471
堆芯内冷却剂流速/（m · s^{-1}）	≈0.4
二回路冷却剂	有机溶剂
中间换热器进口温度/℃	280
中间换热器出口温度/℃	320

（3）比利时 MYRRHA

比利时 MYRRHA 反应堆主体结构如图 6-8[12]所示，在 MYRRHA 反应堆中，包含一个提供 350 MeV × 5 mA 质子束的质子加速器、一个铅铋合金散裂靶和一个以液态铅铋合金为冷却剂的堆芯。MYRRHA 反应堆的设计主要是依据以下两个基本要求：作为一个放射性测试设施，必须将放射性测试装置放入堆芯和堆芯外围；嬗变验证需要一个快中子通量。MYRRHA 采用池式设计，这样不仅安全，也为燃料组件和实验放射性设备提供一个灵活的堆芯管理。整个堆芯浸在液态铅铋合金中，低熔点、高沸点的液态铅铋合金，即作一回路的冷却剂，又是快中子和伽马射线的反射层和屏蔽层。

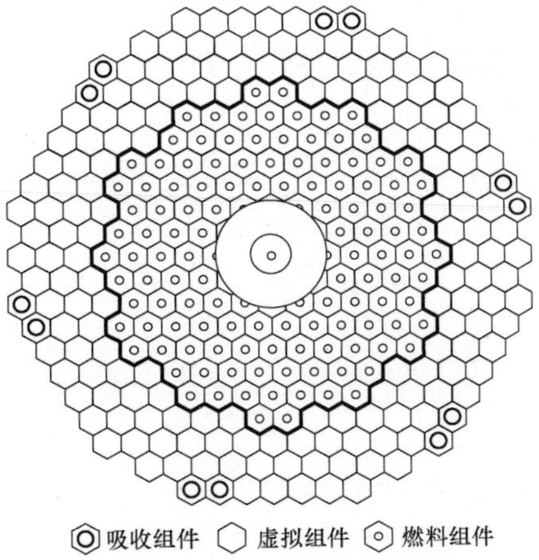

图 6-7 LBE－XADS 堆芯组件分布

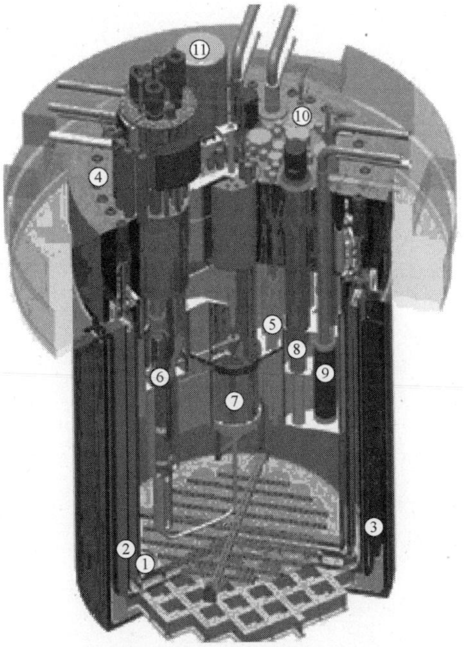
图 6-8 MYRRHA 反应堆主体结构

1—内容器；2—保护容器；3—冷却管束；4—覆盖层；5—隔板；6—散裂通道；7—次临界堆芯；8—主泵；9—一回路热交换器；10—应急热交换器；11—内罐燃料传送机

MYRRHA 堆芯内燃料组件分布如图 6-9[13]所示，堆芯主要设计参数如表 6-3 所示。

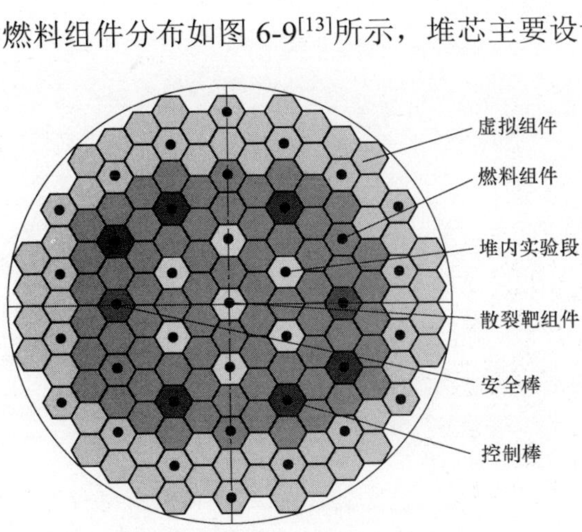

图 6-9 MYRRHA 堆芯组件分布

MYRRHA 堆芯内共有 151 个组件通道，其中有 68 个燃料组件通道、4 个控制棒组件通道和 1 个散裂靶组件通道，其余通道也必须装载组件，即使是装载虚拟组件、铅铋合金或实验设备等。

表 6-3 MYRRHA 堆芯的主要设计参数

参数	数值
堆芯热功率/MW	51.8
堆芯直径/mm	1 000
堆芯高度/mm	2 000
堆芯压降/MPa	0.18
堆芯入口压力/MPa	0.5
一回路冷却剂流量/（$kg \cdot s^{-1}$）	2 500
一回路铅铋合金总体积/m^3	150
一回路冷却剂入口温度/℃	≈200
一回路冷却剂出口温度/℃	≈340
每个燃料组件中燃料棒总数/根	91
燃料组件总长度/mm	1 844
燃料组件内对边距/mm	82
组件内冷却剂流速/（$m \cdot s^{-1}$）	2.5
组件内的冷却剂流量/（$kg \cdot s^{-1}$）	71
组件内冷却剂流道面积/mm^2	2 760
组件内冷却剂入口温度/℃	≈200
组件内冷却剂出口平均温度/℃	≈337

MYRRHA 堆芯的六边形燃料组件和组件中燃料棒的三角形排列如图 6-10[12]所示。燃料棒的轴向分段如图 6-11[12]所示，棒的设计参数如表 6-4 所示。燃料棒中燃料芯块以 MOX 为燃料，反射层和包壳分别以 HT9 号钢和 T91 号钢为材料。设计中依据燃料芯块的直径，MYRRHA 反应堆将燃料芯块与包壳间的间隙厚度设计值为 0.075 mm。

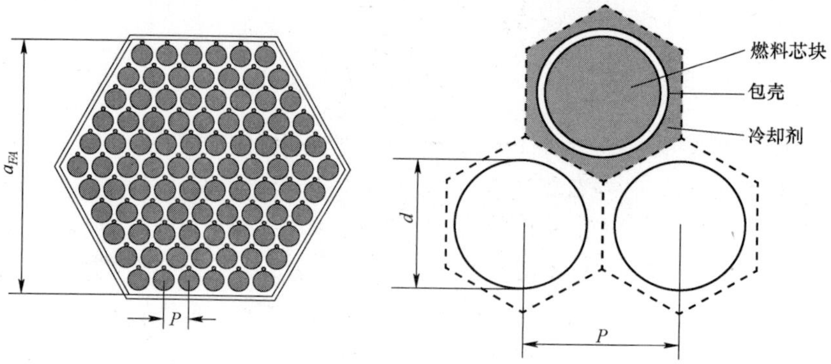

图 6-10 MYRRHA 燃料组件和燃料棒的三角形排列

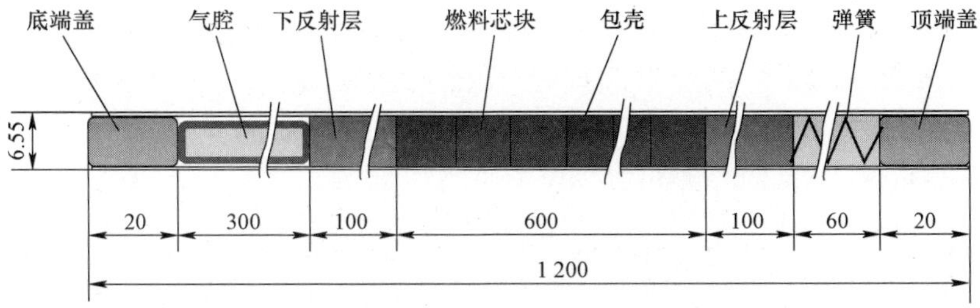

图 6-11　MYRRHA 燃料棒的轴向分段

表 6-4　MYRRHA 燃料棒设计参数

参数	数值
燃料棒最大线功率密度/（$W \cdot cm^{-1}$）	352
燃料棒总长度/mm	1 200
燃料棒活性区段长/mm	600
燃料棒直径 D/mm	6.55
栅距 P/mm	8.55
燃料芯块直径/mm	5.9
燃料芯块中心最高温度/℃	1 800
燃料棒上反射层区段长/mm	100
燃料棒下反射层区段长/mm	100
包壳厚度/mm	0.5
包壳外表面最高温度/℃	440

6.2　ADS 仿真研究

本节介绍了以中国钠冷实验快堆为对象开展的 ADS 系统束流瞬变仿真，以及以比利时 MYRRHA 为对象的堆芯扰动仿真研究。

6.2.1　ADS 系统束流瞬变仿真

ADS 中次临界堆芯的功率水平依靠强流质子轰击散裂靶产生的中子源来维持，因此质子束流的不稳定性以及任何形式的失束都将对次临界堆的功率水平产生影响，进而对 ADS 的安全性产生影响。因此，ADS 的安全性主要决定于高功率质子加速器（HPPA）运行的可靠性。HPPA 失束对次临界反应堆的影响有两方面：① 由于反应堆内中子学行为的改变引起的功率变化；② 由于功率骤变将引起受外源中子直接影响的材料的温度变化，引起热应力，导致材料疲劳与蠕变而影响寿命。为了分析评价束流瞬变对 ADS 系统工程设计和安全分析的影响，著者开发了 ADS 失束事故分析软件——SIMULINK-

ADS。以中国钠冷实验快堆为基础，开展 ADS 束流瞬变下的动态响应研究，着重分析 HPPA 的可靠性对 ADS 系统运行工况的影响，将其结果进行了国际比对，取得了较好的结果。

（1）ADS 束流瞬变仿真模型[3,5-7,14]

在建立堆芯物理模型时有以下几点考虑：

1）在作仿真研究时，为了便于与国外的研究机构研究成果相比较，次临界反应堆的 k_{eff} 值分别选取了 0.97，0.98 和 0.99 三个值。

2）次临界堆选取快中子反应堆，选用的中国实验快堆（CEFR）的设计运行参数。

3）虽然 ADS 次临界反应堆的重要特性就是具有很强的外中子源，但裂变中子仍然占有绝对多数，其所占的百分比值与有效增值因数相当，即若 $k_{eff}=0.95$，则裂变中子所占比例约 95%。因此，反应堆物理的理论和计算框架在这里仍然可用。

根据加速器驱动洁净核能系统的基本原理，ADS 束流瞬变事故分析软件 SIMULINK－ADS 物理模型框图如图 6-12 所示，其系统仿真流程如图 6-13 所示。研究选用中国实验快堆（CEFR）作为驱动堆，使用中国实验快堆的参数，典型代表的系统结构如图 6-14 所示。

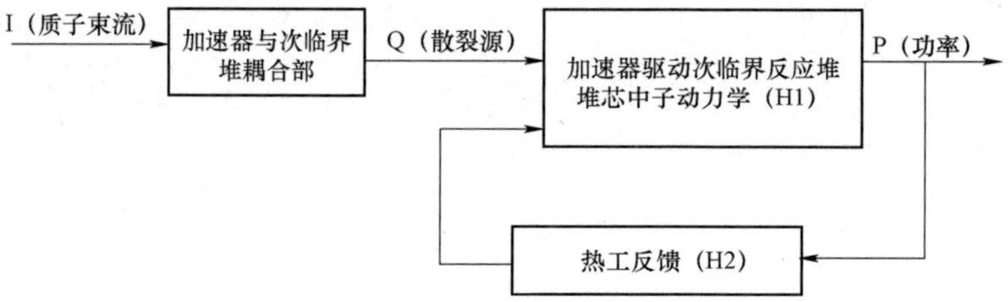

图 6-12　ADS 束流瞬变仿真物理模型

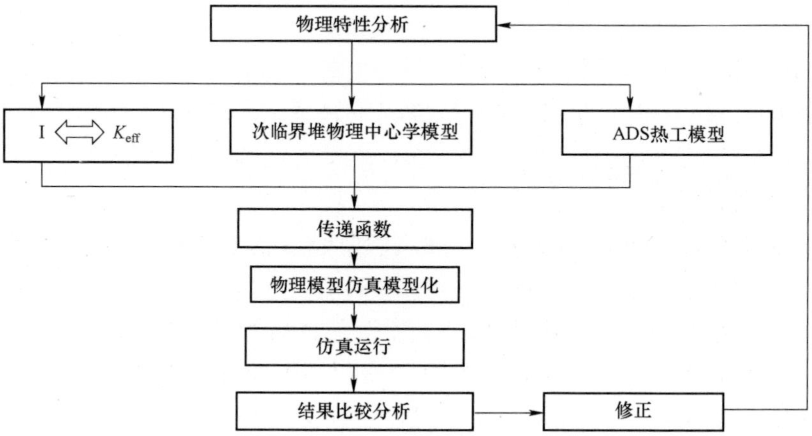

图 6-13　ADS 束流瞬变仿真流程

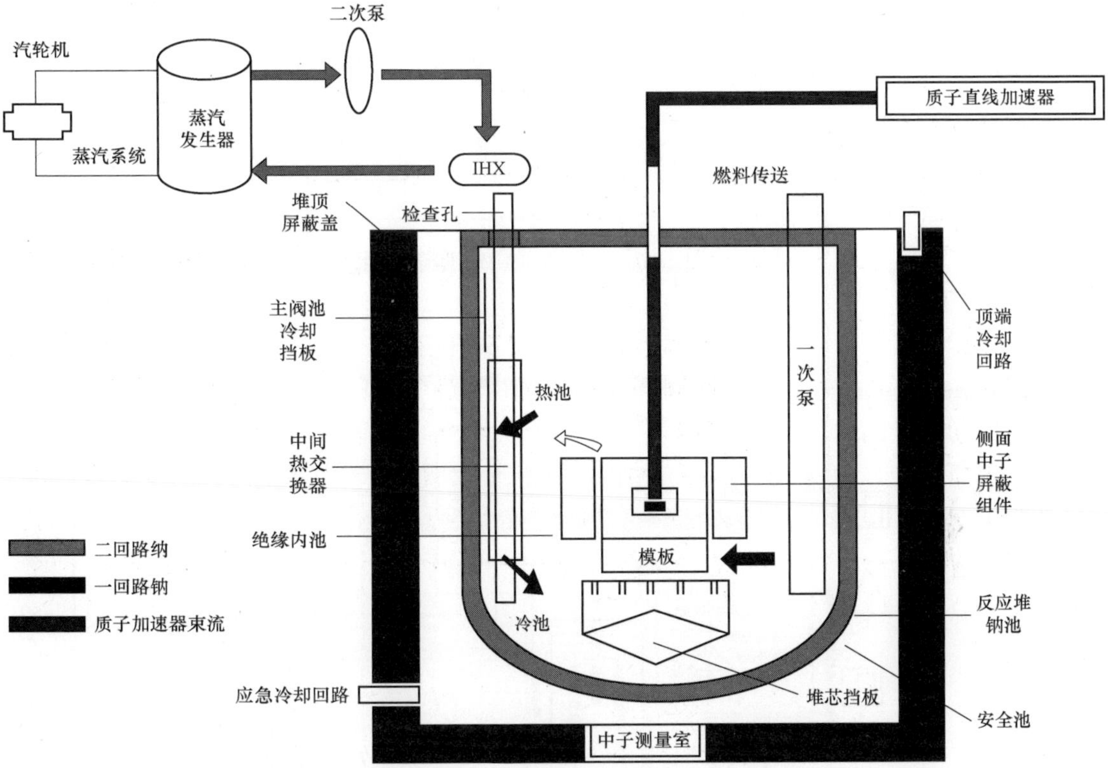

图 6-14　ADS 系统结构图

运用 MATLAB/Simulink 软件，对所建立的 ADS 束流瞬变仿真，系统仿真模块化包括：堆芯中子动力学模块、反应性反馈模块、蒸汽发生器模块、中间热交换器模块、热钠池模块、冷钠池模块、管道模块、栅板联箱模块、循环泵模块等，管道模块可直接利用时间延迟模块或一阶惯性环节，ADS 束流瞬变仿真软件 SIMULINK－ADS[5,14]，如图 6-15 所示。

（2）仿真结果及分析[3,5,14]

采用 SIMULINK－ADS 进行 ADS 束流瞬变研究。仿真研究不同次临界度下，ADS 束流瞬变对次临界功率输出、燃料温度、堆芯出口温度和热钠池温度的影响。

1）ADS 束流瞬变对功率输出的影响

图 6-16 至图 6-18 分别给出 $k_{\text{eff}}=0.97$、$k_{\text{eff}}=0.98$、$k_{\text{eff}}=0.99$ 时，完全失束和失束 1 s、3 s、6 s、12 s 后恢复仿真运行结果。

OECD/NEA 的 10 个国家和研究机构用不同的代码开展了相关的研究。图 6-19 给出了 OECD/NEA 对基准问题在失束时的研究结果，结果表明都非常一致。

图 6-20 给出德国 FZK Karlsruhe 用 SIM－ADS 研究钠冷快堆在 $k_{\text{eff}}=0.99$ 时得到的完全失束仿真研究结果。

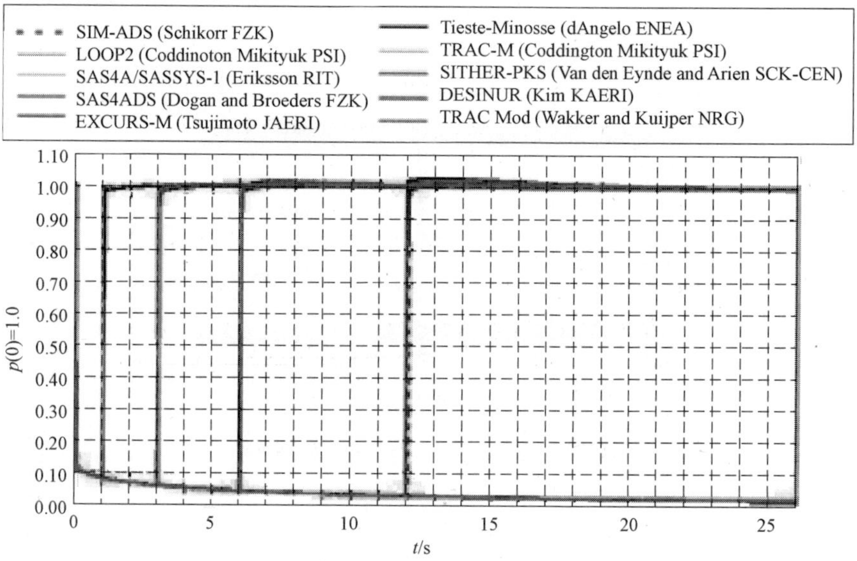

图 6-19 OECD/NEA 失束基准问题功率输出图

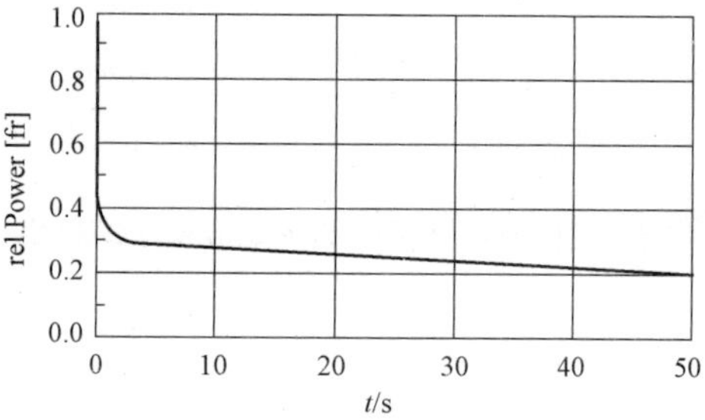

图 6-20 FZK Karlsruhe 用 SIM－ADS 仿真功率输出

图 6-16～图 6-18 分别显示的是在不同的次临界水平下完全失束以及失束瞬变（失去束流 1 s、3 s、6 s、12 s 后恢复）时的次临界系统的功率暂稳态响应。可以看出，如果 ADS 次临界系统中目前的设计假定没有控制棒系统，而是通过关闭质子束来停堆。那么源切断后，次临界组件的功率水平初始下降到不同的功率水平。从 $k_{eff}=0.99$ 下降到 30% 到 $k_{eff}=0.97$ 下降到 20%。如果次临界度越深，则功率水平会降到更低。这与 FZK Karlsruhe 用 SIM－ADS 研究钠冷快堆得到的仿真研究结果一样。

2）ADS 束流瞬变对燃料温度的影响

图 6-21 至图 6-23 分别给出 $k_{eff}=0.97$、$k_{eff}=0.98$、$k_{eff}=0.99$ 时，完全失束和失束 1 s、3 s、6 s、12 s 后恢复仿真燃料温度的结果。

图 6-24 给出 OECD/NEA 失束基准问题燃料温度的研究结果。结果表明 10 个国家和研究机构的研究结果都非常一致。

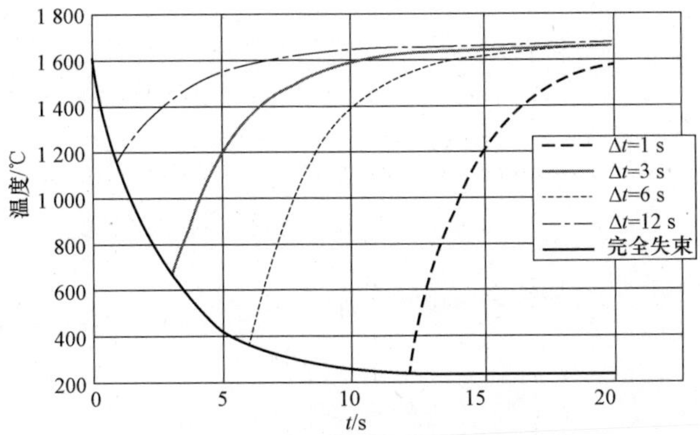

图 6-21 $k_{eff}=0.97$ 时失束燃料温度

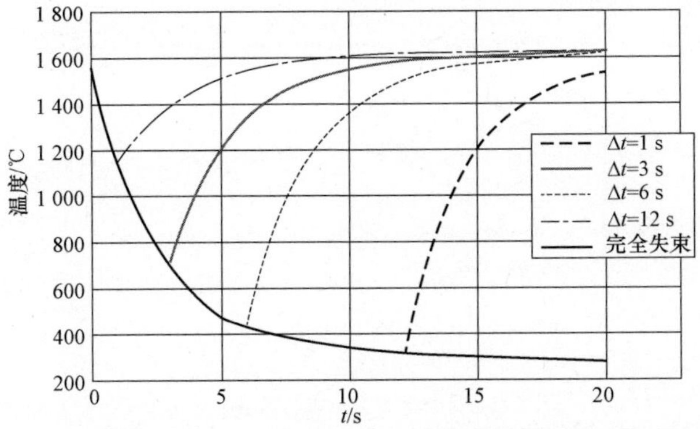

图 6-22 $k_{eff}=0.98$ 时失束燃料温度

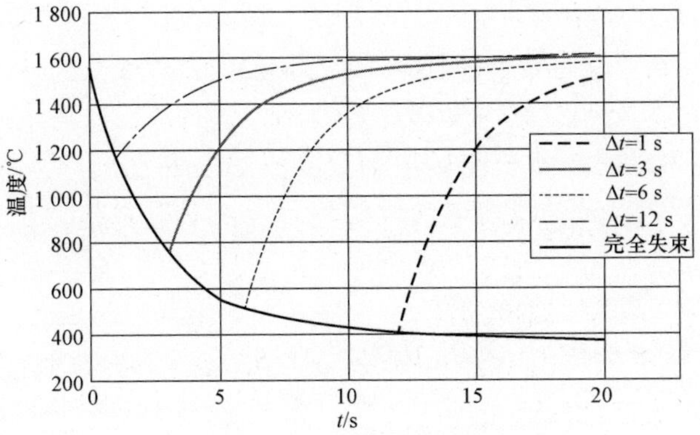

图 6-23 $k_{eff}=0.99$ 时失束燃料温度

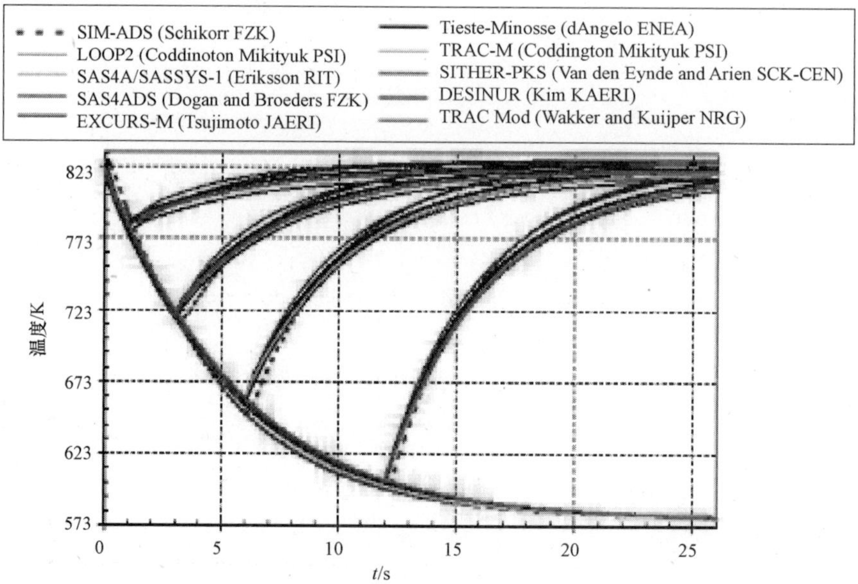

图 6-24　OECD/NEA 失束基准问题燃料温度

图 6-25 给出 SIMULINK－ADS 与德国 FZK Karlsruhe 用 SIM－ADS 研究钠冷快堆在 $k_{eff}=0.99$ 时，完全失束仿真研究结果。

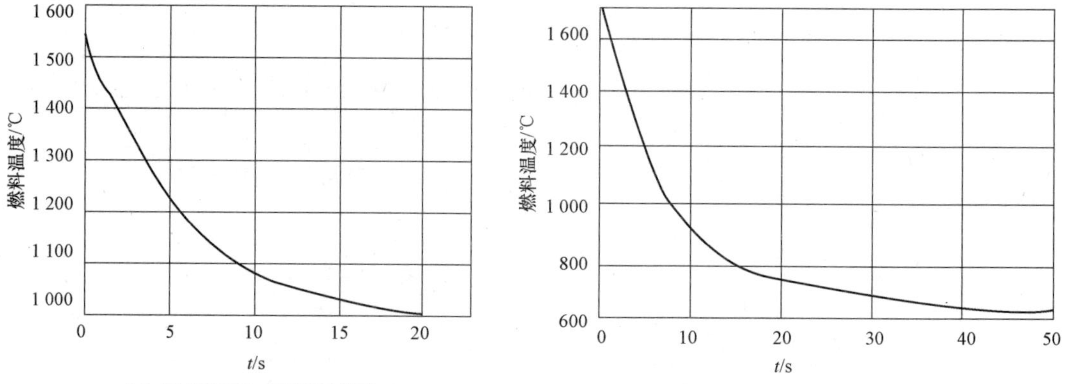

(a) SIMULINK−ADS运行结果　　(b) SIM−ADS运行结果

图 6-25　$k_{eff}=0.99$ 时完全失束燃料温度

3）ADS 束流瞬变对堆芯出口温度的影响

图 6-26 至图 6-28 分别给出 $k_{eff}=0.97$、$k_{eff}=0.98$、$k_{eff}=0.99$ 时，完全失束和失束 1 s、3 s、6 s、12 s 后恢复仿真堆芯出口温度的结果。

图 6-29 给出 OECD/NEA 失束基准问题的研究结果。结果表明 10 个国家和研究机构的研究结果都非常接近。

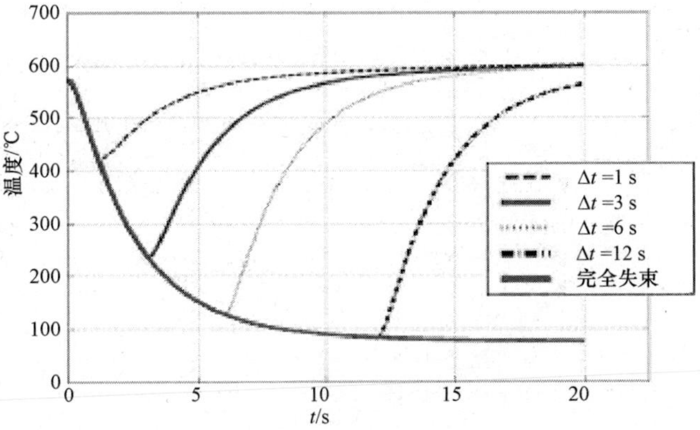

图 6-26　$k_{eff}=0.97$ 时失束堆芯出口温度

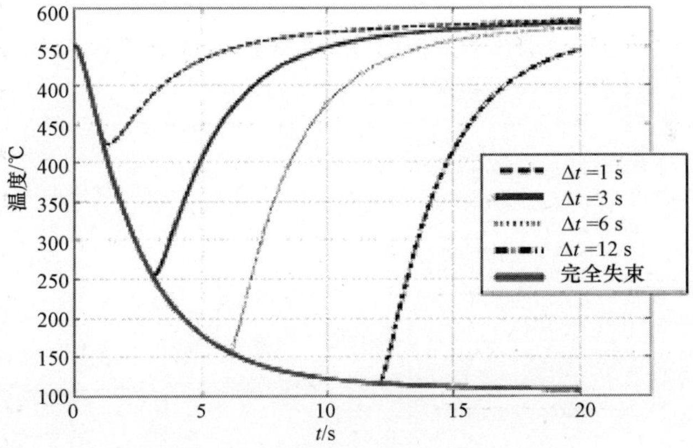

图 6-27　$k_{eff}=0.98$ 时失束堆芯出口温度

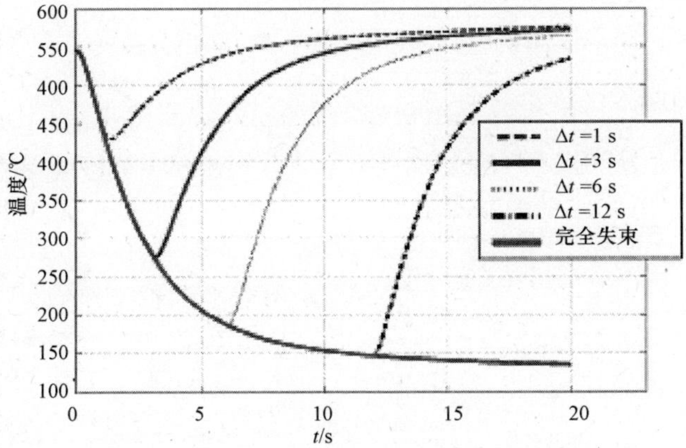

图 6-28　$k_{eff}=0.99$ 时失束堆芯出口温度

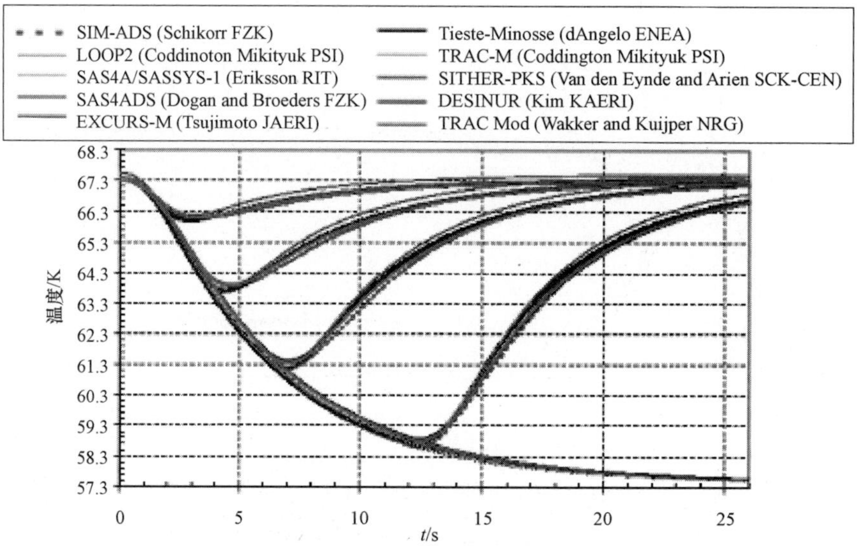

图 6-29 OECD/NEA 失束基准问题堆芯出口温度

图 6-30 给出 SIMULINK－ADS 与德国 FZK Karlsruhe 用 SIM－ADS 研究钠冷快堆在 $k_{eff}=0.99$ 时，完全失束仿真研究结果。

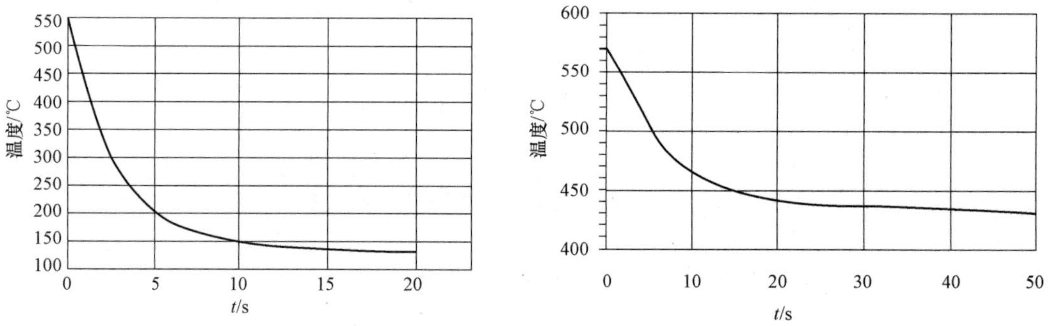

(a) SIMULINK-ADS运行结果

(b) SIM-ADS运行结果

图 6-30 $k_{eff}=0.99$ 时完全失束堆芯出口温度

4）ADS 束流瞬变对反应堆热钠池温度的影响

图 6-31 至图 6-33 分别给出 $k_{eff}=0.97$、$k_{eff}=0.98$、$k_{eff}=0.99$ 时，完全失束和失束 1 s、3 s、6 s、12 s 后恢复仿真热钠池温度的结果。

上面仿真研究表明：

① ADS 的次临界反应堆通过质子束打击重金属靶核产生的外中子源来维持一定的功率水平，因此外部中子源强度的变化会导致功率水平变化，进而导致反应堆内燃料温度、冷却剂温度等参数的变化。

② 不同次临界度下，质子束流断开后，外部中子源被切断，ADS 次临界反应堆的功率将下降到不同的水平，且稳定在一个较低的功率水平（20%～30%）左右。

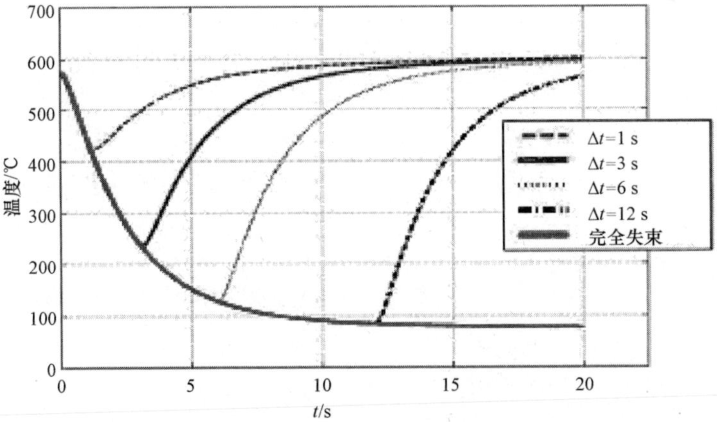

图 6-31　$k_{eff}=0.97$ 时失束热钠池温度

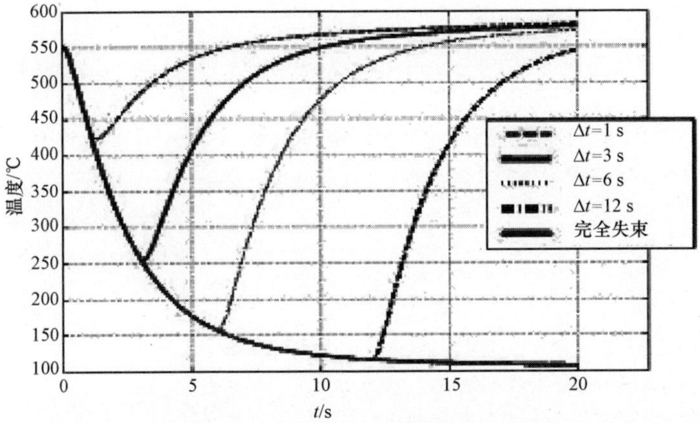

图 6-32　$k_{eff}=0.98$ 时失束热钠池温度

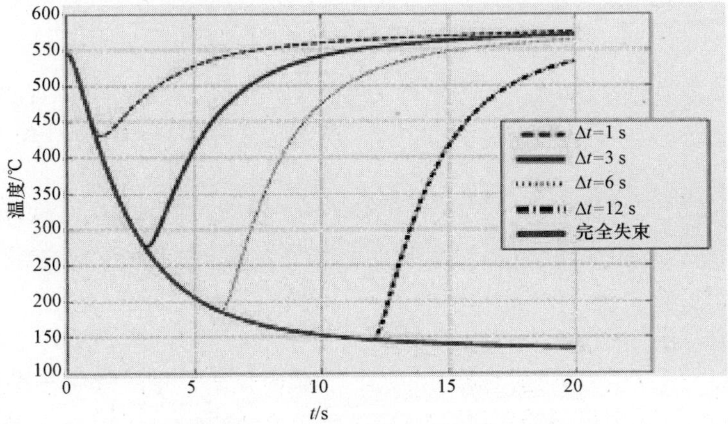

图 6-33　$k_{eff}=0.99$ 时失束热钠池温度

③ 完全失束以及失束瞬变（失去束流 1 s、3 s、6 s、12 s 后恢复），将导致在短时间内次临界反应堆的冷却剂温度出现很大的跃变。

6.2.2 ADS 堆芯扰动仿真

（1）ADS 堆芯一维数学模型

为了研究 ADS 堆芯入口温度变化、堆芯入口流量变化对堆芯燃料棒温度、堆芯冷却剂出口温度以及堆芯反应性的影响，以比利时 MYRRHA 反应堆堆芯为对象，采用单通道建模方法，建立 ADS 堆芯一维模型[15-16]，主要包括外中子源动态模型和次临界堆芯动态模型。建立堆芯一维单通道模型前，先作如下假设：

① 将堆芯视为轴向一维，即堆芯被视为由单根燃料棒和单个冷却剂通道组成的系统，认为系统与外界不发生热量交换。

② 只考虑堆芯燃料区的径向热传导，忽略燃料区的轴向热传导和上、下反射层区以及上、下腔室的热量传递和交换。

③ 冷却剂通道由于在堆芯中的位置不同，其流道结构就会不同，所以假设冷却剂通道的面积和水力周长都是组件内所有通道平均得到。

堆芯内燃料芯块核裂变释放的热量传到堆芯外，一般要依次经过燃料芯块中心至包壳外表面的导热、包壳外表面与冷却剂之间的换热和冷却剂热量传输这 3 个过程。将燃料棒和冷却剂通道按图 6-34 所示进行节块划分。依据 ADS 堆芯一维模型，采用 FORTRAN 语言编制 ADS 堆芯一维动态分析程序，整个动态计算的迭代流程如图 6-35 所示。

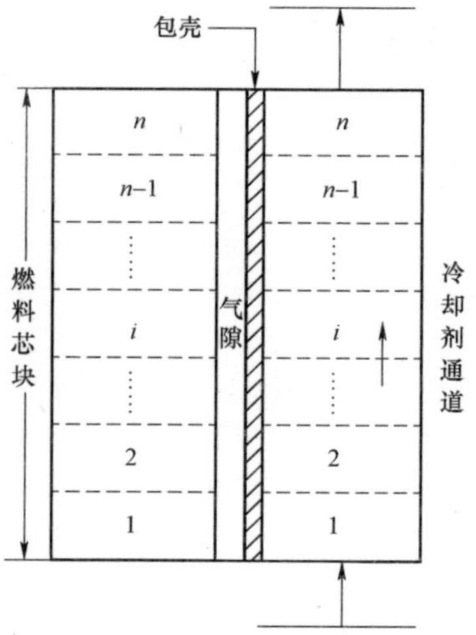

图 6-34 燃料芯块与冷却剂通道的划分

（2）仿真结果及分析[17-18]

利用编制的 ADS 堆芯动态分析程序，分别计算冷却剂入口温度变化和冷却剂入口流量变化引起的堆芯参数的响应。

1）堆芯入口温度阶跃升高

在堆芯冷却剂入口流量恒定、冷却剂入口温度从 200 ℃阶跃升高 10 ℃或 20 ℃，可以得到次临界堆芯燃料棒温度、冷却剂出口温度随时间的变化曲线分别如图 6-36 和图 6-37 所示。

在堆芯冷却剂入口流量及外中子源强度恒定，冷却剂入口温度从 200 ℃阶跃升高 10 ℃，计算得到燃料棒温度在阶跃升高约 3 ℃后，又缓慢升高了约 12 ℃，整个过程历时约 8 s，之后燃料棒温度 T_F 开始逐渐达到一个稳定值。冷却剂出口温度 T_S 总的温升小于 11 ℃，它的响应滞后于燃料棒温度，最终达到一个稳定值。在堆芯冷却剂入口流量及外中子源强度恒定，冷却剂入口温度从 200 ℃阶跃升高 20 ℃时，燃料棒温度升高约 32 ℃，冷却剂出口温度升高约 22 ℃。与冷却剂入口温度阶跃升高 10 ℃相似，燃料棒温度在经过约 8 s 的时间后趋于稳定。而冷却剂出口温度响应也滞后与燃料温度响应，但最终也会达到一个稳定值。在这两种工况下，多普勒反馈和冷却剂温度反馈的反应性随时间的变化如图 6-38 所示，冷却剂温度反馈对堆芯的影响大于多普勒反馈。

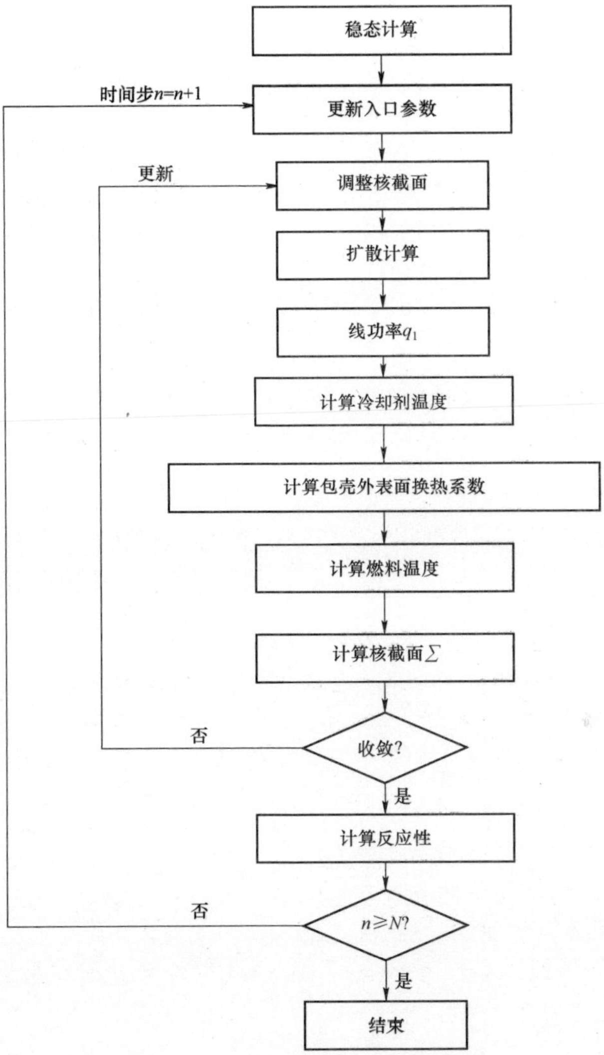

图 6-35　动态计算的总体流程图

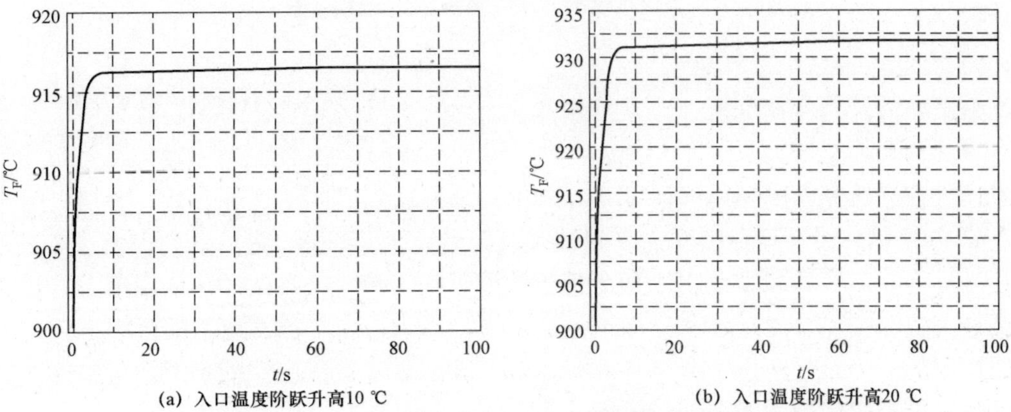

图 6-36　入口温度阶跃升高，燃料棒温度随时间的变化

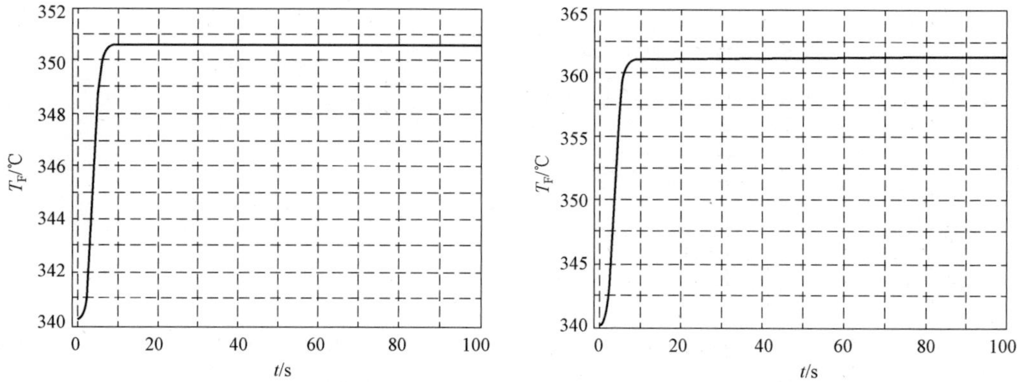

(a) 入口温度阶跃升高10 ℃　　(b) 入口温度阶跃升高20 ℃

图 6-37　入口温度阶跃升高，冷却剂出口温度随时间的变化

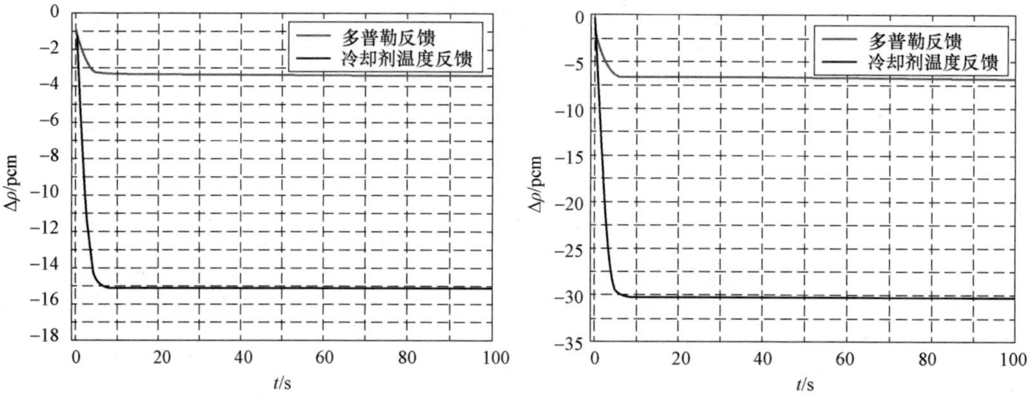

(a) 入口温度阶跃升高10 ℃　　(b) 入口温度阶跃升高20 ℃

图 6-38　入口温度阶跃升高，多普勒反应性随时间的变化

2）堆芯入口流量阶跃减少

为了研究堆芯冷却剂入口流量阶跃减少时堆芯的动态特性，采用稳态外中子源并在堆芯冷却剂入口温度恒定，冷却剂入口流量从 2 500 kg · s^{-1} 阶跃减少 5%或 10%，利用动态计算程序计算得到燃料棒温度、冷却剂出口温度随时间的变化曲线，分别如图 6-39 和图 6-40 所示。燃料棒温度先上升到最大值，然后逐渐下降，最后达到稳定。这是因为堆芯冷却剂入口流量减少使得冷却剂带走的堆芯热量减少，致使燃料棒温度上升，在上升到最大值后受多普勒反馈和冷却剂温度反馈的影响，燃料棒温度开始逐渐下降，最终系统达到另一个热平衡。从图 6-41 可以看出，堆芯多普勒反应性的响应曲线如冷却剂温度反馈对堆芯的影响大于多普勒反馈。

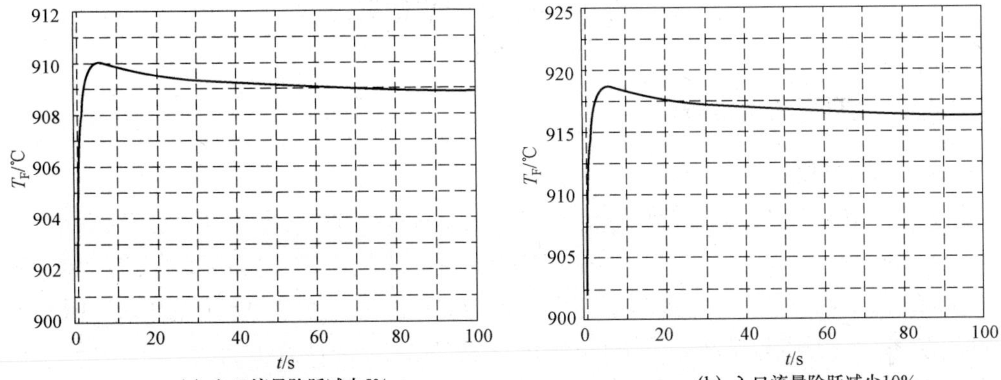

(a) 入口流量阶跃减少5%　　(b) 入口流量阶跃减少10%

图 6-39　入口流量阶跃减少，燃料棒温度随时间的变化

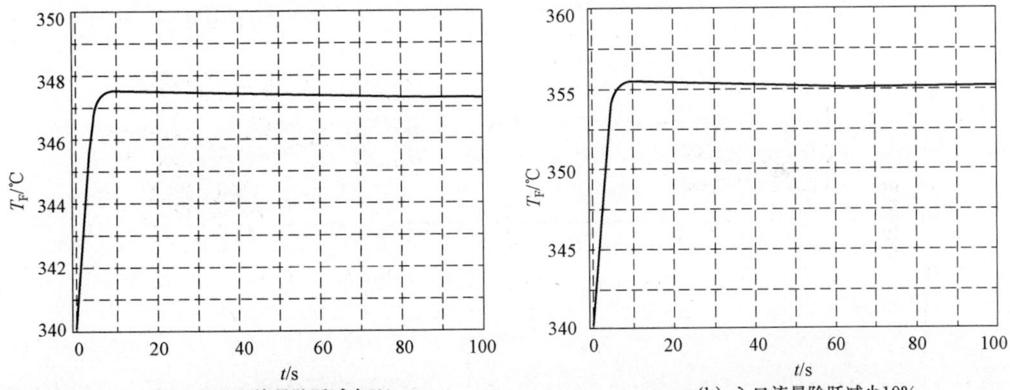

(a) 入口流量阶跃减少5%　　(b) 入口流量阶跃减少10%

图 6-40　入口流量阶跃减少，冷却剂出口温度随时间的变化

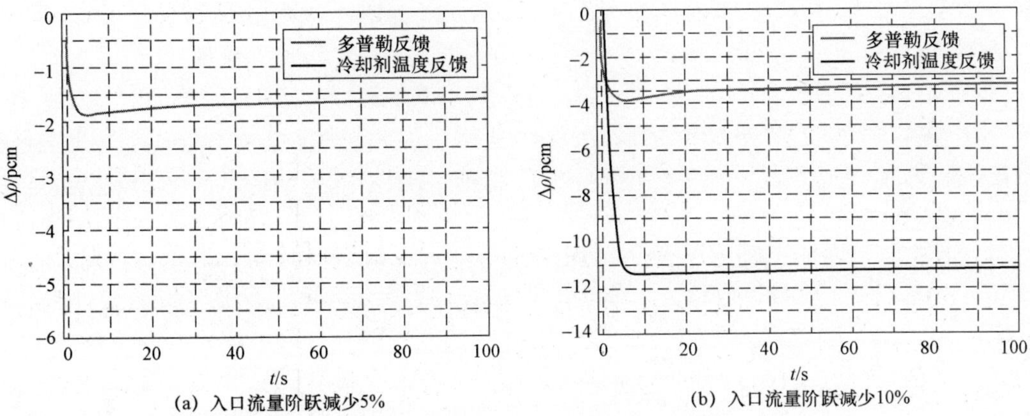

(a) 入口流量阶跃减少5%　　(b) 入口流量阶跃减少10%

图 6-41　入口流量阶跃减少，多普勒反应性随时间的变化

6.3 ADS 嬗变研究

6.3.1 ADS 嬗变实验装置

（1）TARC 装置

世界上 ADS 第一次研究散裂反应产生的高能中子在介质内的输运问题和嬗变，是在 20 世纪 90 年代欧洲核子研究中心（CERN）所建的 TARC 实验装置上进行的。图 6-42 为 TARC 装置的侧视图。实验装置包括：铅堆、质子束、宽能量范围的中子探测器、嬗变样品、控制和测量样品的先进设备和数据获取系统。该装置上曾进行了中子通量密度测量、中子能谱测量、嬗变研究和其他测量。

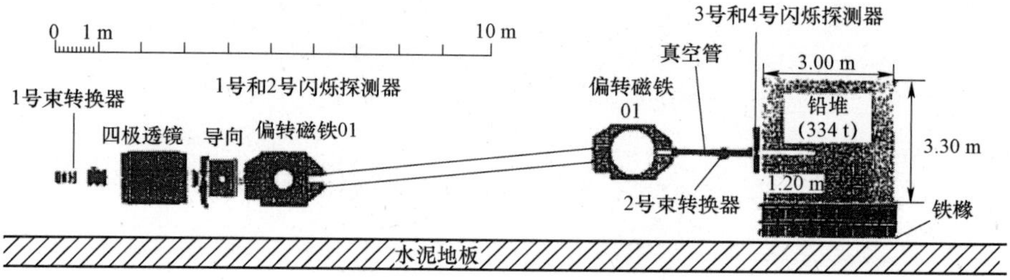

图 6-42　TARC 装置的侧视图

（2）MASURCA 装置[19-20]

MASURCA 装置是 CEA 运行的临界模块堆，位于法国 Cadarache 研究中心的“Les Bouches du Rhone”部门。为研究 ADS 次临界系统物理特性，欧共体于 1995 年在 MASURCA 装置上开始了 MUSE（Multiplication avec Source Externe）计划。驱动 MASURCA 次临界反应堆可以用一般同位素中子源、^{252}Cf 自发裂变中子源或中子发生器。

MUSE 实验共进行了 4 个阶段：MUSE－1、MUSE－2、MUSE－3 及 MUSE－4。

MUSE－1 实验在 1995 年进行，外中子源用 ^{252}Cf 自发裂变中子源。用 ^{235}U 裂变室测量了裂变率，给出了中子通量密度分布，测量了源在堆芯及在堆芯上部反射层交界面时的通量密度分布。

MUSE－2 实验在 1996 年进行，外中子源也是采用 ^{252}Cf 自发裂变中子源，不同于 MUSE－1 实验的是，在 ^{252}Cf 自发裂变中子源外围用钠和不锈钢作为缓冲材料以改进外源中子的价值，研究外源中子价值对次临界堆的影响。

MUSE－3 实验在 1997—1998 年进行，外中子源用的是中子发生器代替 ^{252}Cf 自发裂变中子源，中子是由（D，T）聚变反应产生的 14 MeV 中子，在几个不同的次临界下，研究中应用 MOX（UO_2-PuO_2）燃料，富集度为 25%的 Pu，中子源外围用钠，不锈钢和铅作为缓冲区材料。

MUSE－4 实验开始于 2000 年，结束于 2008 年。外中子源用的是为它特制的 GENEPI 中子发生器，这个中子发生器在脉冲质量和强度上相比于在 MUSE－3 实验上使用的中子发生器均进行了改进。图 6-43 为 MUSE－4 次临界装载图。

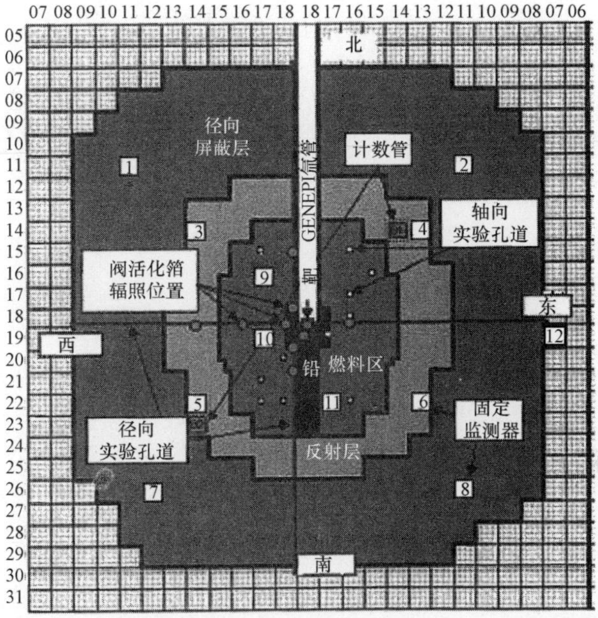

图 6-43 MUSE－4 次临界装载的径向和反射层组件布置图

（3）“启明星一号”装置[21-24]

“启明星一号”是国际上第一个快－热耦合的 ADS 次临界实验装置，其径向由靶区、快区、热区、反射层、屏蔽层组成；轴向中心为活性区，前后各有反射层和屏蔽层。图 6-44 给出 ADS“启明星一号”次临界实验装置与高压倍加器连接的外观图和剖面示意图，图 6-45 给出 ADS“启明星一号”实验装置正面图，图 6-46 给出 ADS“启明星一号”次临界实验装置横截面示意图，图 6-47 给出 ADS“启明星一号”次临界实验装置纵截面剖面示意图。

源区：靶在堆芯中心，可以放同位素中子源、自发裂变 ^{252}Cf 中子源、高压倍加器的（D，T）反应产生中子源或中子管（D，D）和（D，T）反应产生中子源。其中由高压倍加器的（D，T）反应产生外源中子，靶管直径 40 mm，放在一个内直径为 50 mm 的铝管内，长为堆芯高与前后反射层和屏蔽层厚之和。中子源能量为 14 MeV，源强为 10^9～10^{10} n/s。

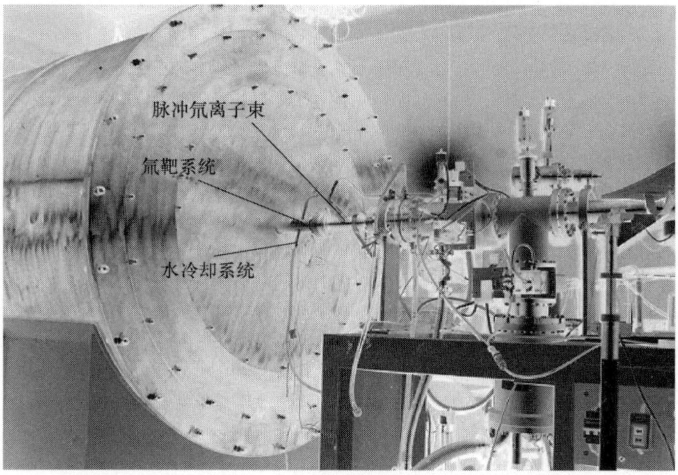

图 6-44　ADS“启明星一号”次临界实验装置与高压倍加器连接的外观图

图 6-45　ADS“启明星一号”次临界实验装置正面图

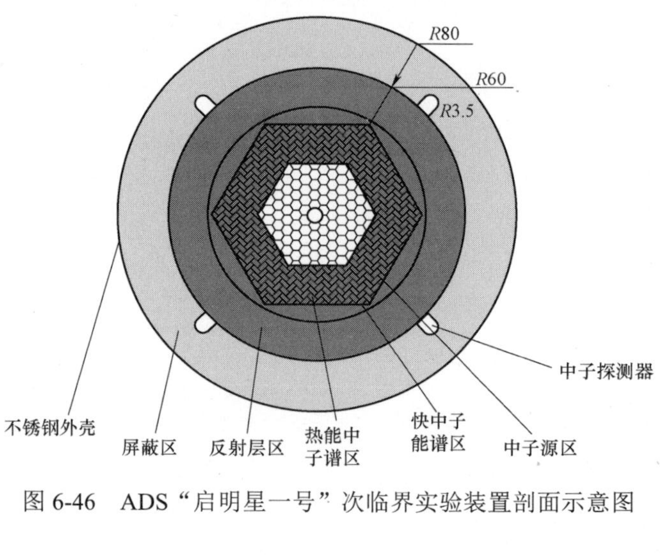

图 6-46　ADS“启明星一号”次临界实验装置剖面示意图

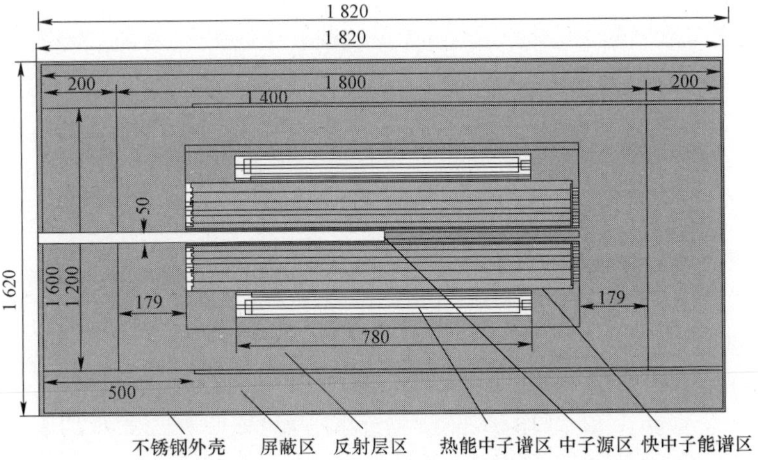

图 6-47　ADS“启明星一号”次临界实验装置纵截面剖视图

快区：燃料元件为天然金属铀，芯体直径为 20 mm，长为 1 000 mm，元件包壳为 Al，壁厚为 1 mm，元件直径为 22 mm，芯体密度为 18.6 g/cm^3，铀－235 丰度为 0.714%。快区由元件插在铝格架内堆砌成一个六角形，然后将中心 7 根元件拔出形成源区，其余元件成六角形排列，共排列 8 圈，元件总数 264 根。快区外边沿到中心垂直间距为 208 mm。

热区：由聚乙烯内插入燃料元件组成，燃料元件按照三角形均匀排列，选取不同元件数，形成不同的次临界度，热区径向内外均为六角形，内紧靠快区，外径由装入的元件数目而定。燃料元件的直径为 8 mm，活性段高度为 70° mm，包壳材料为锆－2 合金，壁厚为 0.65 mm。芯块是二氧化铀陶瓷体 U 富集度（按质量分数）为 3%，芯块密度为 10.465 g/cm^3，约为理论密度的 95%。芯块为圆柱形，直径为 6.55 mm。燃料元件是将芯块装填于锆管中，两端加上锆合金端塞，管内充入氦气后，用电子束焊封接而成。

反射层：由聚乙烯组成，密度为（0.937＋0.001）g/cm^3，厚度径向 15～25 cm、轴向 15～25 cm，在快区和热区元件的外围，径向内为六角形，紧贴热区，外为圆形，外直径为 1 200 mm，轴向在元件外面和屏蔽层之间，为圆柱体。在反射层的侧面装有中子探测器导管，用于放置中子探测器。

屏蔽层：由含硼聚乙烯组成，厚度为 25 cm，在反射层外面，径向内外均为圆形。它的外面用 4 mm 的不锈钢作外壳。

6.3.2　“启明星－1 号”嬗变实验研究[25]

研究目标：通过嬗变实验的实施来验证理论计算结果的可靠性和合理性；同时，在实验测量中可以进一步检验实验方法的可行性，发现其局限性，为下一步 ADS 次临界系统设计和中子学实验研究提供参考[25]。

研究内容：测量得到“启明星－1 号”次临界堆芯确定位置的绝对热中子通量密度，由该处的中子能谱数据通过理论关系来获得该位置中子能谱的全部特征；测量中子通量密度空间分布来校验计算分析结果；测量 LLFP 核素样品 ^{137}Cs 的嬗变率来确认“启明星－1 号”的嬗变能力，并将反应率的实验结果与计算结果对比，以此来评价嬗变中子学的研究方法。

研究结果及分析：

（1）中子能谱

通过观测统计处理，得到快热耦合区（快区第十圈）的热中子绝对通量密度为（2.28±0.13）$\times 10^3$ n/cm^2 • s。在能量为 2.5 MeV 的外源作用下“启明星－1 号”堆芯中心径向 25 cm 处即快热耦合区（快区第十圈）的中子能谱：热中子占总的中子份额的 19.1%，超热中子占 36.1%，快中子占 44.8%，可知在该位置的绝对超热中子通量密度为 4.31×10^3 n/cm^2 • s，绝对快中子通量密度为 5.11×10^3 n/cm^2 • s。

（2）中子通量密度分布

通过实验测量，得到了如下数据（见表 6-5）。

表 6-5　轴向测量数据

轴向距离/cm	径向测量孔道计数率/（n/s）							
	第 3 圈	第 4 圈	第 5 圈	第 6 圈	第 7 圈	第 8 圈	第 9 圈	第 10 圈
－50	626.1	635.0	645.0	635.5	649.0	643.7	748.9	920.5
－42.5	143.8	129.7	135.7	161.1	215.2	320.1	564.8	1 229.7
－35	112.1	109.3	121.9	159.8	232.9	345.1	577.5	1 069.3
－25	179.2	156.5	188.2	225.5	322.7	475.5	780.1	1 528.3
－17.5	367.3	251.9	241.2	308.6	394.2	579.5	968.0	1 789.3
－10	480.2	293.6	286.0	346.6	427.9	642.7	1 076.3	1 973.2
0	**283.7**	**235.8**	**259.7**	**335.7**	**437.4**	**654.2**	**1 118.9**	**2 082.2**
10	136.4	151.9	193.0	282.6	380.6	585.0	985.9	1 852.9
17.5	96.19	118.25	159.95	222.33	289.67	458.3	787.67	1 467.3
25	69.57	84.19	109.8	161.76	202.95	330.9	550.1	1 020.5
35	37.9	42.38	54	72.1	88.38	137.6	218.05	432
42.5	16.5	18.65	26.7	30.9	38.1	57.3	90.52	161.8

为了对实验结果进行更直观对比，如图 6-48 所示。

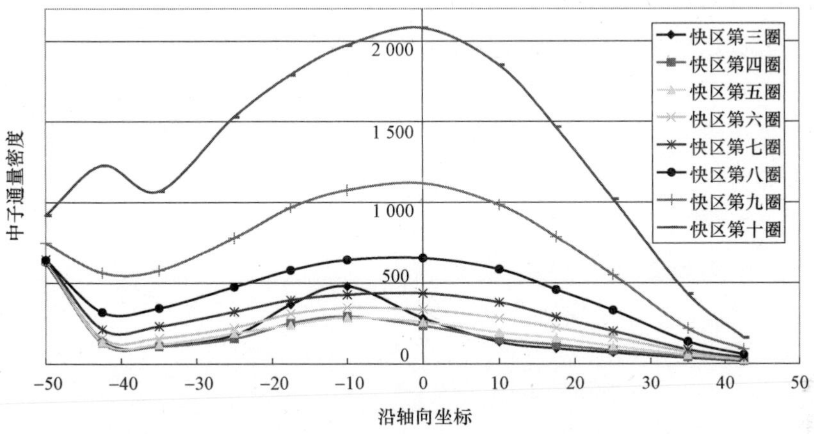

图 6-48 快区第 3－8 圈的中子通量密度空间分布

从图 6-48 可以看出，整体上堆芯快区的中子通量密度呈对称分布，由于在端面一端有反射层，另一端无反射层，因此中子通量密度空间分布稍有不同。同时，第三圈的不一致是由于快区第一圈和第二圈的原件为半根，对称的另一端的中心为中子源通道，并不装元件棒。因此分布曲线中心出现了偏离。

（3）LLFP 样品嬗变反应率测量

本实验将样品 ^{137}Cs 放置在快热耦合区（快区边缘第十圈）即超热区，经过一定时间辐照，通过比较样品辐照前后放射性活度的变化来测定嬗变反应率。

实验过程中可知样品自然衰变时间为 1 000 h，即 3.6×10^6 s，辐照时间为 $2.546\,1\times10^6$ s。在自然衰变时间内，根据 $A(t)=A_0\mathrm{e}^{-\lambda t}$，$\lambda=\ln2/T_{1/2}$，可知经过自然衰变后，样品的放射性活度为：

$$A=2.174\times10^7\ \mathrm{Bq}$$

由此可知自然衰变使放射性活度降低了 6.0×10^4 Bq，因此，样品经过堆芯的辐照，放射性活度变化量为：

$$\Delta A=(2.18-2.13-0.006)\times10^7\ \mathrm{Bq}=0.044\times10^7\ \mathrm{Bq}=4.4\times10^5\ \mathrm{Bq}$$

这个结果说明“启明星－1 号”具备预期的嬗变能力，可以嬗变 ^{137}Cs 样品，且在堆芯快热耦合区经过 707 h 15 min 的辐照，^{137}Cs 样品的放射性活度下降了 4.4×10^5 Bq，这个速度比自然衰变的速度要高一个数量级。

因此，由反应率定义可知，如果是纯 ^{137}Cs，则其在单位时间单位体积内嬗变反应率为：

$$R=(4.4\times10^5/2\,546\,100)/(3.64\times10^{-6})=4.75\times10^4$$

但实际上，^{137}Cs 样品经过衰变，并不再是纯的 ^{137}Cs，单位体积中的 ^{137}Cs 原子核密度下降，且封装在盒中，其具体体积缺乏记录数据，根据样品为圆面涂层结构，经初步推断体积为 10^{-5}～10^{-4} cm^3 量级，因此，实验中使用的 ^{137}Cs 样品的嬗变反应率为 10^2～10^3 量级。

在能量为 2.5 MeV 的外中子源驱动下，^{137}Cs 的嬗变率（俘获反应率）计算中结果为

1.43×10^{-6}，该结果为一个源粒子和一个 ^{137}Cs 核的反应率，乘上源强，就可以得到总的嬗变率，为了进行对比，所用源强均为 10^8 n/s，所以，嬗变率的计算值为 1.43×10^2。

计算结果与实验结果存在一定差异，但基本处于同一数量级，其中的原因主要有：计算时样品为小球模型，实际测量中为薄片；计算中只考虑了俘获反应，而实际测量的结果中为所有可能发生的核反应的总和，计算值必然小于测量值。

综上所述，嬗变率实验初步验证了“启明星－1 号”实验平台可以嬗变 LLFP 核素 ^{137}Cs；嬗变反应率的实验结果与计算结果基本吻合，需要进一步研究。

6.3.3 铅铋冷却 ADS 嬗变研究

（1）铅铋冷却 ADS 原理验证装置的设计

反应堆一回路采用池式结构，将堆芯、一回路的循环泵、中间热交换器，浸泡在一个很大的液态 Pb－Bi 池内，加速器束流导管位于反应堆容器中心，质子束流经偏转后由上而下进入靶系统[26]，总体结构示意图如图 6-49 所示。

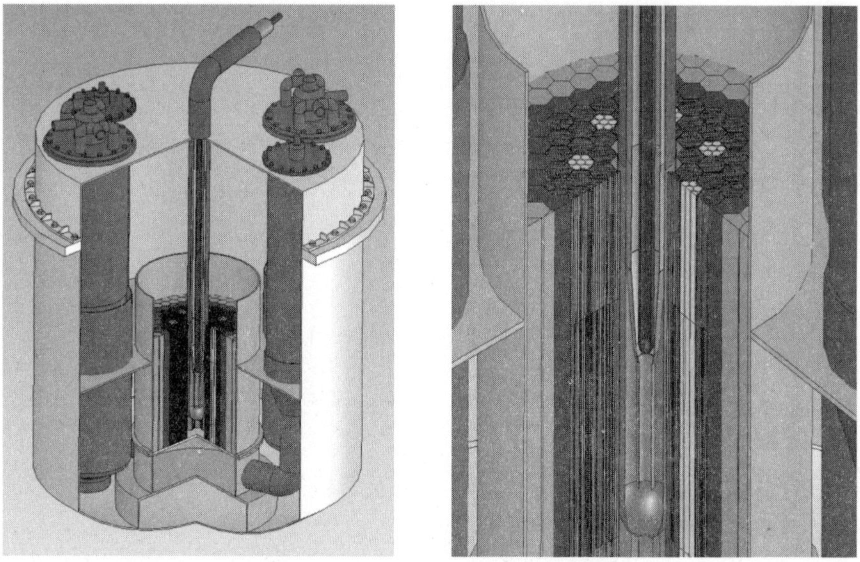

图 6-49　ADS 总体结构示意图

堆芯方案中，由内到外依次由中央靶区、48 盒 MOX－组件、6 个控制棒孔道、空孔道（充满冷却剂）以及反射层等组成。冷却方式是通过主泵使池内的冷却剂在堆芯与中间热交换器之间流动。在池内，冷、热液态 Pb－Bi 被内层壳分开，池中冷的液态 Pb－Bi 由循环泵唧送到堆芯底部，然后由下而上流经燃料组件，使它加热到 400 ℃左右。从堆芯上部流出的高温 Pb－Bi 流经中间热交换器，将热量传递给二回路，温度降至 300 ℃左右，再流经内层壳与钠池主壳之间，由一回路循环泵送回堆芯，构成一回路循环系统。一回路流动示意图如图 6-50 所示。

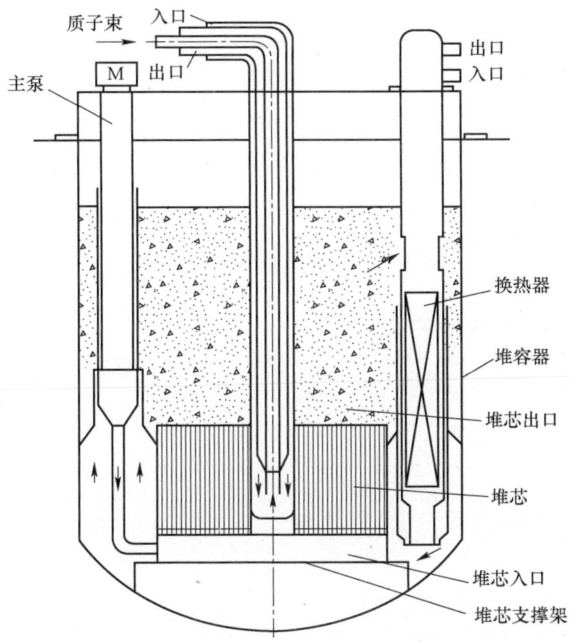

图 6-50 一回路流动示意图

次临界堆芯方案由 39 盒 MOX 组件（其中 30 盒含 30%Pu，9 盒含 20%Pu）、3 盒 MA 组件、中央靶区、6 个控制棒孔道以及反射层等组成。3 盒 MA 组件靠近中央靶区，36 盒 MOX 组件位于堆芯外围。堆芯示意图如图 6-51 所示。

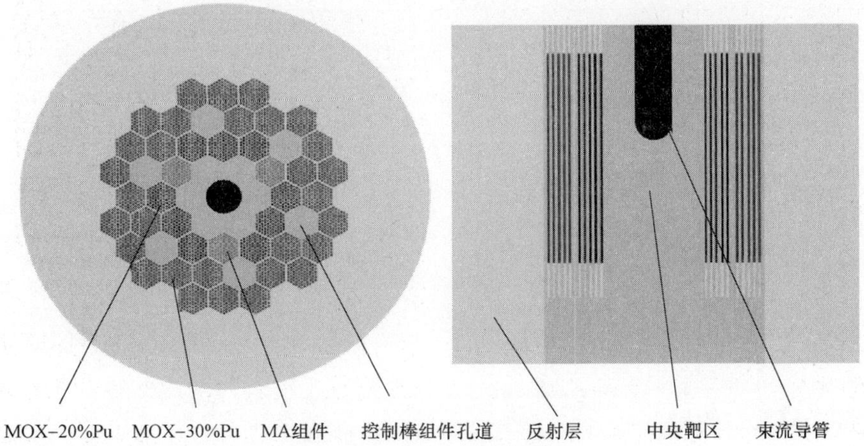

图 6-51 堆芯布置的示意图

MA 组件与 MOX 燃料组件结构尺寸完全相同，只是芯块的成分不同[27]。MA 组件的成分构成见表 6-6。在 MA 元件内没有考虑 Np，主要是同位素电池的原料，将有很大的需求。

表 6-6 MA 组件的成分构成

参数名称	参数
组件长度/mm	1 200
单个组件燃料元件数目/根	91
元件直径/mm	6.55
元件活性长度/mm	600
元件包壳厚度/mm	1
燃料元件栅距/mm	8.55
组件栅距/mm	85.5
元件中核素含量质量百分比	
Pu/%	23.25
Am/%	30.32
Cm/%	6.06
Mg/%	19.18
O/%	21.19
核素中各同位素质量百分比	
^{238}Pu/%	5.06
^{239}Pu/%	37.91
^{240}Pu/%	30.31
^{241}Pu/%	13.21
^{242}Pu/%	13.51
^{241}Am/%	66.67
^{243}Am/%	33.33
^{244}Cm/%	90.00
^{245}Cm/%	10.00

次临界堆芯方案中，MOX 组件、MA 组件和活性区外围冷却剂孔道的中子能谱如图 6-52 所示，从图中可以看出，能谱为快中子谱。相比而言，MA 组件的中子能谱更硬一些，这对嬗变是有利的。

（2）次锕系元素的嬗变

MA 通过裂变反应成为裂变产物实现嬗变。MA 嬗变对中子能谱的要求一般是 $E>$ 100 keV 量级，14 MeV 左右的中子最为有利。图 6-53 分别给出了 MA 中 ^{241}Am、^{243}Am、^{244}Cm、^{245}Cm 四种核素的裂变截面随中子能量的变化。从裂变截面图上可以看出 ^{241}Am、^{243}Am、^{244}Cm、^{245}Cm 四种核素裂变截面随能量的变化规律相近，而 ^{245}Cm 裂变截面在快中子区明显不同于其他 MA 核素。

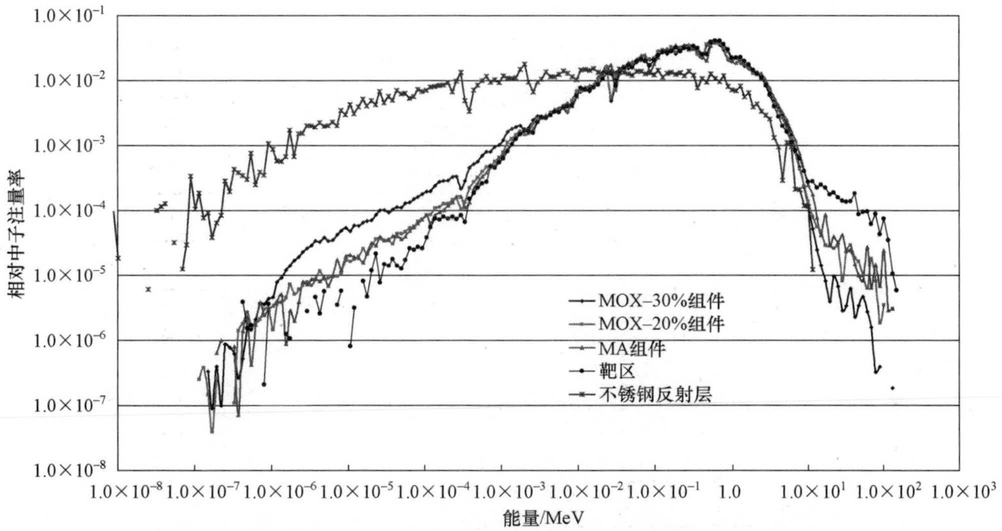

图 6-52 ADS 设计方案 MOX 组件和 MA 组件的能谱（铅铋冷却）

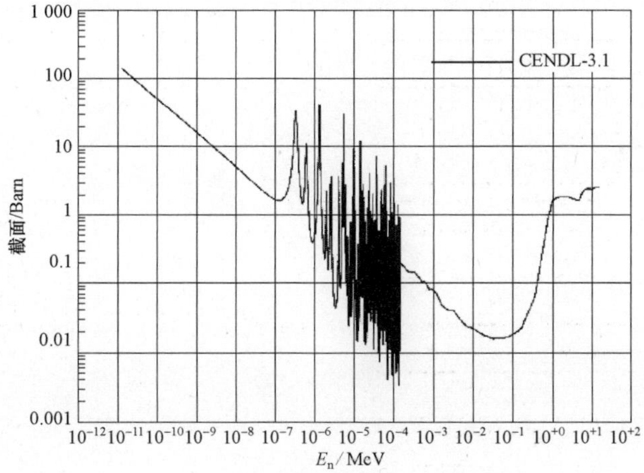

(a) $^{241}Am(n,f)$

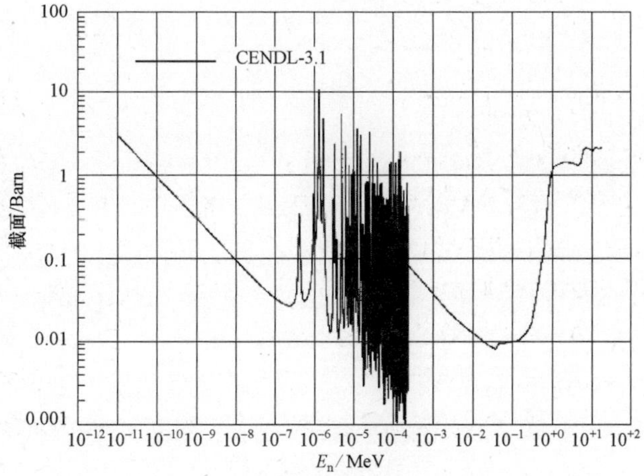

(b) $^{243}Am(n,f)$

图 6-53 几种 MA 元素的裂变反应截面随能量的变化

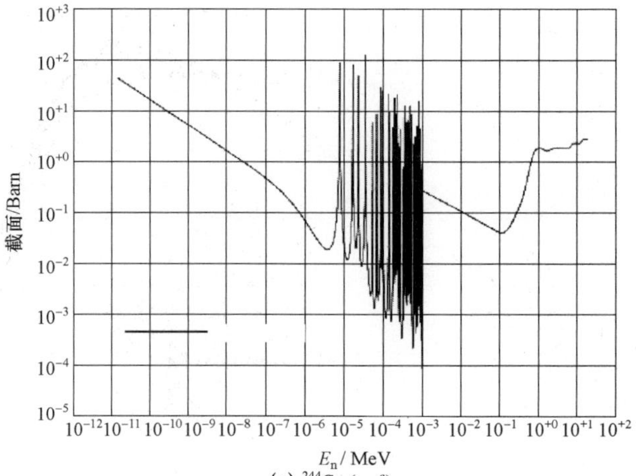

(c) $^{244}Cm(n,f)$

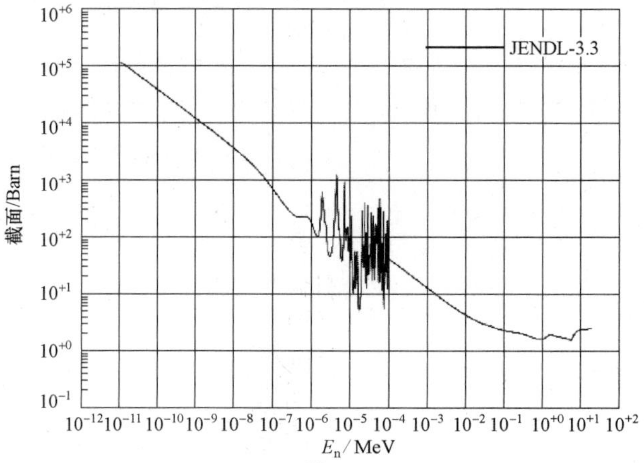

(d) $^{245}Cm(n,f)$

图 6-53　几种 MA 元素的裂变反应截面随能量的变化（续）

虽然 MA 的热中子俘获截面一般较大，而在热中子区的裂变截面很小，但是 MA 发生俘获反应后生成的核素还是 MA，并没有达到嬗变的最终目的。因此，MA 的嬗变只考虑裂变反应。

（3）长寿命裂变产物的嬗变

长寿命裂变产物主要通过（n，γ）反应嬗变成稳定或短寿命核素。长寿命裂变产物的（n，γ）反应俘获截面一般在热能点较大。图 6-54 给出了 ^{99}Tc、^{129}I、^{135}Cs 三种 LLFP（n，γ）反应俘获截面随能量的变化。从俘获截面图上可以看出 ^{99}Tc、^{129}I、^{135}Cs 这三种核素俘获截面随能量的变化规律相近，^{135}Cs 的俘获截面在热区要低一些；这三种核素具有很强的共振积分，在超热中子区进行嬗变较为有利。

（4）铅铋冷却 ADS 嬗变研究[28]

将上述几种 MA 和 LLFP 放入到铅铋冷却 ADS 中进行嬗变研究，分析这几种核素的嬗变规律。

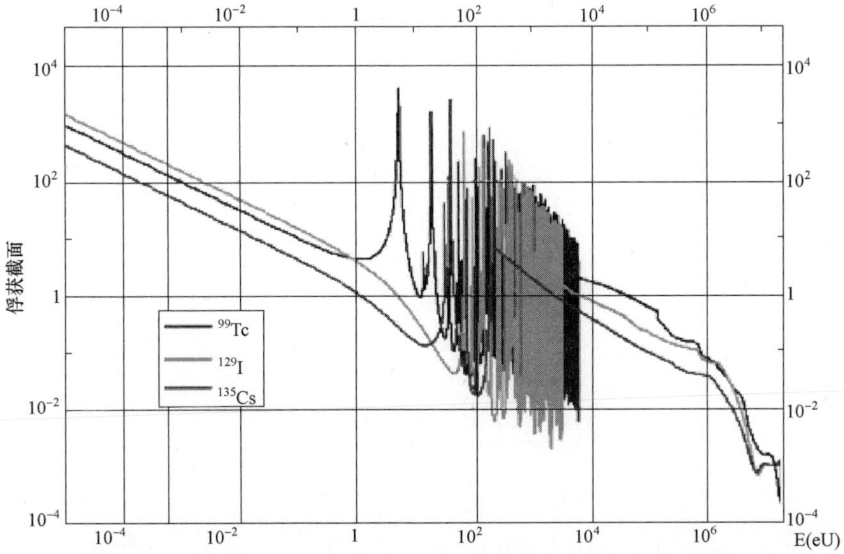

图 6-54 ^{99}Tc、^{129}I、^{135}Cs 的（n，γ）反应俘获截面随能量的变化

当质子束流强为 10 mA 时，堆芯活性区高度内，3 盒 MA 组件的平均中子注量率为 8.656×10^{14} n/cm^2 • s，初始堆芯，MA 组件中核素的装量列于表 6-7 中。

表 6-7 MA 组件中核素的装量

核素名称	质量/g
^{238}Pu	4.662×10^{2}
^{239}Pu	3.493×10^{3}
^{240}Pu	2.793×10^{3}
^{241}Pu	1.217×10^{3}
^{242}Pu	1.245×10^{3}
^{241}Am	8.010×10^{3}
^{243}Am	4.005×10^{3}
^{244}Cm	2.161×10^{3}
^{245}Cm	2.401×10^{2}

燃耗计算采用 ORIGEN2 程序，截面库选用 302（MOX 燃料液态金属快堆，燃耗为 67 GWD/MT 的压水堆产生的钚），并对截面库中的钚、镅、锔的截面进行了替换，替换截面由 MCNPX 程序计算得到。各核素的装量随运行时间的变化如图 6-55 所示。

从图中可以看到，随着燃耗的增加，^{241}Am 和 ^{243}Am 质量不断减少，^{244}Cm、^{245}Cm 的质量增加，这是由于低质量数的核素不断吸收中子，经 β 衰变变成 Cm 元素。对于 ^{244}Cm 来说，它的半衰期只有 18.1 a，因此只需存储两三百年其放射性就可以大大减少；而对于 ^{245}Cm 来说，尽管它的半衰期比较长（8 500 a），但它的绝对总量要比其他 MA 核素小得多，增加一些也是可以接受的。

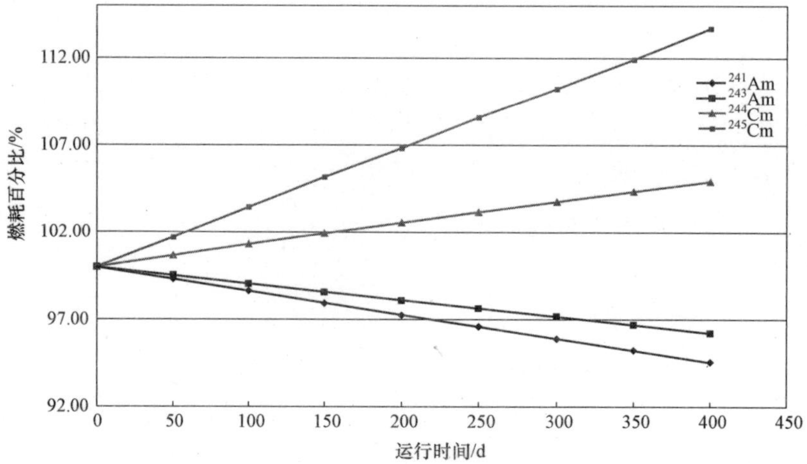

图 6-55　MA 各核素的装量随运行时间的变化

对于 ^{99}Tc、^{129}I、^{135}Cs 这 3 种 LLFP，将它们布置在外围孔道进行嬗变，这主要是因为外围孔道具有较高的超热中子注量率，以提高它们的嬗变效率。初始堆芯，3 种核素的装量假设为 1 kg。

燃耗计算依然采用 ORIGEN2 程序，并对截面库中的锝、碘、铯的截面进行了替换，替换截面由 MCNPX 程序计算得到。各核素的装量随运行时间的变化如图 6-56 所示。

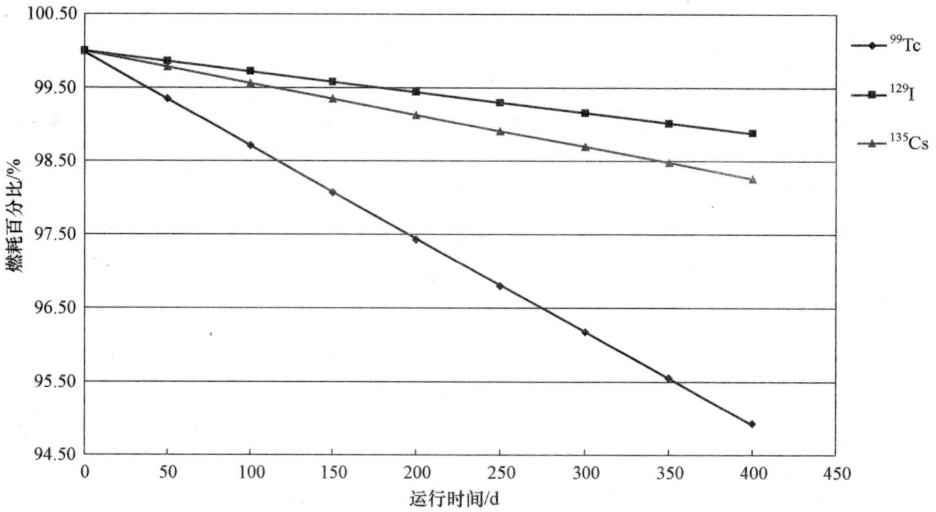

图 6-56　3 种 LLFP 的装量随运行时间的变化

从图 6-56 中可以看到，随着燃耗的增加，这 3 种核素的装量逐渐减少，^{99}Tc 的衰变幅度最大。

ADS 作为嬗变 MA 及 LLFP 的核能系统，对 ADS 中 MA 和 LLFP 嬗变的效果用嬗变消耗率 F_t 来表示[29]：

$$F_t = \frac{m_{BOL} - m_{EOL}}{m_{BOL}} \tag{6-8}$$

式中：m_{BOL} 为寿期初 MA 或 LLFP 的单位质量；m_{EOL} 为寿期末 MA 或 LLFP 的单位质量。

单位质量（1 g）MA 和 LLFP 的嬗变消耗率如表 6-8 所示。以燃耗时间 400 d 为研究对象，表 6-8 列出单位质量（1 g）MA 和 LLFP 的变化。寿期末 ^{241}Am 的嬗变消耗率最大为 5.4%，^{135}Cs 的嬗变消耗率最小为 1.2%。这是由于在不同的能谱下的截面不同造成的。总体来说，对于热功率为 10 MW 的 ADS 原理验证装置来说，具有良好的嬗变效果。

表 6-8　单位质量（1 g）MA 和 LLFP 的嬗变消耗率

核素	寿期初质量/g	寿期末质量/g	嬗变消耗率/%
^{241}Am	1	0.946	5.4
^{243}Am	1	0.962	3.8
^{99}Tc	1	0.949	5.1
^{129}I	1	0.983	1.7
^{135}Cs	1	0.988	1.2

6.4　加速器驱动次临界嬗变研究装置（CIADS）

在中国对 ADS 前期的研究基础上，中国科学院提出了中国 ADS 发展分三步走的路线图。第一步 2011—2016 年为装置预研阶段，在这一阶段为超导直线加速器、高功率散裂靶和次临界反应堆关键技术攻关即集成方案研究与系统设计；第二步 2017 年启动开工建设研究装置，开工后 6 年完成，这阶段建成约 10 MW 的 CIADS 系统，验证技术路线，开展嬗变试验研究；第三步从 2030 年左右完成几百兆瓦的示范装置，完成示范装置后，由企业牵头进行商业推广。目前，第一阶段已完成，在超导质子直线加速器、颗粒流靶和次临界堆等关键样机已取得重要突破，使我国具备了建设加速器驱动次临界堆实验研究装置（CIADS）的条件。

CIADS 工程采用“超导直线加速器＋高功率散裂靶＋次临界反应堆”组合的技术路线[29-30]。CIADS 各系统的设计参数如下：① 超导直线加速器：束流能量 500 MeV，流强 5 mA，最大束流功率 2.5 MW；② 高功率散裂靶：最大可承受束流功率 2.5 MW；③ 次临界反应堆：最大热功率 8 MW。CIADS 的总体设计参数列于表 6-9。

表 6-9　CIADS 总体设计参数

参数	数值		
	设计值	运行值	第 1 阶段目标
ADS			
总功率（堆+束流）/MW	10	10	>1

续表

参数	数值		
	设计值	运行值	第1阶段目标
满功率运行时间/a	3	≤3	不要求
年运行时间/月	3	≤3	不要求
超导直线加速器			
加速粒子	质子	质子	质子
能量/MeV	500	500	>400
最大束流功率/MW	2.5	2.26	>0.25
运行模式	CW/pulse	CW/pulse	CW/pulse
高功率散裂靶			
最大可承受束流功率/MW	2.5	2.26	>0.25
次临界反应堆			
能谱	快中子	快中子	快中子
最大热功率/MW	8	7.74	>0.77

6.4.1 超导直线加速器

在中国科学院高能物理研究所建成了国际领先的超导直线加速器——强流射频四极场（RFQ）加速器。这是继美国洛斯阿拉莫斯国家实验室（LANL）的LEDA RFQ和以色列的SARAF RFQ之后，国际上第三台实现强流连续质子束试运行的RFQ加速器，达到国际上目前运行的高功率RFQ加速器最高水平，标志着ADS先导专项在突破强流质子直线超导加速器核心技术挑战上取得了重大进展。在RFQ物理设计、腔体制造、实验研究和射频功率源改造中我们也都有所创新，在世界上运行的RFQ中，我国RFQ各项主要技术指标位居世界第一。图6-57为中国科学院核能先导项目ADS所设计的加速器，加速器由162.5 MHz半波长腔段、325 MHz超导轮辐腔段和650 MHz超导椭球腔段组成，将束流加速到250 MeV。表6-10为RFQ的设计主要参数。表6-11为超导加速器参数。

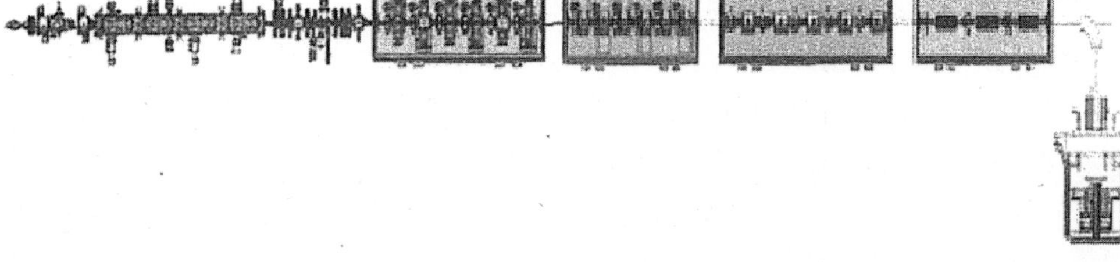

图6-57 中国科学院核能先导项目ADS设计的加速器示意图

表 6-10 RFQ 的设计主要参数

参数	数值
RFQ 出口能量/MeV	2.1
RFQ 频率/MHz	162.5
RFQ 出口纵向发射度/πMeV・(℃)	0.09

表 6-11 超导加速器参数

参数	数值	参数	数值
HWR009 加速段		Spoke042 加速段	
出口能量/MeV	≈7	出口能量/MeV	≈150
低温恒温器	2	低温恒温器数量	7
HWR 腔	14	Spoke 腔数量	42
超导螺线管数量	14	超导螺线管数量	14
HWR019 加速段		Elip063 加速段	
出口能量/MeV	≈43	输出能量/MeV	≈250
低温恒温器	3	低温恒温器数量	18
HWR 腔	27	椭球腔数量	72
超导螺线管数量	12	三组合四级铁数量	18

6.4.2 颗粒流散裂靶

中国科学院近代物理研究所在目前国内外高功率散裂中子源及 ADS 研究成果的基础上，原创性地提出了一种颗粒流散裂靶设计，选择中子产额高、熔点高、比热容大的钨基材料的颗粒。颗粒流散裂靶设计结合了固态靶和液态靶的优点，通过固体小球的流动实现了靶区外的冷却，规避了液态铅铋合金靶放射产物毒害性高、温度－材料腐蚀效应严重以及固态靶热移除难等缺点。与其他设计的靶相比，理论上颗粒流散裂靶可以承载更大的束流功率（约 100 μA/cm^2），同时颗粒流本身也易于抑制普通流体中存在的各种流体力学不稳定性。因此，流化固体颗粒靶具有承受未来 ADS 商业化装置需要耦合束流功率数十 MW 的能力。图 6-58 为颗粒流散裂靶示意图，图 6-59 为中国科学院近代物理研究所 ADS 先导项目示意图。其中流动的钨球作为散裂靶，流动的钨固体颗粒球从上部加到靶区，钨球与高能质子在靶区发生散裂反应，散裂反应生成的散裂中子驱动次临界包层，而散裂反应的钨球内产生的热量由钨球向下流出靶区，在 ADS 主体外通过热交换器冷却后，经过滤、除尘后，由颗粒提升机再回到靶区。该设计具有中子产额高，热容大，无化学腐蚀、低化学和相对低放射性毒性的特点。设计的散裂靶与次临界反应堆在机械上相互独立，便于各个部件的维修，设计指标列于表 6-12。

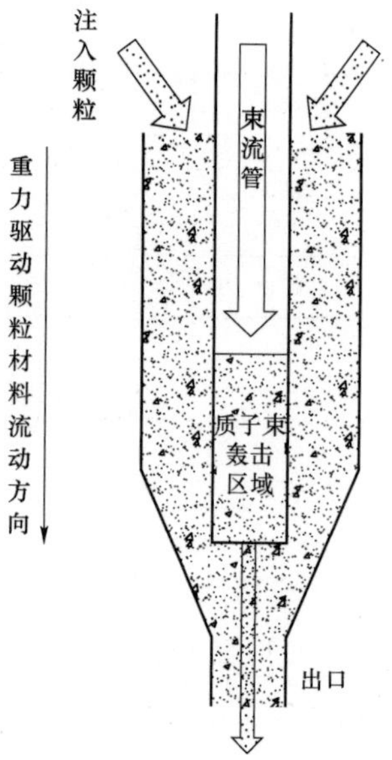

图 6-58　颗粒流散裂靶示意图

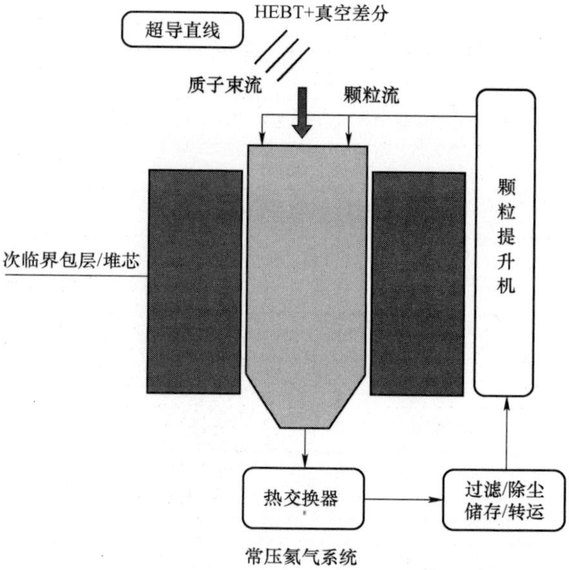

图 6-59　中国科学院 ADS 先导项目示意图

表 6-12　钨颗粒流靶设计指标

名称	参数
束流种类	质子
束流能量/MeV	250
最高束流强度/mA	10
人靶束斑直径/cm	约 16
靶颗粒材料	钨基合金
靶颗粒直径/mm	约 1
入口平均温度/℃	250
出口平均温度/℃	<300
平均流速/（m/s）	<0.5
散裂区结构材料/L	316
泄漏中子平均能量/MeV	约 2.5
侧壁泄漏中子产额/（n/p）	约 2
氦气压力/bar[1)]	<0.5
换热功率/MW	约 2.5
钨颗粒流量/（kg/s）	<400
提升高度/m	约 40
提升速度/（m/s）	<0.5
氦气总泄漏率/（Pa•m^3/s）	<10^{-5}

注：1）1 bar=10^5 Pa。

6.4.3 次临界堆芯

CIADS 次临界反应堆堆芯由 30 盒六边形燃料组件和 78 盒六边形哑组件组成，堆芯中间留有圆形孔道，用于散裂靶管贯穿。CIADS 次临界反应堆堆芯布置如图 6-60 所示，其主要参数列于表 6-13。

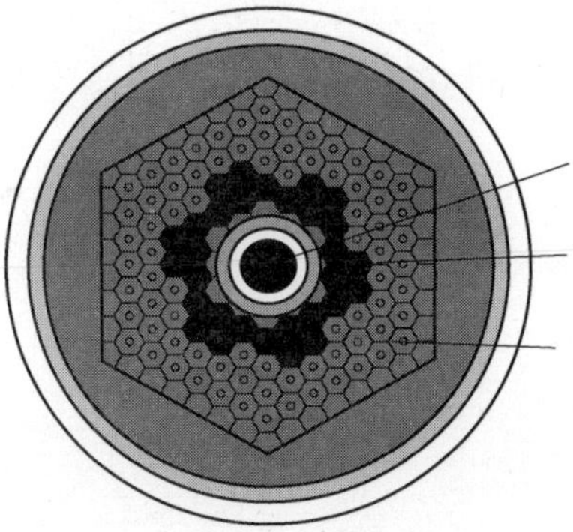

图 6-60 堆芯布置

表 6-13 堆芯主要参数

参数	数值
总功率（含束流功率）/MW	10
核热功率（BOL/EOL）/MW	7.74/7.66
堆芯燃料总质量/t	1.72
k_{eff}/（BOL/EOL）	0.734 6/0.726 9
k_n/（BOL/EOL）	0.769 2/0.764 5
寿期末燃耗深度/（MW·d/tU）	4 902
燃料组件数目/盒	30
哑组件数目/盒	78
活性段长度（冷态）/mm	1 000

6.4.4 反应堆冷却剂系统

CIADS 次临界反应堆的反应堆冷却剂系统采用半池式－半回路式布置方式，主要由主容器、主泵、主换热器、辅助换热器等设备构成。主换热器和主泵采用一体化设计，二者布置在反应堆主容器之外，通过短套管与主容器连接，形成了类似于回路式的连接方式，最大程度上降低冷却剂装量；辅助换热器置于反应堆主容器之内，类似于池式堆，在事故工况下充分利用液态铅铋的自然循环导出堆芯余热。一回路在 0.05 MPa 微负压下运行，主冷却剂系统将堆芯中产生的热量通过主换热器传输给二回路，将二回路给水加热为高温水；主换热器二次侧产生的高温水直接输送到蒸发式冷凝塔进行冷却，将热量排放到大气中。反应堆冷却剂系统的主要构成和流程如图 6-61 所示。

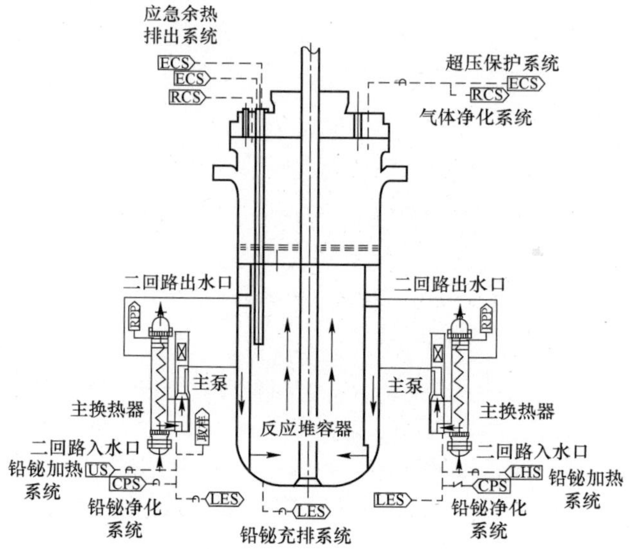

图 6-61　反应堆冷却剂系统示意图

6.5　小　结

ADS 系统利用加速器产生的高能质子束轰击重金属靶引起散裂反应，然后以宽能谱的散裂中子作为外中子源驱动和维持次临界堆芯中的核嬗变反应，同时得到能量输出，被认为是最有效的核废料处置技术方案。本节分别以 CEFR 和 MYRRHA 为对象，对 ADS 系统束流瞬变和堆芯扰动进行了仿真；对在“启明星－1 号”实验平台上开展的 LLFP 核素嬗变实验研究，以及对铅铋冷却 ADS 开展 MA 及 LLFP 嬗变进行了计算分析；最后对我国正在建设的 CIADS 进行了简要描述。

参考文献

［1］丁大钊，方守贤，何祚庥．一种亟待大力开发与研究的新一代的核电系统——加速器驱动的核电站［J］．自然辩证法研究，1997，4：54-59．
［2］丁大钊，方守贤，何祚庥．加速器驱动的核电站亟待开发与研究［J］．中国科学院，1997，2：116-123．
［3］于涛，李吉根，凌球，等．ADS 加速器失束次临界反应堆动态特性研究［J］．核科学与工程，2007，3：230-233．
［4］丁大钊，傅世年．加速器驱动放射性洁净核能系统，现代物理知识，2001（1）：20-25．

［5］于涛. 加速器驱动次临界（ADS）系统束流瞬变动态响应的微机仿真研究［D］. 北京：中国原子能科学研究院，2005.
［6］于涛，李小华，周成龙，等. 加装辅助停堆系统的加速器驱动系统次临界实验装置初步设计［J］. 核动力工程，2008，29（6）：98-101.
［7］于涛，李小华，谢芹. 三束流驱动 ADS 次临界反应堆堆芯初步设计［J］. 南华大学学报（自然科学版），2009，23（1）：1-5.
［8］Won SP，Uncheol S，Han SJ，et al. HYPER（Hybrid Power Extraction Reactor）：A system for clean nuclear energy［J］. Nuclear Engineering and Design，2000，199：155-165.
［9］Song TY，Kim Y，Lee BO，et al. Design and analysis of HYPER［J］. Annals of Nuclear Energy，2007，34：902-907.
［10］Cammi A，Casella F，Luzzi L，et al. A model predictive control approach for Italian LBE-XADS［J］. Journal of Nuclear Materials，2008，376：297-301.
［11］Aliotta S，Barucca L，Casamirra M，et al. Loss of Flow Assessment in a LBE-Cooled XADS Concept［C］. Seventh Information Exchange Meeting on Actinide and Fission Product Partitioning and Transmutation，Jeju，October 14-16，2002.
［12］Maes D. Mechanical design of the small-scale experimental ADS：MYRRHA［J］. Energy Conversion and Management，2006，47：2710-2723.
［13］Ait Abderrahim H，Sobolev V，Malambu E. Fuel design for the experimental ADS MYRRHA［C］. Technical Meeting on use of LEU in ADS，Vienna，October 10-12，2005.
［14］于涛，李吉根，凌球，等. ADS 加速器束流瞬变分析程序开发［J］. 核动力工程，2007，2：124-127.
［15］于平安，朱瑞安，喻真烷，等. 核反应堆热工分析［M］. 上海：上海交通大学出版社，2002：53-75.
［16］谢仲生，吴宏春，张少泓. 核反应堆物理分析［M］. 西安：西安交通大学出版社，2004.
［17］曾文杰，赵福宇. 铅铋冷却快堆堆芯轴向一维单通道稳态分析［OL］. 中国科技论文在线，http://www.paper.edu.cn/releasepaper/content/201303-523.
［18］曾文杰. 液态铅铋冷却快堆堆芯动态特性研究［D］. 西安交通大学硕士学位论文，2013.
［19］Augusto GANDINI，Massimo SALVATORES. The Physics of Subcritical Multiplying Systems，Journal of NUCLEAR SCIENCE and TECHNOLOGY，2002，39（6）：673-686.
［20］NUCLEAR ENERGY AGENCY ORGANISATION FOR ECONOMIC COOPERATION AND DEVELOPMENT（OECD），Accelerator-driven Systems（ADS）and Fast Reactors（FR）in Advanced Nuclear Fuel Cycles，A Comparative Study，2002：39-46，

338-349.
[21] 于涛，史永谦，夏普，等. ADS“启明星”次临界实验平台物理方案初步设计[J]. 原子能科学技术，2004，6：530-532.
[22] 于涛，史永谦，夏普，等. ADS 次临界实验装置设计方案验证 [J]. 核动力工程，2004，4：337-339.
[23] 于涛，史永谦，夏普，等. ADS 原理验证装置快热耦合次临界堆设计 [J]. 核科学与工程，2006，1：63-66，56.
[24] 于涛，史永谦，夏普，等. ADS 原理验证装置燃料布置方案 [J]. 核动力工程，2006，4：5-7.
[25] 曹健. 基于 ADS 次临界实验平台“启明星－1 号”的嬗变中子学研究 [D]. 北京：中国原子能科学研究院，2010.
[26] 黄锦华，阳彦鑫. 工业用铅冷加速器驱动次临界系统（ADS）初步概念设计[J]. 核科学与工程，2006，26（4）：343-352.
[27] H. Aït Abderrahim，Development of Pb-Bi cooled ADS as a fast spectrum irradiation facility in Europe at Mol，International Symposium on Material Testing Reactors，15-18 July 2008，Oarai（Japan）.
[28] 刘兴民. ADS 原理验证装置的概念设计研究 [D]. 北京：中国原子能科学研究院，2012.
[29] 张庆阳. 束流瞬变下加速器驱动嬗变研究装置燃料棒安全特性研究 [D]. 中国科学院大学（中国科学院近代物理研究所），2018.
[30] 彭天骥，顾龙，王大伟，等. 中国加速器驱动嬗变研究装置次临界反应堆概念设计 [J]. 原子能科学技术，2017，51（12）：2235-2241.

第 7 章

熔盐堆嬗变技术

7.1　熔盐堆的概念

熔盐堆（Molten Salt Reactor，简称 MSR）是 6 种第四代反应堆候选堆型中唯一采用液体燃料的反应堆[1]。MSR 采用熔融状态的氟化物作为燃料，燃料自身兼做冷却剂，在堆芯及主管线中循环流动，燃料同时可以在线进行净化与添加，具有非常好的中子经济性，在燃料管理上也具有非常高的灵活性。此外，MSR 既可设计为快谱也可设计为热谱，甚至混合能谱，可根据不同目的，对堆芯结构进行相应的调整。MSR 燃料自身是液态的，因此不存在堆芯熔化问题，堆芯出口温度高（700 ℃以上），可以获得较高的热效率。当反应堆功率过高时，熔盐排放阀将自动熔化，排出堆芯燃料并在燃料收集器中冷却凝固，具有较好的安全性。MSR 在经济性、安全性和燃料增殖方面具有独特优势，正逐渐引起世界各国的关注[1-2]。

7.2　熔盐堆国内外发展现状

美国、俄罗斯、日本、法国、欧洲原子能共同体、捷克及我国都开展了熔盐堆的研究工作。以 MSR 的发展来看，熔盐堆基本可以分成两大类：一类是液态燃料熔盐，另一类是近十几年提出的熔盐冷却高温堆[2-6]。

（1）美国

液态燃料熔盐堆概念最早由美国橡树岭国家实验室（ORNL）提出，最初目的是将熔盐堆技术应用于航空核动力推进。1954 年 ORNL 完成首座 3 MW 的航空熔盐堆实验装置 ARE 的建造。

1960 年 ORNL 开始设计实施“Molten－Salt Reactor Experiment（MSRE）”，于 1962 年开始建堆，1964 年 8 月无核燃料的熔盐堆开始调试。1965 年 6 月 1 日 MSRE 第一次达到临界。MSRE 的设计功率为 10 MWt，运行功率控制在 8 MW 内（热平衡得知实际运行功率为 7.2 MWt），最高运行温度为 650 ℃，堆芯采用单区布置，以 $LiF-BeF_2-ZrF_4-UF_4$（65.0 mol%～29.1 mol%～5.0 mol%～0.9 mol%）作为燃料，$LiF-BeF_2$（66.0 mol%～34.0 mol%）为冷却剂，石墨为慢化剂，Hastelloy－N（Ni－Mo－Cr－Fe）（68.0 mol%～17.0 mol%～7.0 mol%～5.0 mol%）合金为结构材料，He 为覆盖气体。MSRE 成功运行了 2.5 a，上获得了 13 000 h 运行经验，是当时唯一使

用过 ^{233}U 作为燃料的反应堆，论证了熔盐堆的可行性。

1971 年 ORNL 发布了一份 1 000 MWe 熔盐增殖堆（MSBR）概念设计报告。MSBR 堆芯概念设计如图 7-1 所示，MSBR 堆芯活性区高度为 3.96 m，堆芯总体半径为 3.38 m。MSBR 堆芯由中心控制棒系统、区域Ⅰ、区域Ⅱ两区组件组成，组件尺寸为 10.16×10.16 cm^2，组件中石墨作为导流通道和慢化剂作用。区域Ⅰ为燃料体积/石墨体积比 13.2%的两类组件构成，堆芯中心组件如图 7-2（a），堆芯外围组件结构为 7-2（b），这样的组件设计可以使燃料内外流速一致，防止堆芯内部局部过热，保证堆芯安全；区域Ⅱ位于区域Ⅰ区外侧，是一圈燃料/石墨体积比 37%的组件，可以更有效的慢化中子，同时搅混燃料熔盐，37%的组件外围包裹了近 30 cm 石墨栅栏，栅栏与外侧石墨反射层留有 6 cm 环腔，供燃料熔盐流过；在外围为石墨反射层，厚度为 76 cm。

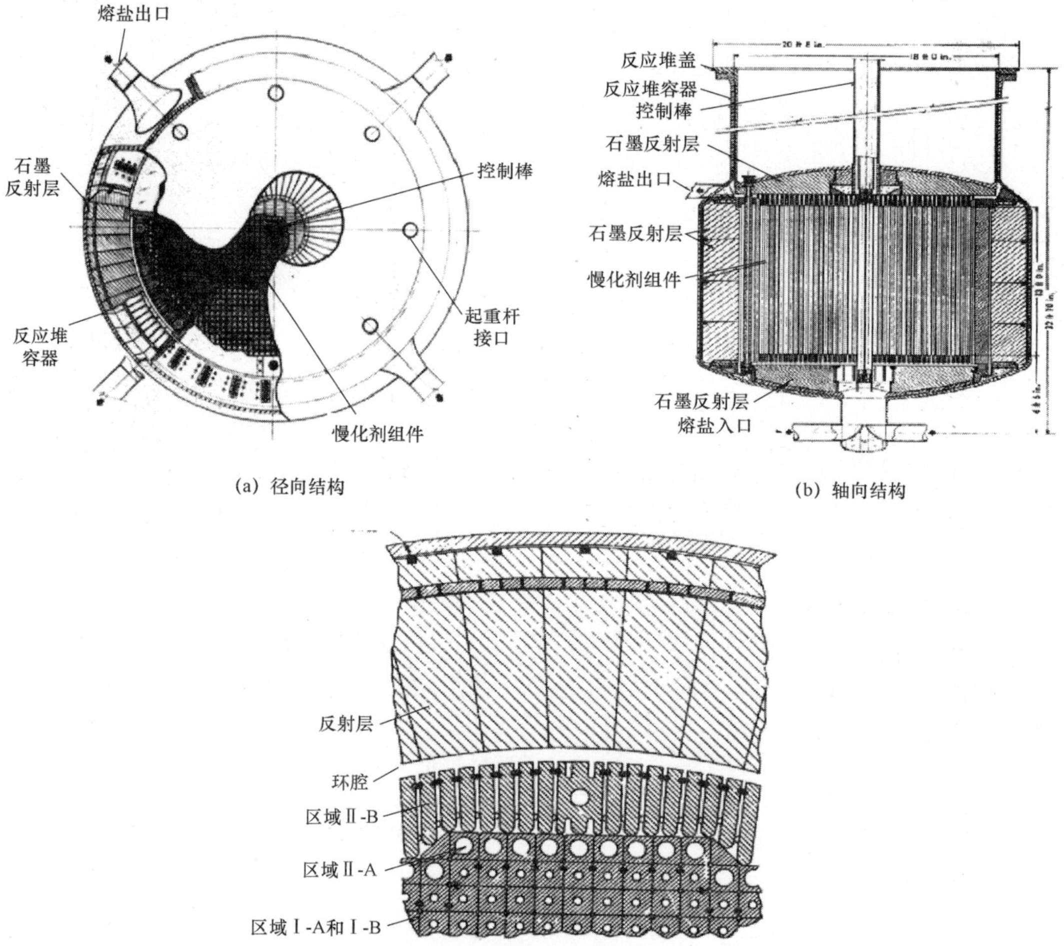

(a) 径向结构

(b) 轴向结构

(c) 堆芯反射层局部

图 7-1　MSBR 堆芯结构

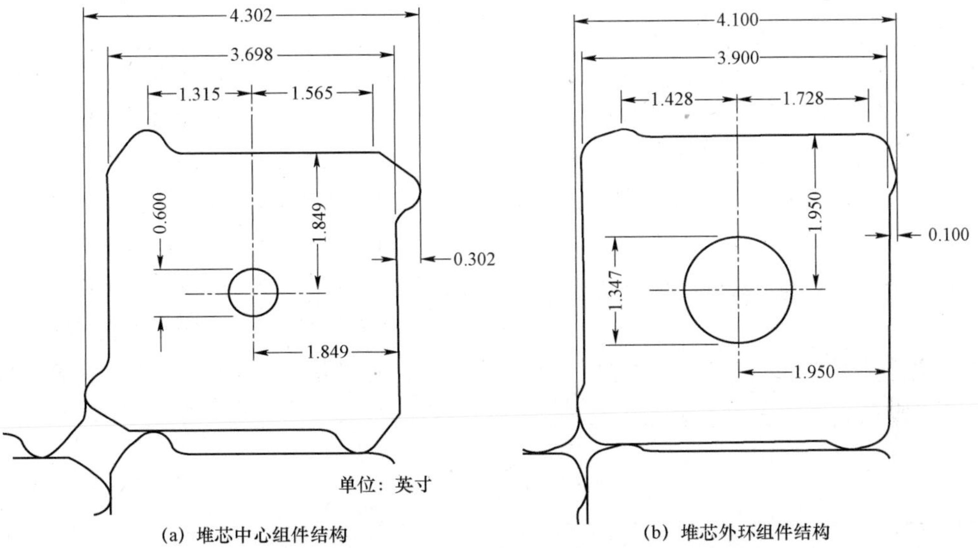

(a) 堆芯中心组件结构　　(b) 堆芯外环组件结构

图 7-2　区域 I 组件结构

2001—2003 年美国橡树岭国家实验室（ORNL）、桑地亚国家实验室（SNL）和加利福尼亚大学伯克利分校（UCB）共同提出并发展了先进高温堆 AHTR（Advanced High Temperature Reactor）的概念，2006 年提出了熔盐冷却球床堆。

（2）俄罗斯

俄罗斯的 MSR 研究可追溯到 20 世纪 70 年代。21 世纪初，俄罗斯 MSR 研究形成熔盐锕系核素循环与嬗变堆 MOSART（MOlten Salt Actinide Recycler & Transmuter）的概念设计。该堆可直接利用 LWR 乏燃料中的回收 Pu 与次量锕系核素，无需 Th－U 燃料支持。

MOSART 堆芯热功率为 2 400 MWt，堆芯体积为 40.4 m^3，堆芯活性区半径 1.7 m。堆芯外围包裹石墨反射层厚度为 20 cm，最外层为 30 cm 厚不锈钢容器；MOSART 堆芯平均温度为 657.5 ℃；MOSART 燃料载体熔盐为 $LiF-BeF_2-NaF$（15.0 mol%～27.0 mol%～58.0 mol%），燃料来自于压水堆卸出的经冷却 1 a 的 UOX 乏燃料，乏料的燃耗深度为 60 GWd/tU，初始富集度为 4.9%；MOSART 堆芯熔盐装载量为 2 409 kg，初始燃料含量为 0.5 mol%；为了保证堆芯临界，MOSART 堆拥有在线化学处理系统，能够在线补充燃料，同时能够去除堆芯中的裂变产物。表 7-1 为 MOSART 的主要参数。

表 7-1　MOSART 基本参数

参数	数值
核功率/MW	2 400
入口温度/出口温度/℃	600/715
压力容器直径/m	6.77
容器厚度/cm	5.5

续表

参数	数值
设计压力/Pa	5.2×10^5
堆芯高度/直径/m	3.6/3.4
石墨反射层厚度/cm	20
功率密度/（MWm^{-3}）	75.0
石墨峰值温度/℃	1 084
石墨寿命/a	3～4
堆芯熔盐质量/kg	69 914
外部环路熔盐质量/kg	39 376
熔盐质量流速/（kg/s）	10 000
燃料温度系数/（pcm/K）	−4.125
石墨温度系数/（pcm/K）	−0.04

2003 年，IAEA 启动了由 12 个会员国 16 个研究所参加的合作研究计划（CRP），研究放射性废物有效焚化的先进核能技术，其中一个重要的内容就是通过 MOSART 技术的研究，检验和论证熔盐堆嬗变长寿命废料，并在闭式循环中更有效地产生电力的可行性。MOSART 熔盐堆燃料为三元氟化物，它可以在无 U 燃料的支持下，焚烧来自于压水堆卸出乏料中的其他 TRU 核素。MOSART 由于其优异的 TRU 核素嬗变能力、简单的堆芯设计以及易于制备燃料的优点，受到的世界的广泛关注。

MOSART 反应堆有以下特点：① 无石墨慢化，因此大大减小了反应堆的尺寸；② 同时石墨在堆芯外围，拥有增加了反应堆的使用寿命的潜力；③ MOSART 拥有无需 U 燃料支持嬗变 TRU 的能力；④ 堆芯结构设计简单，易于初期的分析与比较。

（3）欧盟

自 1997 年，法国国家科学研究中心（CNRS）一直支持其下属 LPSC 实验室进行熔盐堆研究。LPSC 初期研究主要集中在与 MSBR 类似的多通道型热谱钍基熔盐堆，提出了 2 500 MWt 热谱钍基熔盐堆（TMSR）概念设计，基本参数见表 7-2。

表 7-2　TMSR 堆芯主要设计参数

参数	参数值
热功率/MWt（MWe）	2 500（1 000）
平均燃料温度/℃	600
初始燃料熔盐组分	$LiF-ThF_4-UF_4$（78 mol%－21.4 mol%－0.6 mol%）
堆芯半径/cm	160
堆芯高度/cm	160
组件规格/cm（六边形对边距）	15
组件孔道半径/cm	8.5
熔盐体积/m^3	20
堆芯布局	两区

2006 年提出一个 2 500 MWt 堆芯无慢化剂的快谱熔盐堆概念设计，简称为 TMSR－NM，该堆既能用于嬗变核废料，也可用于燃料增殖。2008 年，LPSC 将之前的 TMSR－NM 快堆概念，改称为熔盐快堆（MSFR）。同年，第四代堆核能系统国际论坛（GIF）选择 MSFR 作为 GIF 液态燃料熔盐堆技术研发路线的参考设计。2013 年 10 月 30 日，在欧洲核子中心（CERN）举行的钍能源会议 2013（ThEC13）上介绍了最新的快谱熔盐堆 MSFR 概念设计，堆芯设计参数如表 7-3。2014 年，最新的 MSFR 设计再次成为第四代核能系统国际论坛液态燃料熔盐堆参考设计。

表 7-3 MSFR 堆芯主要设计参数

参数	参数值
热功率/MW	3 000
平均燃料温度/℃	750
堆芯进出口温差/℃	100
初始燃料熔盐组分	77.5%LiF－22.5［ThF_4＋（^{233}U/富集 U/Pu＋MA）F_4］
燃料熔盐熔点/℃	565
燃料熔盐密度/（g/cm^3）	4.1
燃料熔盐膨胀系数	8.82×10^{-4}
增殖包层熔盐	LiF－ThF_4（77.5 mol%～22.5 mol%）
增殖比（稳态）	1.1
堆芯尺寸	直径：2.26 m；高度：2.26 m
燃料熔盐体积/m^3	18（一半堆芯＋一半回路）
增殖包层熔盐体积/m^3	7.3
总燃料循环时间/s	3.9

MSFR 概念设计堆芯热功率为 3 000 MWt，电功率为 1 400 MWe。MSFR 由三回路组成，包括燃料回路、中间回路和功率转化回路。燃料回路主要在堆芯中产生热量，同时充当堆芯冷却剂的作用，通过热转换装置把热量传递给中间回路，进而通过功率转化回路转变为电功率。堆芯熔盐由 LiF-ThF-^{233}UF 组成，熔盐体积为 18 m^3，熔盐平均温度为 675 ℃。

（4）日本

20 世纪 80 年代，日本以 MSBR 为基础形成 FUJI 系列热中子能谱 MSR，并且后续对 FUJI 的概念设计进行改进，设计出更为完善的 FUJI－Ⅱ概念设计，如图 7-3 所示。

（5）中国

我国的 MSR 研究可追溯到 20 世纪六七十年代开展的熔盐——石墨零功率实验。近期中国科学院将“钍基熔盐核能系统”纳入先导专项当中，并提出了固态熔盐堆与液态熔盐堆两步走的技术方案。中科院固态熔盐堆在开始阶段采用规则化球床设计，燃料球采用与高温气冷堆 HTR－10 相同设计，后期更改为非规则堆积球床设计，以满足在线燃料管理目的。目前 2 MW 固态熔盐堆的初步设计已经完成，正在进行工程设计。中科院计划首先建成 2 MW 固态熔盐堆，并首先实现零功率运行，逐步过渡到满功率，后续还将设计、建造、运行 10 MW 熔盐堆。概念设计如图 7-4 所示。

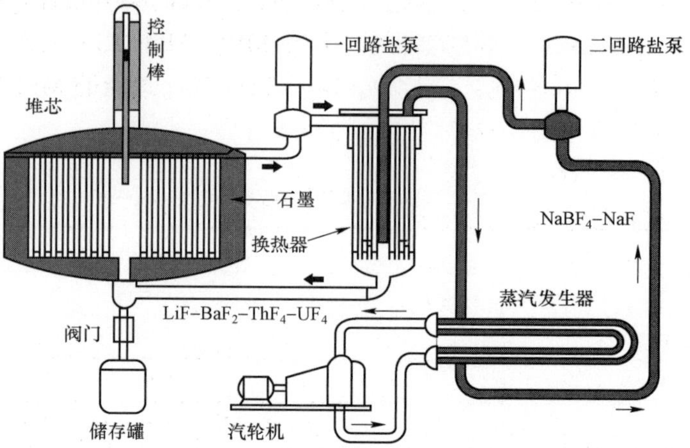

图 7-3　FUJI－Ⅱ系统示意图

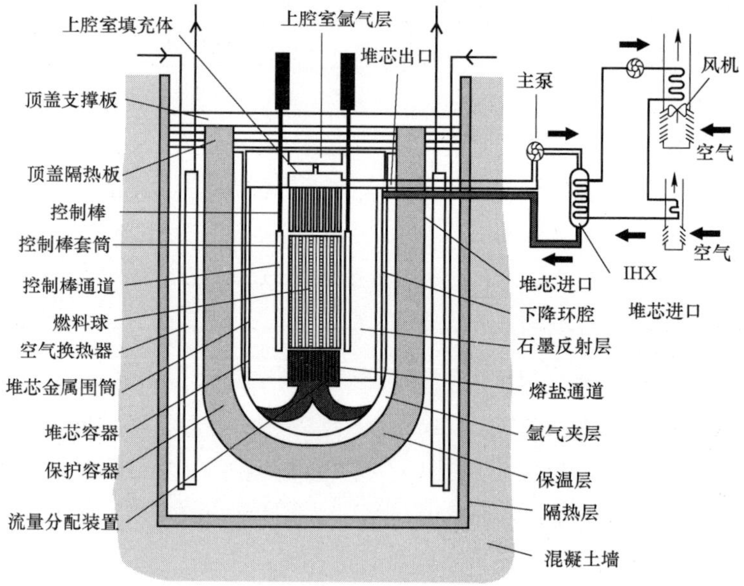

图 7-4　TMSR 堆芯概念设计示意图

7.3　基于熔盐堆的 TRU 嬗变技术

MSR 具有良好的中子经济性和灵活燃料管理方案，既可以采用 Th－U 燃料，也可以采用 U－Pu 燃料，甚至可以直接利用乏燃料。欧盟设计的嬗变超铀核素的熔盐快堆 AMSTER（Actinides Molten Salt TransmutER）和俄罗斯提出的熔盐锕系核素循环与嬗变堆 MOSART（Molten Salt Actinide Recycler & Transmuter）是将 MSR 用于 TRU 核素嬗变的典型设计。

MSR 由于其闭式燃料循环和突出的乏燃料嬗变和焚烧特性，是所有反应堆中可持续发展等级最高的，满足核电可持续发展目标和“分离 – 嬗变”燃料循环发展的技术路线。本节将较为详细的介绍 MSR 开展 TRU 核素嬗变的研究工作[6-8]。

7.3.1　TRU 载体熔盐

MSR 的燃料由载体熔盐和燃料熔盐构成。不同的载体熔盐成分具有不同的熔点与燃料溶解度。考虑 MSR 嬗变堆的燃料为锕系和次锕系核素，为方便燃料的制备，以及溶解反应堆运行时产生的裂变产物，熔盐阴离子常选用酸根离子。所以熔盐材料从氟化物、氯化物、硫酸化物、硝酸化物以及碳酸化物中进行选取。

其中在这几种化合物中，有 3 种负离子含氧（硝酸根、硫酸根、碳酸根）。高温下，这些氧离子可能会氧化反应堆管道与容器，加快反应堆的腐蚀。同时氧离子易于与防腐材料石墨发生反应，影响反应堆的安全。因此具有氧元素的阴离子被基本否决。同时硝酸与碳酸盐高温易于分解也是不被考虑的因素之一。

考虑 Cl 与 F 离子作为反应堆的溶剂，有以下优点：

① 高温稳定性，不易分解；

② 强酸，强溶解能力；

③ 沸点高达 1 200 ℃；

④ 较好载热能力；

⑤ 堆芯尺寸小，热熔大；

⑥ 腐蚀性小。

可见，F 离子和 Cl 离子是较为理想阴离子选择对象。在国际上，也主要选取这两种阴离子对熔盐材料进行相关研究。但是与 F 离子相比，Cl 离子也有一定的不足，主要包括以下几面：

① Cl 离子提纯较为困难，^{35}Cl 有较强的中子吸收截面（自然界含量高）；

② ^{36}Cl 非常活泼，提高了各个过程的难度；

③ Cl 与 F 离子相比有更强的腐蚀性；

④ Cl 与中子反应，可能生成 S，易沉积于堆芯，产生安全隐患。

因此，在以上难题还没有被攻克时，现在的大多数 MSR 熔盐研究中主要以氟化物为主。

综上所述，对于现今技术而言，最为理想的熔盐为氟化物。针对 F 离子，选取较为合适的金属阳离子。可选几种离子：Be，Bi，^{7}Li，Pb，Zr，Na，分别对其进行调研，选取最为理想的离子作为熔盐材料。

在 Novikov 等人的研究中，Bi^{3+}，Pb^{2+} 对反应堆容器与管道材料有很强的腐蚀性。Williams 等通过实验分析，ZrF_4 虽然有很好的中子特性，但 ZrF_4 容易蒸发成气体，可能在低温处凝结，进而引起反应堆主泵等一些带有孔道的部位堵塞，影响反应堆运行的安全。同时 Zr 会活化成长寿命核素，对乏燃料处理增加压力。因此 Na、^{7}Li、Be 为理想阳离子的选择。

通过分析，MSR 中一般的载体熔盐主要有 NaF、^{7}LiF、BeF，满足 MSR 材料所必需的要求，且对容器以及管道有较小的腐蚀性。此外，KF 也值得关注，虽然它的中子俘获截面较大，但它可以很高的提升锕系燃料的溶解度，有时也会考虑作为一回路的燃料溶剂，或者常作为二回路的载热剂。表 7-4 对比了前文所提的主要几种氟化盐熔点温度以及在 600 ℃时对锕系核素（Pu）的溶解度，其中熔点温度数据由 Thoma 提供。

表 7-4　嬗变熔盐堆氟化盐的熔点以及在 600 ℃对锕系核素溶解度的大小（mol%）

锕系金属氟化物	ZrF_4 溶剂	BeF_2 溶剂	氟化化合物
LiF－KF （50～50） 492 ℃ —	LiF－ZrF_4 （51～49） 509 ℃ —	LiF－BeF_2 （73～27） 530 ℃ 2.0[16]	KF－KBF_4 （25～75） 460 ℃ —
LiF－RbF （44～56） 470 ℃ —	NaF－ZrF_4 （59.5～40.5） 500 ℃ 1.8[15]	LiF－NaF－BeF_2 （15～58～27） 479 ℃ 2.0[16-17]	RbF－$RbBF_4$ （31～69） 442 ℃ —
LiF－NaF－KF （46.5～11.5～42） 454 ℃ 19.3[13]	LiF－NaF－ZrF_4 （42～29～29） 460 ℃ —	LiF－BeF_2 （66～34） 458 ℃ 0.5[16-17]	NaF－$NaBF_4$ （8～92） 384 ℃ —
LiF－NaF－RbF （42～6～52） 435 ℃ —	LiF－NaF－ZrF_4 （26～37～37） 436 ℃ —	LiF－BeF_2－ZrF_4 （64.5～30.5～5） 428 ℃ —	
LiF－PuF_3 （80～20） 743 ℃[14] —	NaF－RbF－ZrF_4 （33～24～43） 420 ℃ —	NaF－BeF_2 （57～43） 340 ℃ 0.3[16]	
LiF－PuF_3 （80～20） 743 ℃[15] —	NaF－KF－ZF_4 （10～48～42） 385 ℃ —	LiF－NaF－BeF_2 （31～31～38） 315 ℃ 0.4[11]	

7.3.2　TRU 燃料熔盐

燃料熔盐中的 TRU 核素来源于压水堆的乏燃料，以初始富集度为 4.5%的 UO_2 燃料为例，在典型的 PWR 情况下，燃耗深度为 60 GW • d/tU，冷却 10 年的核素见表 7-5 所示。

表 7-5　60 GW·d/tU 燃耗深度下冷却 10 年后各锕系核素含量

核素	核子密度/（g/t）	核素	核子密度/（g/t）	核素	核子密度/（g/t）
^{232}Th	2.216 00E－03	^{236}Np	1.219 00E－03	^{241}Am	6.991 00E＋02
^{234}Th	1.329 00E－05	^{237}Np	9.857 00E＋02	^{242m}Am	1.164 00E＋00
^{231}Pa	5.740 00E－04	^{238}Np	2.182 00E－07	^{242}Am	1.392 00E－05
^{233}Pa	3.348 00E－05	^{239}Np	2.855 00E－04	^{243}Am	3.323 00E＋02
^{234m}Pa	4.481 00E－10	^{240M}Np	2.427 00E－14	^{245}Am	4.545 00E－17
^{234}Pa	2.001 00E－10	^{236}Pu	3.616 00E－04	^{246}Am	1.736 00E－20
^{232}U	4.848 00E－03	^{237}Pu	5.618 00E－28	^{241}Cm	8.556 00E－37
^{233}U	5.002 00E－03	^{238}Pu	4.447 00E＋02	^{242}Cm	2.825 00E－03
^{234}U	1.935 00E＋01	^{239}Pu	5.066 00E＋03	^{243}Cm	1.007 00E＋00
^{235}U	3.977 00E＋03	^{240}Pu	2.876 00E＋03	^{244}Cm	1.158 00E＋02
^{236}U	6.006 00E＋03	^{241}Pu	1.070 00E＋03	^{245}Cm	8.955 00E＋00
^{237}U	3.312 00E－05	^{242}Pu	1.085 00E＋03	^{246}Cm	1.771 00E＋00
^{238}U	9.153 00E＋05	^{243}Pu	9.943 00E－13	^{247}Cm	2.789 00E－02
^{240}U	2.775 00E－12	^{244}Pu	1.451 00E－01	^{248}Cm	2.442 00E－03
^{235}Np	2.253 00E－08	^{246}Pu	1.085 00E－17	^{250}Cm	2.584 00E－11

从表中可以看到乏燃料中主要核素为：^{237}Np、^{238}Pu、^{239}Pu、^{240}Pu、^{241}Pu、^{242}Pu、^{241}Am、^{243}Am、^{244}Cm、^{235}U、^{236}U、^{238}U。

以上述燃耗深度与冷却时间的乏燃料作为 MSR 燃料熔盐，在热谱、快谱堆芯中均无法使反应堆临界，通常的做法是将乏燃料中铀同位素先分离，剩余的 TRU 核素作为燃料。

TRU 核素性质相同，溶于载体熔盐的溶解度及其相关性质基本相同，因此对于超铀核素作为熔盐填入到载体熔盐时，只需要考虑整体所占的比重是否超过了最大溶解度限值，不需考虑各个核素溶解度的要求，因此各超铀核素的比重改变不会对燃料熔盐的总溶解度产生较大的影响。TRU 燃料熔盐比重见表 7-6。

表 7-6　1.5 mol%超铀燃料材料比例

核素名称	质量比重	核素名称	质量比重
^{237}Np	6.159 43E－03	^{241}Am	4.368 53E－03
^{238}Pu	2.778 84E－03	^{243}Am	2.076 47E－03
^{239}Pu	3.165 64E－02	^{244}Cm	7.236 10E－04
^{240}Pu	1.797 15E－02	Li	2.291 21E－02
^{241}Pu	6.686 21E－03	Na	2.937 98E－01
^{242}Pu	6.779 94E－03	Be	5.358 18E－02
		F	5.505 07E－01

7.3.3 TRU 燃料 MSR 燃料装载方案

在开展嬗变研究之前，首先需要对 TRU 燃料 MSR 堆芯开展栅格物理特性研究，以获得恰当的栅格设计参数，用于确定堆芯燃料装载方案。由于 MSR 具有灵活的能谱设计方案，本书以 MSBR、MOSART 这两种堆型作为热谱、快谱嬗变 TRU 的堆型参考。首先给出 TRU 燃料 MSR 堆芯栅格物理特性。

（1）燃料浓度

为了提高 MSR 堆芯中子的经济性，需选取最优的快、热谱 MSR 燃料熔盐浓度。在燃料熔盐份额 0.8 mol%～1.5 mol%范围内开展栅格 k_{inf}、焚烧天数、焚毁率的敏感性分析，计算结果如表 7-7 所示。

表 7-7 TRU 燃料熔盐浓度选取

燃料浓度/mol%	快谱 MSR			热谱 MSR		
	k_{inf}	栅格寿期/d	焚毁率/%（$k_{inf}=1$）	k_{inf}	栅格寿期/d	焚毁率/%（$k_{inf}=1$）
0.8	1.044 616	65	5.914	1.109 752	235	43.362
0.9	1.073 001	112	8.774	1.115 099	266	45.092
1.0	1.096 251	158	10.922	1.121 45	295	46.398
1.1	1.115 573	203	12.568	1.128 475	323	47.380
1.2	1.131 888	248	13.901	1.136 313	346	48.234
1.3	1.145 857	292	14.998	1.144 935	368	48.764
1.4	1.158 026	306	14.161	1.154 498	386	48.853
1.5	1.168 282	391	14.113	1.164 924	400	48.728

从表 7-7 中可以看到，快、热谱 MSR 栅格燃料浓度在 0.8 mol%～1.3 mol%范围时，栅格 k_{inf}、可焚烧天数、焚毁率都与燃料浓度成正比关系，1.4 mol%～1.5 mol%燃料浓度时，可焚烧天数增长，而焚毁率却有所降低。因考虑 MSR 栅格的栅格寿期，快、热谱 MSR 中依然使用 1.5 mol%TRU 燃料作后续分析。

（2）栅格尺寸

为提高 MSR 中子经济性，对 TRU 燃料栅格熔盐流道尺寸进行优化。为方便快、热谱 MSR 进行比较，快、热谱 MSR 栅格尺寸大小皆为 $10.16\times10.16\ cm^2$ 的二维栅格，其中栅格功率密度为 22 W/cm^3，燃料熔盐温度为 600 ℃，燃料熔盐密度为 2.314 g/cm^3，石墨密度为 1.9 g/cm^3。

图 7-5 为 TRU 燃料栅格慢化区间和等温温度系数随燃料/石墨体积分数的变化，从图中可以看出，MSR 栅格可行性设计区间为燃料/石墨体积分数在 1.5%～20%或大于 60%，此时快/热谱 MSR 为欠慢化栅格且等温温度系数为负，设计区间满足温度负反馈的基本要求。通过对比，快谱中反应性温度系数较小，与热谱栅格相比拥有更高的反应性负反馈稳定性。

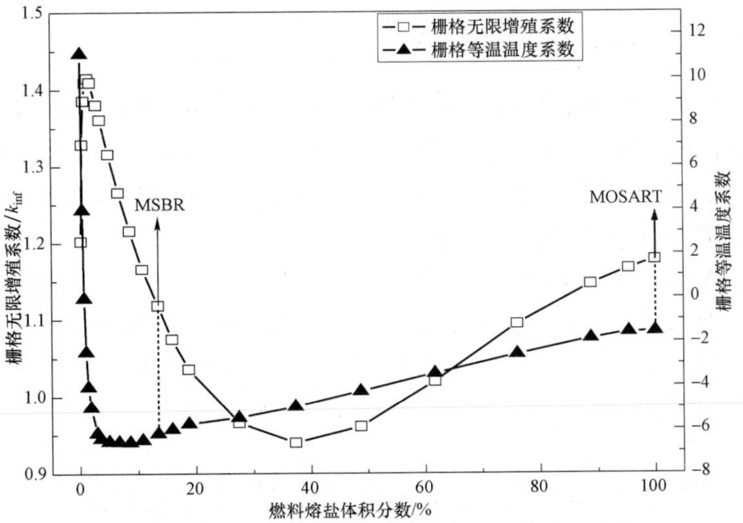

图 7-5　慢化区间与温度系数敏感性分析

为选取最优 MSR 栅格设计，引入栅格焚烧能力概念，焚烧能力定义见式（7-1）。栅格焚烧能力为寿期末（EOC），栅格单位体积最大等效满功率天（EFPDs）产生的能量，单位为 W • d/cm^3。

$$\text{栅格焚烧能力}\left(\mathrm{W \cdot d / cm^3}\right)=\mathrm{EOC}\text{最大}\mathrm{EFPDs}\times\text{栅格体功率密度} \tag{7-1}$$

图 7-6 为 TRU 燃料栅格焚烧能力与对应焚毁率（定义见式 7-2）随燃料/石墨体积分数的变化。从图中可知，在 22 W/cm^3 功率密度下，燃料/石墨体积分数在 2.5%～20%之间或大于 60%时，MSR 栅格达到临界，具有焚烧能力。通过对比发现，快谱栅格焚烧能力高于热谱栅格，但是热谱栅格拥有较高的 TRU 焚毁率。

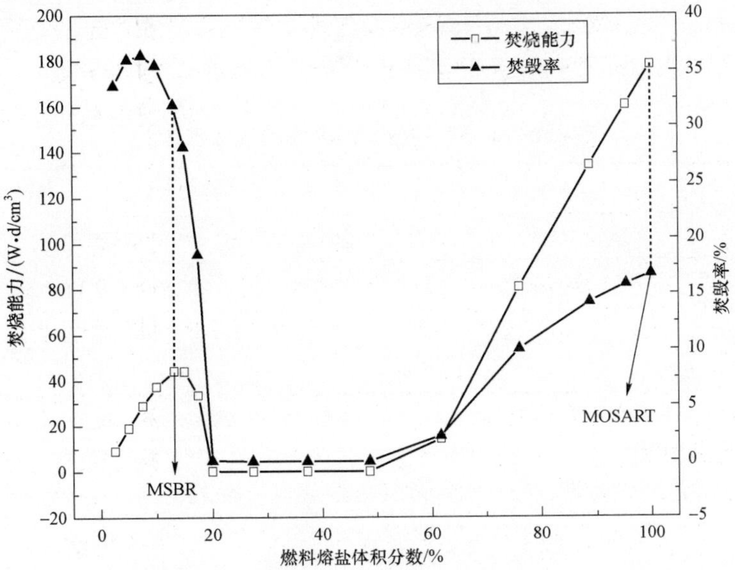

图 7-6　焚烧能力与焚毁率敏感性分析

$$总焚毁率=\frac{吸收中子直接裂变消耗掉的TRU核素}{初始TRU核素含量} \tag{7-2}$$

综合温度反馈、焚烧能力和 TRU 总焚毁率，TRU 燃料较优的燃料/石墨设计区间选为 10%～15%或 100%，前者拥有较高的焚毁率，后者拥有较强的焚烧能力。其中 MSBR 栅格燃料/石墨体积分数为 13.2%（MSBR 外围燃料区体积分数为 37%，其主要保证堆芯熔盐流量均匀分布，栅格设计未在最优设计区间），是较优热谱 MSR 焚烧 TRU 栅格设计区间；MOSART 为纯燃料堆芯，燃料体积分数为 100%，是快谱 MSR 焚烧 TRU 的理想设计区间。因此后续计算分析可采用 MOSART 和 MSBR 作为快、热谱参考堆芯设计。

（3）反应性温度系数

1）等温温度系数

为保证堆芯达到安全设计，表 7-8 给出了堆芯等温温度分别为 626.85 ℃（900 K）和 926.85 ℃（1 200 K）时 MCNP 计算得到的 k_{eff} 与等温温度系数计算结果。其中可以看出，快/热 MSR 堆芯具有负的等温温度系数，具有固有安全特征。

表 7-8　快、热谱 MSR 等温温度系数

等温温度/℃	快谱		热谱	
	626.85	926.85	626.85	926.85
k_{eff}	1.118 39±0.000 08	1.110 22±0.000 08	1.083 30±0.000 31	1.056 93±0.000 33
等温温度系数（×10⁻⁵/℃）	−2.72		−8.79	

2）熔盐温度系数

在计算熔盐温度系数时，假定堆芯石墨温度恒定为 626.85 ℃。表 7-9 给出了熔盐温度在 626.85 ℃和 926.85 ℃时 k_{eff} 的 MCNP 计算结果与熔盐温度系数。

表 7-9　快、热谱 MSR 熔盐温度系数

燃料/慢化剂温度/℃	快谱		热谱	
	626.85/626.85	626.85/926.85	626.85/626.85	926.85/626.85
k_{eff}	1.118 39±0.000 08	1.110 50±0.000 08	1.083 30±0.000 31	1.055 61±0.000 58
熔盐温度系数 α_s（$\times10^{-5}$/℃）	−2.63		−9.23	

3）石墨温度系数

在计算石墨温度系数时，假定堆芯熔盐温度恒定为 626.85 ℃。表 7-10 给出了石墨温度在 626.85 ℃和 926.85 ℃时 k_{eff} 的 MCNP 计算结果与石墨温度系数。

表 7-10 快/热谱 MSR 石墨温度系数

	快谱		热谱	
燃料/慢化剂温度/℃	626.85/626.85	626.85/926.85	626.85/626.85	626.85/926.85
k_{eff}	1.118 39±0.000 08	1.118 25±0.000 08	1.083 30±0.000 31	1.083 76±0.000 61
石墨温度系数 α_g（$\times 10^{-5}$/℃）	−0.05		+0.15	

从表 7-8、表 7-9 和表 7-10 可以看出，快谱 MSR 的负反应性温度系数主要由熔盐温度系数产生，由于石墨仅作为容器与反射层，温度变化与熔盐相比很小，同时不会明显影响堆芯中子通量，仅会慢化堆芯外围中子通量，因此不会对堆芯造成明显的反应性影响。热谱 MSR 的负反应性温度系数主要由熔盐温度系数产生，由于熔盐是燃料，因此在功率上升的过程中，熔盐温度上升的速度将远远快于石墨，这大大提升了热谱 MSR 的温度负反馈，有利于安全。但是同时由于等温温度系数较大，当温度变化时，容易产生堆芯反应性的震荡，可能会对 MSR 的反应性控制造成困难。

（4）MSR 堆芯 TRU 燃料初步装载方案

通过以上计算确定了初步的快、热谱 MSR 燃料装载方案，见表 7-11。

表 7-11 快、热谱型 MSR 堆芯燃料装载方案

TRU 燃料装载方案		58NaF − 15^{7}LiF − 27BeF_2 载体熔盐 1.5 mol%TRU 燃料（来自乏燃料）	
燃料熔盐组成	质量比重	熔盐组成	质量比重
^{238}Pu	2.778 84E − 03	^{7}Li	2.291 21E − 02
^{239}Pu	3.165 64E − 02	Na	2.937 98E − 01
^{240}Pu	1.797 15E − 02	Be	5.358 18E − 02
^{241}Pu	6.686 21E − 03	F	5.505 07E − 01
^{242}Pu	6.779 94E − 03		
^{237}Np	6.159 43E − 03		
^{241}Am	4.368 53E − 03		
^{243}Am	2.076 47E − 03		
^{244}Cm	7.236 10E − 04		

	快谱 MSR 堆芯	热谱 MSR 堆芯
	堆芯参数	
堆芯高度/cm	400	546
堆芯半径/cm	200	338
堆芯活性区高度/cm	360	396
堆芯活性区半径/cm	170	263
堆芯反射层厚度/cm	30	75
堆芯功率/MWt	2 400	2 250

续表

	快谱 MSR 堆芯	热谱 MSR 堆芯
	栅格参数	
栅格功率密度/（W/cm³）	75	22
（近似）栅格数目	905（ZONE1 617、变化区 288）	2005（ZONE1 1445、ZONE2 560）
栅格平均温度/℃	600	600
栅格尺寸/cm²	10×10（ZONE1 纯燃料）	10.16×10.16（ZONE1）
燃料流道尺寸/cm	—	4.165（ZONE1 直径）
栅格尺寸/cm²	10×10（能谱变化区）	10.16×10.16（ZONE2）
燃料流道尺寸/cm	—	6.973（ZONE2 直径）

7.3.4 TRU 燃料 MSR 嬗变特性

通过比较快、热谱 MSR 燃耗反应性、焚烧能力、TRU 焚毁率、MA 嬗变支持比、放射性毒性，评价快、热谱 MSR 焚烧与嬗变 LWR 乏燃料的能力。

（1）燃耗－反应性特性

确定快、热谱型 MSR 堆芯初步装载方案后，利用 DRAGON&DONJON 程序，基于 MSR 改进燃耗计算方法，计算得到快、热谱型 MSR 堆芯有效增殖系数 k_{eff} 随燃耗时间变化见图 7-7、图 7-8。从图中看出，快谱 MSR 寿期初（BOC）$k_{eff}=1.122\,996$，热谱 MSR 寿期初 $k_{eff}=1.086\,863$。堆芯熔盐无净化时，快谱 MSR 寿期可达 290 EFPDs，热谱 MSR 寿期可达 320 EFPDs；堆芯熔盐仅去除裂变气体时，快谱寿期可达 320 EFPDs，热谱寿期可达 430 EFPDs；堆芯熔盐同时去除惰性气体和惰性金属时，快谱寿期可达 400 EFPDs，热谱寿期可达 510 EFPDs。从趋势分析可以看出，快谱 MSR 堆芯 k_{eff} 随焚烧时间呈线性衰减，由于中子能谱较硬，堆芯中未出现 I－Xe 平衡现象；热谱 MSR 起始阶段由于 Xe、Kr 的积累，堆芯 k_{eff} 下降较快，后续因 I－Xe 平衡，k_{eff} 下降逐渐平缓，

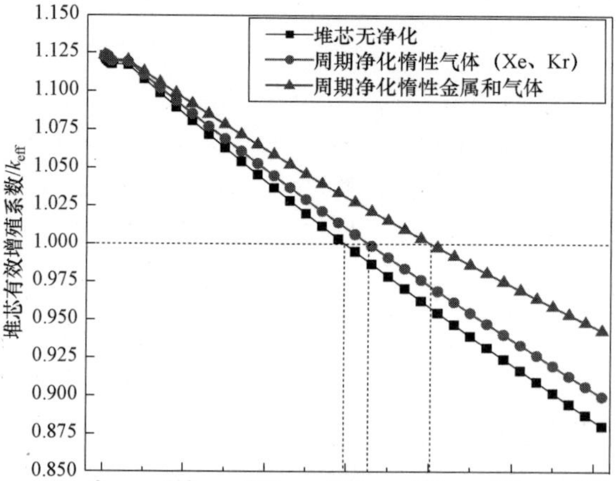

图 7-7　快谱 MSR 无净化、仅去除惰性气体、去除全部惰性物质 k_{eff} 曲线

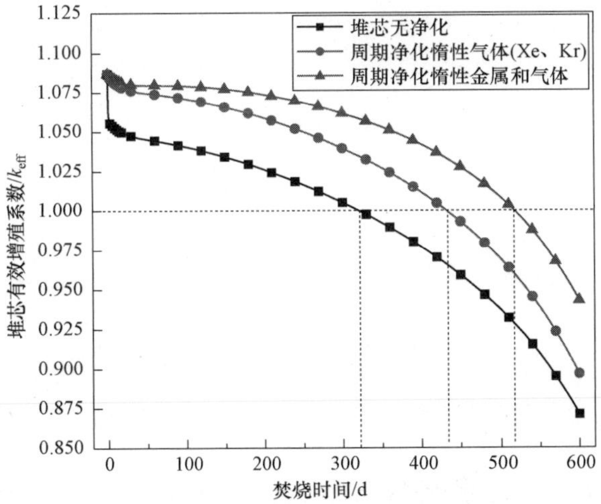

图 7-8 热谱栅格无净化、仅去除惰性气体、去除全部惰性物质 k_{eff} 曲线

最终由于堆芯中总易裂变核素不断消耗，k_{eff} 下降趋势逐渐增大。快热谱结果比较可以得出，熔盐在无净化情况下，中子经济性最低，熔盐同时净化裂变产物中惰性气体和惰性金属，中子经济性最高，在此条件下，快谱 MSR 最大可延长 110 d，热谱 MSR 最大可延长 200 d 堆芯寿期。

（2）核素积存量分析

图 7-9 为惰性气体与惰性金属全部净化（中子经济性最高）快、热谱 MSR 易嬗变与不易嬗变核素核子密度随燃耗深度的变化曲线，从中看出快谱 MSR ^{237}Np、^{239}Pu、^{241}Am 净消耗，^{238}Pu、^{240}Pu、^{243}Am、^{244}Cm 净增加，^{241}Pu、^{242}Pu 基本保持不变；热谱 MSR ^{237}Np、^{239}Pu、^{240}Pu、^{241}Pu、^{241}Am 净消耗，^{238}Pu、^{242}Pu、^{243}Am、^{244}Cm 净增加，而热谱 MSR 燃料焚烧的更彻底，燃料燃烧至较高的燃耗深度，核素变化的更明显；此外快、热谱 MSR 产生了新的 TRU 核素，主要有 ^{242}Am、^{242}Cm、^{243}Cm、^{245}Cm、^{246}Cm，总产量小于 TRU 总燃料的 2%，未在图中列出。

表 7-12 给出了单一核素俘获裂变比与嬗变率，从表中分析得出：① ^{239}Pu 与 ^{241}Pu 因具有最低的俘获裂变比和最高的裂变截面，在快、热 MSR 中充当主要燃料；② ^{237}Np、^{241}Am 因具有较高的俘获裂变比，主要通过吸收中子转化为其他 TRU 核素的方式进行嬗变，从而造成 MSR 中 ^{238}Pu、^{242}Pu、^{243}Am、^{244}Cm 等核素核子密度随燃耗加深略有增加；③ ^{240}Pu 核素在 PWR 乏料中占 TRU 总量的 22.691%，而在热谱中，^{240}Pu 俘获裂变比较高，易于吸收中子转化为 ^{241}Pu，因此可以在图 7-9（d）中看到，热谱 MSR 中 ^{241}Pu 虽作为燃料，起始阶段由于有大量的 ^{240}Pu 的转化，造成 ^{241}Pu 含量增加，后续随着 ^{240}Pu 消耗，转化 ^{241}Pu 含量降低，^{241}Pu 由起始的增加逐渐转变为焚毁消耗；④ 对比快、热谱核子密度变化结果可以看出，热谱 MSR 拥有把乏燃料中含量丰富的 ^{240}Pu 核素转化为有效燃料 ^{241}Pu 的潜力。

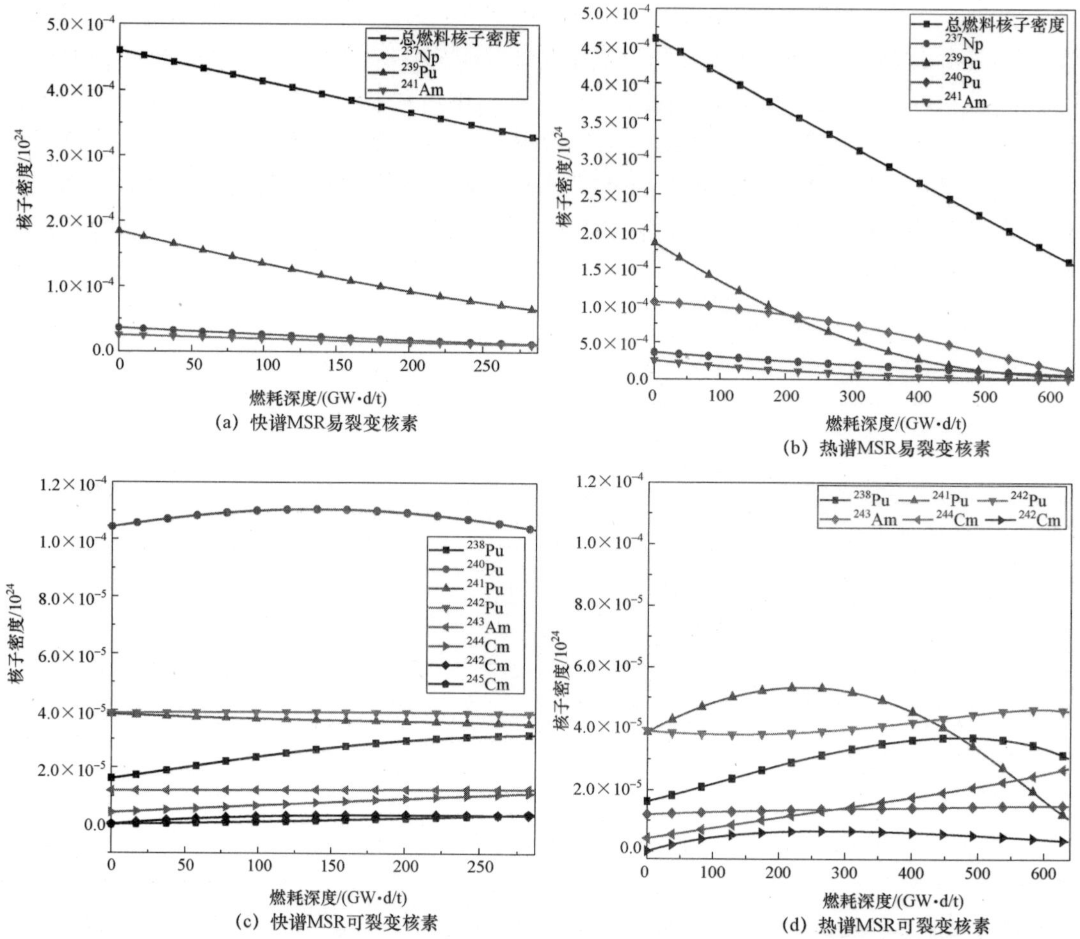

(a) 快谱MSR易裂变核素

(b) 热谱MSR易裂变核素

(c) 快谱MSR可裂变核素

(d) 热谱MSR可裂变核素

图 7-9 TRU 核素核子密度-燃耗变化曲线

表 7-12 快、热谱 MSR 堆芯中子俘获裂变比

	快谱				热谱			
	σ_c 俘获截面（b）	σ_f 裂变截面（b）	σ_c/σ_f	最大嬗变率/%	σ_c 俘获截面（b）	σ_f 裂变截面（b）	σ_c/σ_f	最大嬗变率/%
^{238}Pu	5.013	1.802	2.782	**-68.972**	15.382	1.895	8.116	**-127.719**
^{239}Pu	4.950	7.252	0.682	41.213	22.652	39.631	0.572	90.877
^{240}Pu	5.356	0.306	17.490	**-5.834**	39.267	0.365	107.569	58.105
^{241}Pu	3.414	12.101	0.282	5.543	17.901	53.287	0.336	1.141
^{242}Pu	3.870	0.197	19.624	**-0.888**	23.865	0.256	93.143	**-12.200**
^{237}Np	11.333	0.255	44.415	41.254	35.429	0.334	105.926	64.423
^{241}Am	11.085	0.270	41.101	34.091	64.616	0.702	92.000	88.721
^{243}Am	11.597	0.191	60.708	**-3.159**	63.269	0.302	209.827	**-21.848**
^{244}Cm	7.560	0.457	16.556	**-98.457**	27.684	0.662	41.845	**-381.484**

表7-13给出了快、热谱MSR在3种熔盐策略下，堆芯寿期末的焚烧能力、燃耗深度、TRU焚毁率。从表中看出，在中子经济性最高条件下，快、热谱MSR均具有较高的焚烧能力和TRU总焚毁率，快谱MSR为30 000 W • d/cm^{3}和15.998%，热谱MSR为11 220 W • d/cm^{3}和47.864%，快谱MSR焚烧能力约为热谱的3倍，焚毁率仅为热谱的1/3，说明热谱MSR拥有更高的焚毁率，更深的燃耗深度，燃料焚烧的更彻底，而快谱MSR能够有更小的堆芯体积，两种谱型MSR产出热功率相同的条件下，快谱MSR体积约为热谱的1/3。

表7-13 快、热谱MSR堆芯无净化、仅净化惰性气体、精华全部惰性物质TRU燃料嬗变能力

	快谱			热谱		
	无净化	去除惰性气体	去除惰性气体和惰性金属	无净化	去除惰性气体	去除惰性气体和惰性金属
满功率焚烧天数（EFPDs）	290	320	400	320	430	510
燃耗深度/（GW/tHM）	118.676	130.953	163.691	291.008	391.042	463.794
焚烧能力/（W • d/cm^3）	21 750	24 000	30 000	7 040	9 460	11 220
TRU总焚毁率/%	11.870	13.083	15.998	30.181	40.436	47.864
TRU焚毁比消耗/（kg/GWt • a）	365.072	364.656	365.87	378.549	377.418	376.684
MA核素嬗变率/%	18.902	19.543	24.636	14.835	19.380	22.062 9
MA核素嬗变比消耗/（kg/GWt • a）	97.721	91.563	94.857	31.327	30.455	29.232

（3）嬗变性能评价

1）长寿命核素MA

为对快、热谱MSR嬗变TRU的能力进行评价，引入嬗变比消耗与嬗变支持比概念，定义见式(7-3)、式(7-4)、式(7-5)。由公式可以看出嬗变比消耗表示每吨重金属以1 GW功率运行一年后，TRU核素消耗的质量；焚毁比消耗表示每吨重金属以1 GW功率运行一年后，TRU核素因吸收中子直接裂变消耗的质量；而嬗变支持比表示，某核素嬗变比消耗能够嬗变的质量与多少个同功率下PWR产出的该核素质量相等。比较表4中TRU焚毁比消耗可以看出，虽然热谱MSR具有较高的焚毁率，但是出于经济性考虑，两种堆型产出相同热功率条件下，TRU焚毁率基本相同，因此在同时考虑产能、嬗变条件下，快谱MSR因具有较小的体积更占优势。

$$\text{嬗变比消耗} = \frac{M_{i,\text{BOL}} - M_{i,\text{EOL}}}{P \times T} \tag{7-3}$$

$$\text{焚毁比消耗} = \frac{M_{i,\text{BOL}} - M_{i,\text{EOL}} + m_{i,\text{EOL}}}{P \times T} \tag{7-4}$$

$$\text{嬗变支持比} = \frac{\text{嬗变比消耗}}{\text{PWR乏料产量}} \tag{7-5}$$

式中：*M* 代表质量；*m* 代表某一类 TRU 核素吸收中子转化为其他 TRU 核素的质量；*i* 代表 TRU 核素种类；BOL 代表堆芯寿期初；EOL 代表堆芯寿期末；*P* 代表堆芯热功率；*T* 代表燃料焚烧时间。

对于传统压水堆每 GW/tHM・a 可产工业钚 60 kg，次锕系核素 6.6 kg[4]，其中 MA 核素是 PWR 乏料长期放射性毒性主要来源，是 MSR 进行嬗变的主要目标。通过计算发现，快、热谱 MSR 具有较好 MA 嬗变能力，在中子经济性最高的条件下，快谱 MSR 中 MA 嬗变比消耗为 94.857，MA 嬗变支持比为 14.372；热谱 MSR 中 MA 嬗变比消耗为 29.232，MA 嬗变支持比为 4.429。可以证明快、热谱 MSR 具有较好的 MA 嬗变能力，而快谱 MSR 中 MA 嬗变能力为热谱 MSR 的 3.245 倍。

2）超铀核素 TRU

为防止核扩散，以美国为首的少部分国家把 Pu 和 MA 一同做嬗变处理，Pu 燃料也成为不容忽视的长寿命放射性毒物。通过整理 MSR 燃料中产生的绝大部分 TRU，可归纳整理为 5 条衰变链，如图 7-10 所示。其中分别以 ^{238}Pu～^{242}Pu 作为代表核素，依据等质量毒性曲线（图 7-11），同时按照对环境危害影响等级，衰变链可分为 4 级：

Ⅰ. ^{241}Pu 链各子体有较强的放射性毒性，同时该系衰变子体 ^{237}Np 粒子性质活泼[5-6]，半衰期较长，毒性高，在水中易生成稳定的 NpO_2^{2+} 酰根离子，不能被地层介质有效阻挡，因此 ^{241}Pu 衰变链对环境危害最大，被定为最重视的 TRU 核素。

Ⅱ. ^{238}Pu 链各子体具有较强的放射性毒性，随着时间增长，放射性毒性回弹并一直维持较高的水平，焚烧结束后此类产物需被重视。

Ⅲ. ^{239}Pu、^{240}Pu 链放射性毒性衰减速度较慢，核素拥有较高的毒性水平，但该系核素毒性无回升趋势，且后期毒性较低，因此焚烧结束后，此类产物生成量较小时可以不用考虑。

Ⅳ. ^{242}Pu 链放射性毒性衰减速度缓慢，但放射性毒性水平较低，因此可归为对环境危害影响最低的 TRU 核素。

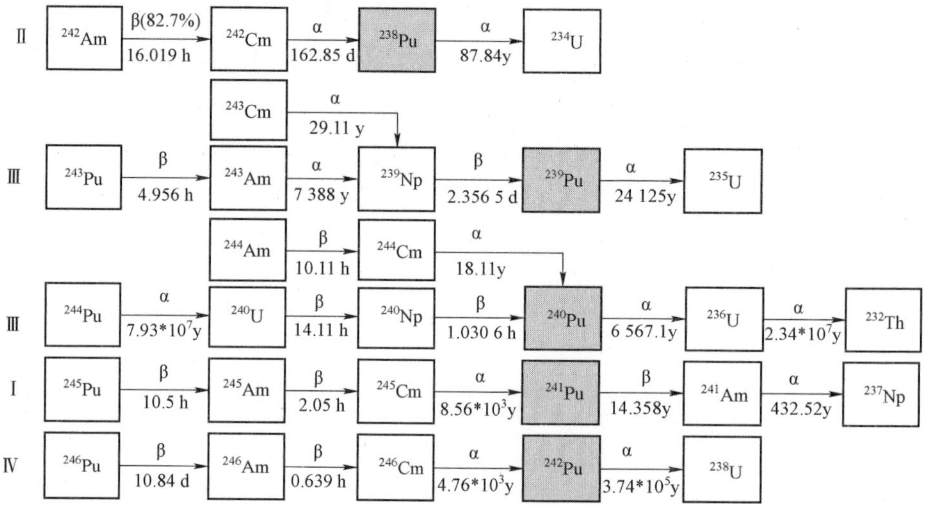

图 7-10　TRU 核素衰变链归类以及危害等级划分

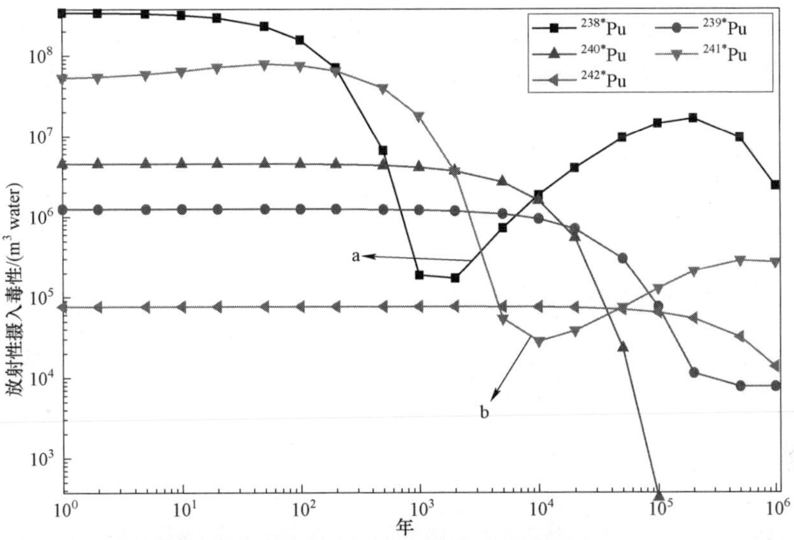

*: 图中计算放射性毒性包括核素本身以及其衰变子体的放射性毒性
a: 回升的放射性毒性来源于衰变子体^{210}Pb、^{210}Po、^{226}Ra、^{230}Th
b: 回升的放射性毒性来源于衰变子体^{225}Ra、^{225}Ac、^{229}Th、^{233}U

图 7-11　等质量 TRU 核素放射性毒性曲线

依据以上标准，以中子经济性最高为参考，在快、热谱 MSR 中，Ⅰ类物质嬗变净消耗，快谱Ⅰ类物质嬗变率达 34.370%，热谱Ⅰ类物质嬗变率达 38.784%；Ⅱ类物质净增加，快谱Ⅱ类物质增长率达 111.226%，热谱Ⅱ类物质增长率达 118.545%；Ⅲ、Ⅳ类物质中，快谱和热谱嬗变率分别达 25.300%、54.845%，嬗变量远大于生成量可忽略。Ⅱ类与Ⅰ类比较，快谱和热谱净增加量仅占Ⅰ类净减少量的 52.584%、49.666%，总体趋势嬗变了更多的有害 TRU 核素。证明快、热谱 MSR 可以优先嬗变对环境危害较大的 TRU 核素，具有较好的嬗变能力。

（4）卸出乏燃料放射性毒性

为进一步对快、热谱 MSR 焚烧性能进行分析，分别计算了在中子经济性最高的条件下，MSR 寿期初（BOC）和寿期末（EOC）TRU 乏料放射性摄入毒性，具体结果见图 7-12，可以看到，虽然快、热谱 MSR 可以嬗变掉较多的 TRU 核素，但是毒性与焚烧前相比较差，快、热谱 MSR 卸出乏燃料百年内放射性毒性均高于原燃料。虽然热谱 MSR 卸出乏燃料毒性衰减速度较快，与原燃料相比，降低到铀矿水本底毒性的时间由 10^4 a 量级缩减到 10^3 a 量级，节约时间大于 5×10^3 a，但是最终毒性会再次回升并高于本底。通过对各阶段核素的放射性对比发现（见图 7-13），毒性衰减由于嬗变了 TRU 中的大量 ^{240}Pu，毒性回升主要由生成的 ^{238}Pu 相关子体造成，如果不考虑 ^{238}Pu 及其相关子体影响，毒性不再回升，此时 4 000 a 以内放射性毒性可降为铀矿水本底，满足乏料贮存设施有效保护期条件。可以看到 PWR 卸出乏燃料以及快谱 MSR 无法满足此条件，热谱 MSR 卸出乏燃料净化 ^{238}Pu 核素后可以满足设施有效保护期条件。Ⅱ类物质是 10 万年后主要放射性毒性项，含量较高时无法保证贮存设施的可靠性，而 ^{238}Pu 是珍贵的重要能源，可作为核电池用于航天器，心脏起搏器和极地环境等领域，因此如果考虑对乏料中 ^{238}Pu

提纯利用（MSR 初装料时 ^{238}Pu 比重为 35.34 kg/t TRU，焚烧后最高达 135.755 kg/t TRU），不仅很好地改善了乏料 10 万 a 后放射性毒性，同时避免了能源浪费。当乏料中净化 ^{238}Pu 核素时，热谱 MSR 乏料放射性毒性可在贮存设施有效保护期内降为本底水平，有效地改善了乏燃料对环境的危害。

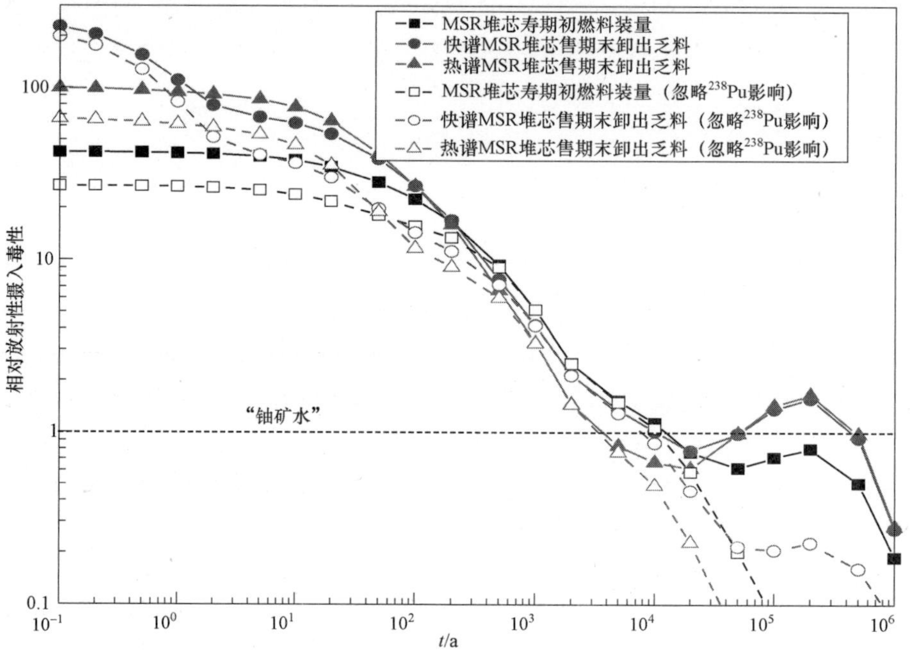

图 7-12　TRU 核素放射性毒性曲线

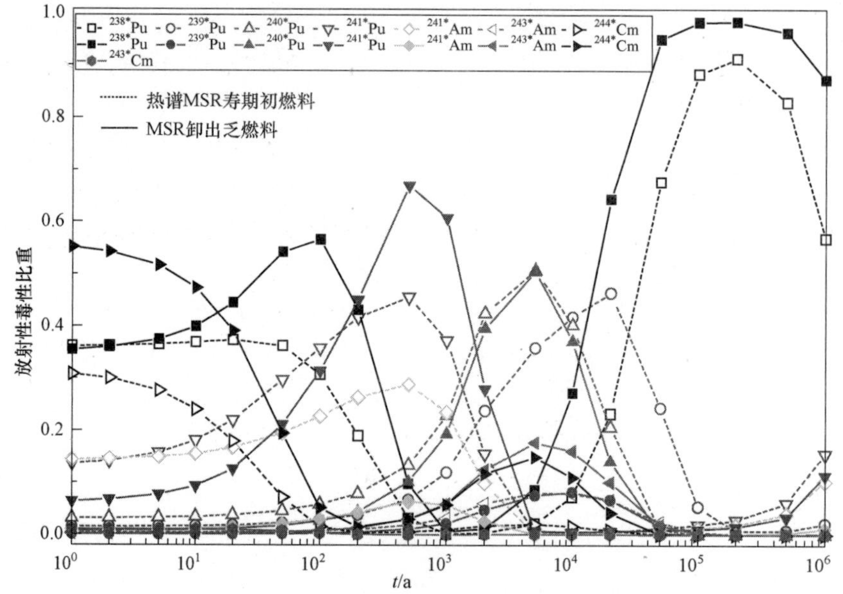

图 7-13　各阶段 TRU 核素放射性毒性贡献度

注：* 图中计算放射性毒性包括核素本身以及其衰变子体的放射性毒性

7.4 小　结

熔盐堆自 20 世纪 50 年代提出概念以来已有 60 余年的发展历史，由于其闭式燃料循环和突出的乏燃料嬗变和焚烧特性，可实现核电可持续发展目标和“分离－嬗变”燃料循环发展的技术路线。本章以 MSBR、MOSART 这两种堆型作为热谱、快谱嬗变 TRU 的堆型参考，通过对快、热谱 MSR 燃耗反应性、焚烧能力、TRU 焚毁率、MA 嬗变支持比、放射性毒性等性能参数进行计算分析，评价了快、热谱 MSR 焚烧与嬗变 LWR 乏燃料的能力。

参考文献

[1] DoE U S. A technology roadmap for generation IV nuclear energy systems [C]. GIF－002－00//Nuclear Energy Research Advisory Committee and the Generation IV International Forum. 2002.

[2] 李志峰，谢金森，曾文杰. 石墨熔盐堆的快中子注量率展平研究 [J]. 科技资讯，2014（25）：78-79.

[3] 蔡翔舟，戴志敏，徐洪杰. 钍基熔盐堆核能系统 [J]. 物理，2016（9）：578-590.

[4] 蔡军. 熔盐堆反应性引入事件初步分析 [D]. 中国科学院研究生院（上海应用物理研究所），2013.

[5] 江绵恒，徐洪杰，戴志敏. 未来先进核裂变能——TMSR 核能系统 [J]. 中国科学院院刊，2012，3：366-374.

[6] 赵文博. 熔盐堆 TRU 嬗变与 Th－U 增殖特性研究 [D]. 南华大学硕士学位论文，2017.

[7] 于涛，谢金森，赵文博，等. TRU 燃料热谱 MSR 定期换料及嬗变特性数值研究[J]. 核动力工程，2018（3）：18-22.

[8] 赵文博，谢金森，于涛等，DRAGON&DONJON 程序 MS 中堆芯燃耗计算的适用性 [J]. 核技术，2017（6）：060602-1-060602-7.

第 8 章

聚变裂变混合堆嬗变技术

8.1 聚变裂变混合堆（FDS）概念

聚变裂变混合堆概念[1]在 20 世纪 50 年代由美国劳伦斯·利弗莫尔实验室的鲍威尔提出。19 世纪 70 年代，美国基于次临界快裂变包层混合堆和热裂变包层混合堆的工作完善了混合堆的基本概念。自此，混合堆概念设计得到了蓬勃开展。聚变裂变混合堆是一种由聚变驱动的次临界堆，由一个聚变堆芯和一个裂变包层组成，聚变堆芯提供外源中子支持裂变包层运行在次临界状态之下，是聚变能得到提前应用的一种有效途径。它结合了聚变堆和裂变堆的优势，即聚变堆的富中子输出和裂变堆一次核裂变反应的高能量输出。从聚变释放出 14.1 MeV 的高能中子，在包层内引发重核裂变，从而产生 200 MeV 能量输出；或者聚变反应释放的一个聚变中子，在包层内引发一次 ^{238}U 或 ^{232}Th 的中子俘获吸收反应，生成一个 ^{239}Pu 或 ^{233}U，新产生的易裂变核素裂变后能带来 200 MeV 的能量输出。

聚变裂变混合堆可以根据 14.1 MeV 中子进入包层后引起裂变的性质和程度的不同，设计成裂变混合堆和抑制裂变混合堆。裂变混合堆使利用 ^{238}U 和 ^{232}Th 的快中子裂变（快裂变混合堆）或利用慢化后的热中子与包层中含有的 ^{235}U、生成的 ^{239}Pu 和 ^{233}U 发生作用，引起裂变（热中子裂变混合堆）。裂变混合堆因为利用了裂变能，所以在包层中沉积的能量较大。抑制裂变混合堆则是使聚变产生的 14.1 MeV 中子尽快慢化到 ^{238}U 和 ^{232}Th 的裂变阈以下，避免引起快裂变，同时尽量降低包层中含有的 ^{235}U、^{239}Pu、^{238}U 的含量，以避免热中子引起裂变。这样做主要是为了增殖核燃料，将可裂变核素转化为易裂变核素。

一次氘氚聚变反应可以释放约 17.6 MeV 的能量和一个能量约为 14.1 MeV 的高能中子，这种能量的高能中子可以引起 ^{238}U 和 ^{232}Th 等可裂变材料的（n，f）、（n，2n）、（n，3n）等反应。因此，科学家首先想到的是在包层内装载天然铀、钍或者贫化铀，利用可转换材料的裂变，实现能量放大和易裂变材料生产。这种类型的混合堆也被称为增殖堆[2]。在 20 世纪 80 年代，增殖堆方面的研究非常活跃，这个时期增殖堆的主要特点是：包层使用可裂变材料，用液态金属、气冷、熔盐等冷却方式，生产的易裂变燃料进行铀钚分离后供热堆和快堆使用。

从 20 世纪 90 年代开始，美国的混合堆研究开始转向乏燃料的处理。从中子学的观点来看，乏燃料中的 ^{239}Pu、^{241}Pu 是很好的易裂变材料，镎、镅、锔等元素在高能区都可以发生直接裂变，可以在高能中子中进行嬗变。美国桑迪亚国家实验室（SNL）的 In–Zinerator、Georgia 理工学院提出的 SABR 以及中国科学院等离子体物理研究所设计的 FDS 系列混合堆都属于这一类。由于包层内放装载了大量超铀元素，这种包层的能量放大倍数在几十以上，其能量主要是裂变放出的，要求的聚变功率只有几十兆瓦。

混合堆与聚变堆相比具有如下优势：① 在同等包层输出功率情况下，对等离子体聚变的功率要求更低，可以在一定程度上缓解政治压力和公众对于可控聚变能应用技术可行性的质疑；② 在同等功率输出情况下，由于混合堆具有一定的功率放大，其结构材料的辐照损伤要比纯聚变堆小；③ 不需要 Be 作为中子倍增材料；④ 不需要具有高聚变增益因子 Q。聚变裂变混合堆可以降低对聚变功率的要求，极大减轻了对材料的要求，有可能使聚变能的利用提前。

与裂变堆相比较，混合堆具有以下优势：① 具有深次临界（k_{eff}显著小于 1.0）的特点，不存在临界堆的超临界安全问题；② 混合堆可以直接烧天然铀、贫铀和天然钍，不需要装载富集燃料，也不涉及到铀钚分离的问题，核燃料闭合循环使用，不产生传统意义上的乏燃料，环境排放低，降低了核扩散风险；更为关键的是混合堆基本上可以把装载的核燃料（^{235}U 和 ^{238}U）烧掉（在不考虑燃料元件辐照损伤、肿胀等因素的情况下），大大提高了核燃料的使用效率。而现在传统的压水堆采用一次通过的策略，其燃料利用率还不到 1%；③ 其初装堆没有易裂变燃料作为启动燃料的要求，而且其包层燃料增殖性能优越。对于快堆而言，燃料倍增时间较长而且需要大量的易裂变核素作为启动燃料，使其经济性上处于劣势；④ 混合堆由于具有 14.1 MeV 的高能聚变中子，可有效嬗变 MA 及长寿命裂变产物，为核废料嬗变处理提供了新途径。

因此，聚变裂变混合堆利用聚变装置作为中子源，驱动次临界包层，可实现直接燃烧可裂变核素、增殖核燃料和嬗变长寿命锕系元素。

8.2 磁约束 FDS 嬗变技术

磁约束型的聚变裂变混合堆，以磁约束 Tokamak 为驱动源的混合堆的设计研究最多。我国核工业西南物理研究院设计了混合增殖堆 FEB–E[3]（见图 8-1），中科院等离子体物理研究所设计了 FDS 系列堆型[4-6]（见图 8-2），美国乔治亚理工学院设计了次临界先进燃烧反应堆 SABR[7]（见图 8-3），日本和土耳其也开展了类似的设计研究。

俄罗斯首个磁约束托卡马克混合堆[8]设计由 Yevgeny Velikhov 和 Igor Golovin 在 1977 年完成。库尔恰托夫研究所多年来一直在开展相关研究，其中 T–15MD 混合托卡马克装置目前现已取得实质性进展，现已在库尔恰托夫研究所启动设备安装工作，并将于 2020 年实现物理启动。同时，库尔恰托夫研究所目前还在开展 DEMO–FNS 托卡马克装置和混合堆中试装置（PHP）的设计和研发工作[9]。该研究所 2013 年启动 DEMP–FNS 的相关工作，并计划于 2023 年启动该设施的建设，为在 2050 年前建成 PHP 奠定坚实基础。DEMP–FNS 将利用热核聚变反应产生的中子，将 ^{238}U 增殖为 ^{239}Pu。

(a) FEB－E 混合增殖堆

(b) 混合嬗变堆 FDTR－ST

图 8-1　FEB－E 混合增殖堆与混合嬗变堆 FDTR－ST

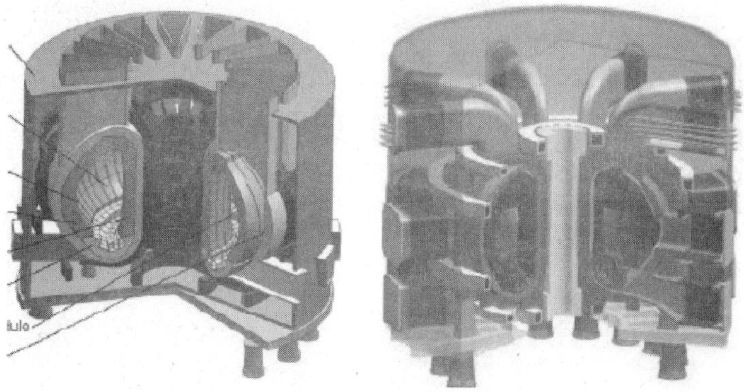

(a) FDS－Ⅰ

(b) FDS－Ⅱ

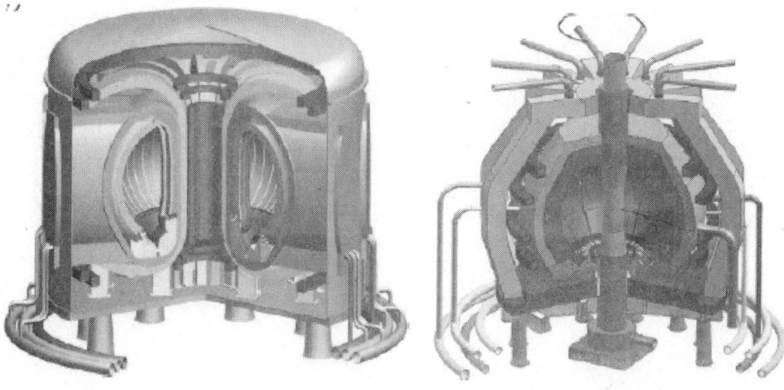

(c) FDS－Ⅲ

(d) FDS－ST

图 8-2　中科院等离子体物理研究所设计的 FDS 系列堆型

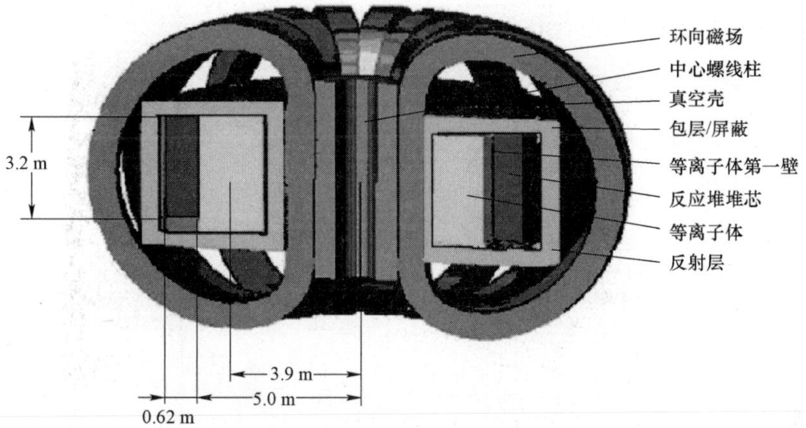

图 8-3 美国乔治亚理工学院设计的 SABR 反应堆

这类混合堆的典型特点是：

1）以增殖核燃料或嬗变 MA 元素为主要设计目标；

2）冷却方式为双冷，即裂变（嬗变）增殖区使用液态金属冷却，产氚区使用氦气冷却。

现有的磁约束型聚变裂变混合堆概念设计的主要优点包括：

1）采用次临界堆包层后，混合堆可实现具有商业规模的能量输出，与现有的压水堆和沸水堆相当；

2）采用次临界堆包层后，容易实现聚变堆芯的氚自持。

而技术主要难点在于：

1）采用液态金属冷却的设计都面临 MHD 问题（MHD 问题：液态金属磁流体动力学效应，即导电的液态金属在聚变强磁场环境下引起的附加 MHD 压降，影响液态金属冷却剂的流动和传热）；

2）脉冲源驱动的次临界堆要解决稳定功率输出的问题；

3）燃料后处理涉及同位素分离。

针对现有混合堆设计存在的主要技术难点，我国彭先觉院士提出了一种创新的聚变裂变混合能源堆概念[10]（见图 8-4）。

混合能源堆最主要的特点是：

1）采用高温高压水作为冷却剂和慢化剂，可裂变核素转换为易裂变核素之后就地燃烧；

2）卸料的后处理不涉及同位素分离。

图 8-4 中（a）描述了混合能源堆的反应堆厂房和冷却方案概念设计；图 8-4（b）是混合能源堆的堆芯部分；图 8-4（c）是次临界堆包层部分，图中外侧部分为包层，中间部分为等离子体；图 8-4（d）和图 8-4（e）图 8-4（f）为考虑的两种候选燃料设计；图 8-4（d）是将充满高温高压水的压力管嵌入燃料的设计，其优点是空间利用率高，难点是加工工艺有待研究；图 8-4（e）图 8-4（f）是传统的压力管型燃料设计，其优点是

加工工艺比较成熟，难点是需要提高其空间利用率。

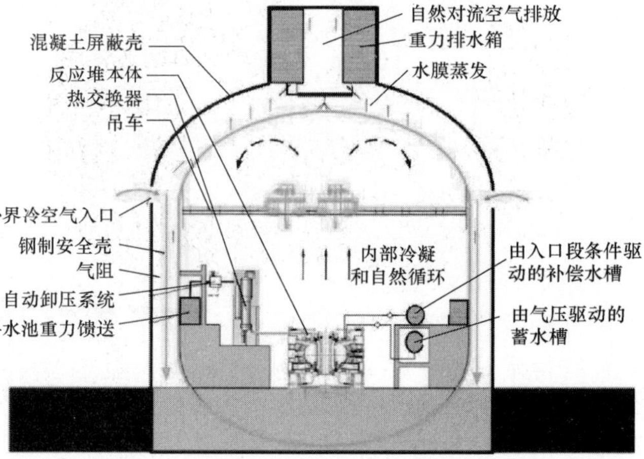

(a) 反应堆厂房和冷却方案示意图

(b) 混合能源堆

(c) 次临界堆包层局部放大

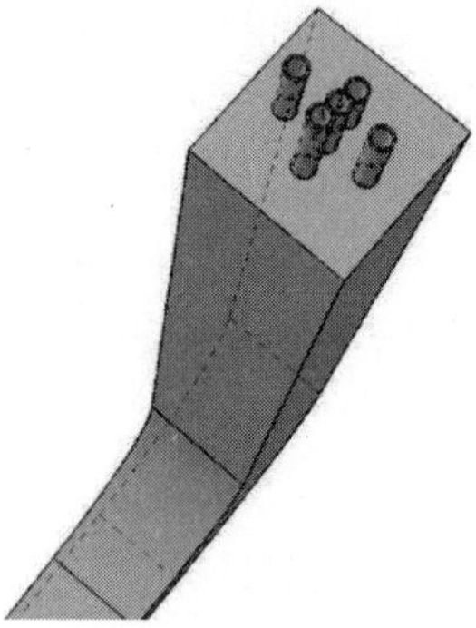

(d) 候选燃料1

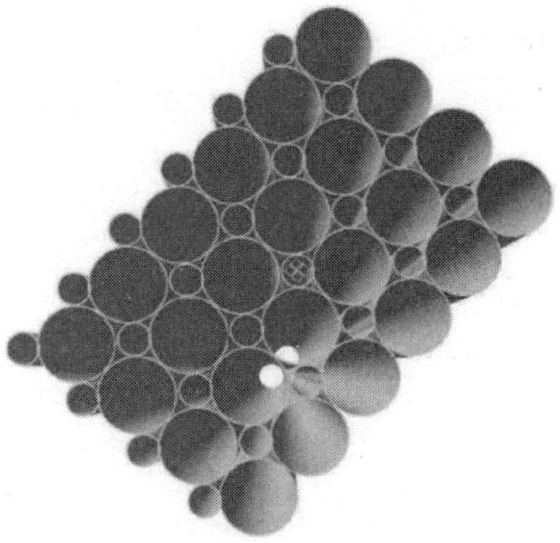

(e) 候选燃料2

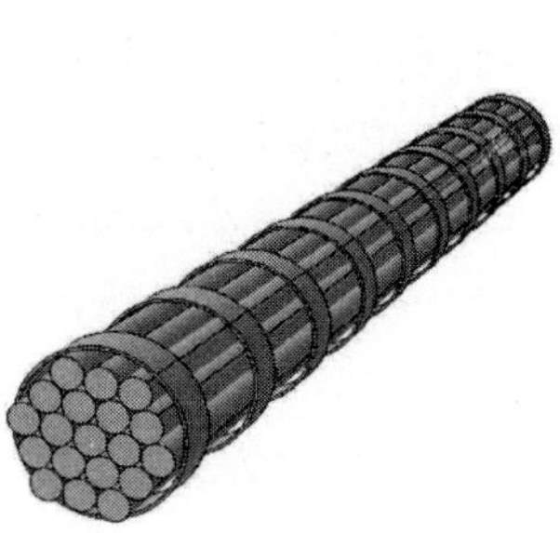

(f) 候选燃料2

图 8-4　聚变－裂变混合能源堆概念设计示意图

混合能源堆采用与现在比较成熟的压水堆、沸水堆技术相似的高温高压水冷却方式，有利于利用现有技术加速实现，也不存在 MHD 问题，其技术可行性明显高于传统的混合堆概念。同时，水还具有一定的慢化作用，有利于将 ^{238}U 和 ^{232}Th 转换得到的 ^{239}Pu 和 ^{233}U 就地裂变，提高铀资源利用率，产生能量。利用水的慢化作用，泄漏到产氚区的中子能谱比传统混合堆要软，更有利于 ^{6}Li 的（n，T）反应堆，对简化产氚区设计也是有利的。混合能源堆考虑采用合金型（天然铀/贫铀/热中子反应堆卸出的乏燃料）燃料，前端不涉及铀浓缩，后端则有利于简化卸料的后处理，目前设计的后处理工艺只涉及有害裂变气体的去除而不涉及同位素分离，不存在核扩散的风险。

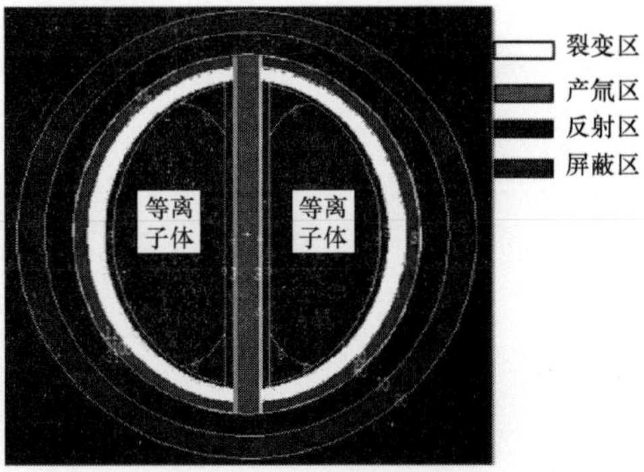

图 8-5 中子学模型示意图

张明春等人[11]采用球形托卡马克（ST）等离子体位形，对氦冷嬗变包层、钠冷嬗变包层、氟锂铍（FLiBe）熔盐冷嬗变包层 3 种嬗变包层中子学方案进行了计算分析（见图 8-5），其中 3 种包层的锕系元素初装料量如表 8-1 所示。

表 8-1 3 种包层的锕系元素初装料量 单位：kg

包层类型	^{239}Np	^{241}Am	^{243}Am	^{244}Cm	^{238}Pu	^{239}Pu	^{240}Pu	^{241}Pu	^{242}Pu
氦冷包层	4 822	593	1 224	375	200	2 982	1 319	657	406
钠冷包层	4 822	593	1 224	375	467	6 956	3 076	1 531	947
FLiBe 冷包层	4 800	591	1 218	373	502	7 470	3 303	1 645	1 017

张春明等人主要是研究的 ^{237}Np 的嬗变。对于氦冷包层，^{237}Np 的年嬗变率为 2.25%，即 9.62 a 内 ^{237}Np 减少了 949 kg。对于钠冷包层，^{237}Np 的年嬗变率为 6.87%，9.62 a 内 ^{237}Np 减少了 2 391 kg。对于 FLiBe 冷包层，9.62 a 内 ^{237}Np 减少了 3 070 kg。如果仅从对嬗变 ^{237}Np 能力来评价，3 种包层设计中无疑 FLiBe 冷包层的嬗变能力为最强（见表 8-2）。

表 8-2 包层中核素随运行时间的变化

包层类型	时间/d	0	630	1 350	2 070	2 790	3 510	年嬗变率/%
氦冷包层	^{237}Np	12.25	11.77	11.26	10.76	10.29	9.84	2.25
	^{241}Am	1.47	1.53	1.57	1.59	1.61	1.60	−0.88
	^{243}Am	3.03	2.94	2.84	2.75	2.65	2.57	1.70
	^{244}Cm	0.92	0.90	0.88	0.85	0.83	0.70	2.80
	^{238}Pu	0.50	0.78	1.08	1.35	1.60	1.81	−14.31
	^{239}Pu	7.51	7.52	7.52	7.53	7.55	7.57	−0.08
	^{240}Pu	3.32	3.29	3.25	3.21	3.17	3.13	0.61
	^{241}Pu	1.65	1.46	1.28	1.12	0.98	0.87	6.44
	^{242}Pu	1.02	1.02	1.02	1.02	1.01	1.01	0.10

续表

包层类型	时间/d	0	630	1 350	2 070	2 790	3 510	年嬗变率/%
钠冷包层	^{237}Np	12.24	10.61	9.13	7.95	6.98	6.17	6.87
	^{241}Am	1.47	1.49	1.48	1.43	1.37	1.30	1.27
	^{243}Am	3.03	2.76	2.51	2.31	2.13	1.98	4.33
	^{244}Cm	0.92	1.00	1.04	1.05	1.04	1.02	−1.08
	^{238}Pu	1.18	2.02	2.68	3.08	3.31	3.43	−11.73
	^{239}Pu	17.52	17.57	17.64	17.73	17.83	17.92	−0.23
	^{240}Pu	7.75	7.11	6.51	6.02	5.60	5.24	3.99
	^{241}Pu	3.86	3.01	2.34	1.87	1.53	1.28	10.84
	^{242}Pu	3.39	2.38	2.33	2.28	2.21	2.14	1.14
FLiBe 冷包层	^{237}Np	12.24	10.32	8.42	6.82	5.49	4.41	10.07
	^{241}Am	1.47	1.48	1.41	1.30	1.16	1.03	3.63
	^{243}Am	3.03	2.71	2.39	2.10	1.86	1.65	6.12
	^{244}Cm	0.92	1.11	1.26	1.34	1.38	1.38	−4.30
	^{238}Pu	1.27	2.57	3.64	4.29	4.59	4.64	−14.42
	^{239}Pu	18.90	18.99	19.17	19.43	19.73	20.04	−0.61
	^{240}Pu	8.36	7.65	6.91	6.23	5.61	5.05	5.10
	^{241}Pu	4.16	3.30	2.57	2.04	1.66	1.38	10.84
	^{242}Pu	2.57	2.58	2.55	2.48	2.38	2.27	1.28

马续波等人[12]利用 BISONC 以及 MCNP 针对球形聚变裂变混合堆（见图 8-6）研究并分析了聚变裂变混合堆钍基增殖锕系元素的嬗变，其中聚变裂变混合堆各区材料及其体积分数如表 8-3 所示。

表 8-3　聚变－裂变混合堆各区材料及其体积分数

堆区	材料及体积分数	区号	区厚度/cm
中心区	Cu	1	39
等离子体	空	3	200
刮削层	空	4	15
护甲层	Be，100%	5	0.2
壁	316SS，70%：He%气，30%	2，8，10，12	1，1，1，1
燃料增值区	ThO_2，31.7%；石墨，31.7%；SiC，10.6%；He 气，26%	7	12
MA 区	Li_2O，35%；Be，35%；He 气，27%；MA，3%	9	18
氚增值区	Li_2O，35%；Be，35%；He 气，30%	11	20
反射层	石墨，90%；He 气，10%	13	30
结构层	316SS，70%；He 气，30%	14	10

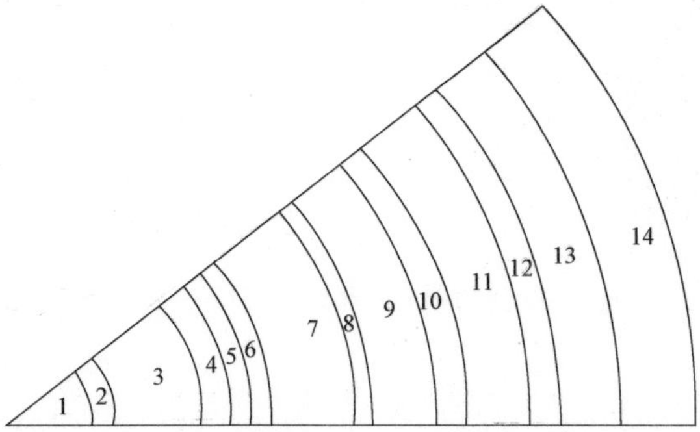

图 8-6 球形聚变－裂变堆混合堆结构

如表 8-4 所示，MA 的年嬗变量为 288.8 kg，按照 1 座 1 GWe 压水堆 MA 的年产量为 25 kg、包层的热功率按 110 MW 计算，包层的支持比为 32（热电转换效率为 33%）。燃耗掉的 MA 占初装料的 3.01%。由图 8-7 可以看出，初装量体积份额由 3%提高到 4%时，相对燃耗有比较明显的提高，再提高 MA 的初装量时，相对燃耗基本无变化。

表 8-4 系统嬗变率与支持比

MA	初装料/kg	卸料/kg	10 年燃耗（MA）	
			质量/kg	百分比/%
^{237}Np	4.386×10^3	4.308×10^3	78.0	1.78
^{241}Am	4.082×10^3	3.943×10^3	139	3.41
^{243}Am	9.106×10^2	8.951×10^2	15.5	1.70
^{244}Cm	2.056×10^2	1.493×10^2	56.3	27.4
小计	9.584×10^3	9.295×10^3	288.8	3.01

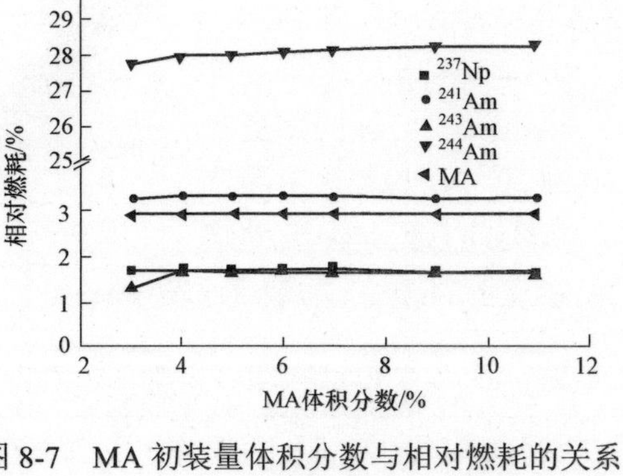

图 8-7 MA 初装量体积分数与相对燃耗的关系

杨超等人[13]用 MCNP 和 ORIGEN2 针对图 8-8 所示模型开展了聚变驱动次临界系统嬗变锕系元素的研究，其中包层材料组成及尺寸如表 8-5 所示。

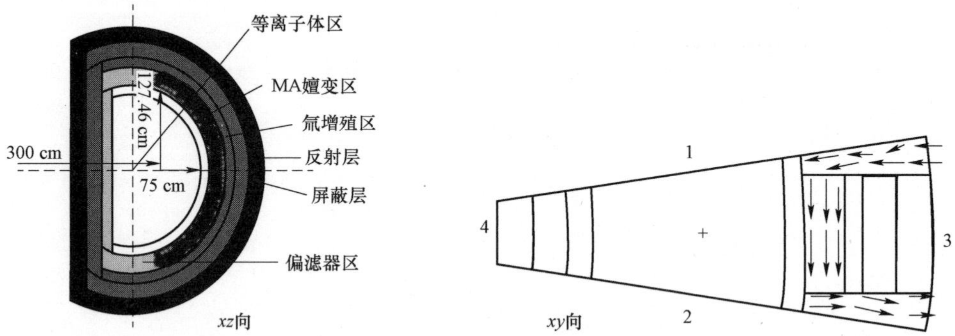

图 8-8 模型示意图

表 8-5 包层的材料组成和尺寸

包层		材料及其体积分数	径向厚度/cm
外包层	第一壁	SS304（80%）+Na（20%）	2
	MA 嬗变区	Fuel（43%）+Na（46%）+Zr（11%）	30
	结构材料	SS304（80%）+Na（20%）	1
	氚增殖区	Li_2SiO_4（70%）+Na（30%）	12.2
	反射层	C（80%）+Na（20%）	25
	屏蔽层	SS304（80%）+Na（20%）	25
	偏滤器	SS304（60%）+Na（40%）	25
内包层	第一壁	SS304（80%）+Na（20%）	2
	反射层	C（80%）+Na（20%）	25
	屏蔽层	SS304（80%）+Na（20%）	25

嬗变区外包层燃料组件布置及截面示于图 8-9。第 1～3 排组件中 Pu 的质量分数依次为 10%、30%、40%。两种装载方式中 MA 和 Pu 的总质量相同，分别为 1.347×10^4 kg 和 1.906×10^4 kg。

其中 ^{237}Np、^{241}Am、^{243}Am 和 ^{244}Cm 的嬗变率分别为 27.0%、27.4%、30.3%和 7.63%，这 4 种核素占初始 MA 质量的 98.7%，因此它们是主要的嬗变对象，且 MA 的嬗变率能达到 24.3%。如表 8-6 所示。

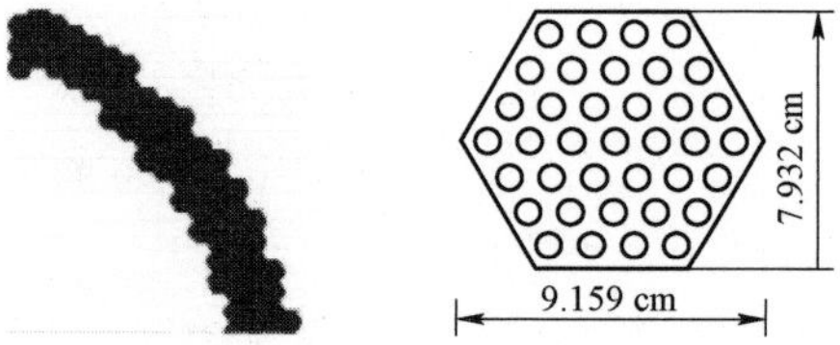

图 8-9 外包层燃料组件布置及截面

表 8-6 各核素在寿期初和寿期末的质量

核素	初始装载质量/kg	寿期末剩余质量/kg	嬗变率/%
^{237}Np	7.13E+03	5.20×10^3	27.0
^{238}Pu	4.64E+02	1.69×10^3	−265

续表

核素	初始装载质量/kg	寿期末剩余质量/kg	嬗变率/%
^{239}Pu	5.61E+03	4.06×10^{3}	27.6
^{240}Pu	3.14E+03	3.15×10^{3}	−0.153
^{241}Pu	1.00E+03	6.25×10^{2}	37.8
^{242}Pu	7.17E+02	7.57×10^{2}	−5.63
^{241}Am	2.76E+03	2.00×10^{3}	27.4
^{242}Am	2.12E+01	8.12×10^{1}	−283
^{243}Am	2.19E+03	1.53×10^{3}	30.3
^{244}Cm	1.26E+03	1.17×10^{3}	7.63
^{245}Cm	9.27E+01	1.52×10^{2}	−63.6
^{246}Cm	2.10E+01	2.43×10^{1}	−16
总的 MA	1.347E+04	1.02×10^{4}	24.27
总的 Pu	1.093E+04	1.028×10^{4}	5.98

8.3　Z 箍缩 FDS 嬗变技术

Z 箍缩又称 Z–Pinch，指等离子体在轴向（*Z* 方向）强大电流产生的洛伦兹力作用下，在径向（*R* 方向）形成的自箍缩效应（见图 8-10）。

洛伦兹力是当电流通过一根导线时，在导向的周围要产生磁场。

由图 8-10 可见，电荷将产生沿导线径向向心的加速度，其结果是引起电荷束流的自箍缩。当电流足够强时，这种箍缩效应将产生巨大的等离子体聚心内爆，并在轴线附近形成高温高密度区[14]。

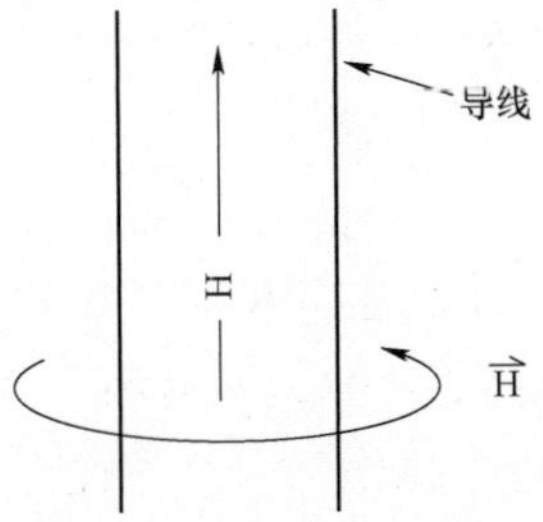

图 8-10　Z–Pinch 示意图

Z 箍缩驱动聚变裂变混合能源堆（Z–Pinch Driven Fusion–fission hybrid reactor，Z–FFR）[15]通过电磁内爆驱动 DT 靶聚变，提供 14 MeV 高能中子源，与次临界包层中的 ^{238}U 发生裂变或（n，γ）反应，后者衰变产生的 ^{239}Pu 在热中子作用下进一步裂变，从而释放巨大能量并输出大量中子。裂变能量以热的形式被导出用于发电，输出的中子输运到产氚包层内与 ^{6}Li 反应产生氚，补充聚变消耗，实现聚变燃料自持。如图 8-11、图 8-12 所示。

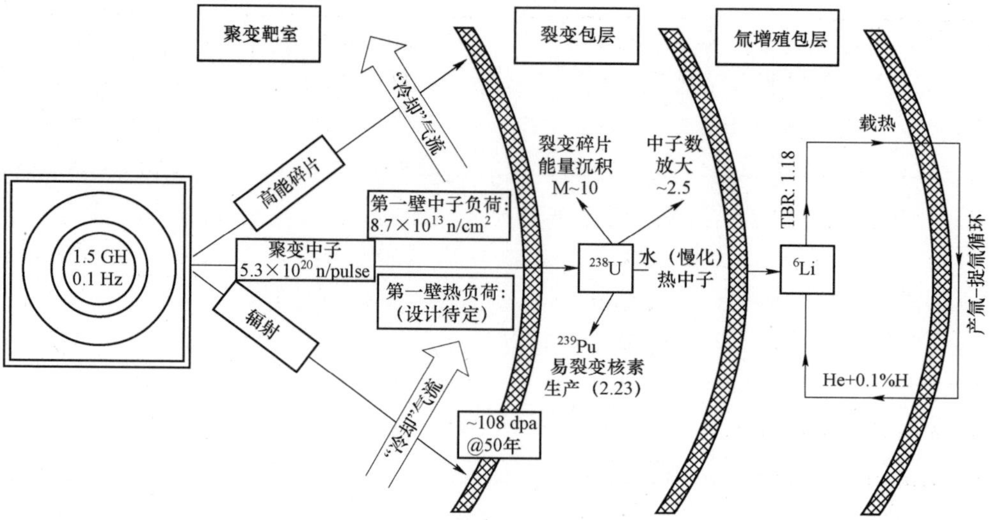

图 8-11　Z－FFR 物理设计示意图

图 8-12　Z－FFR 结构示意图

Z 箍缩聚变研究始于 20 世纪 50 年代中期，但直到 20 世纪末才引起全世界的广泛关注。1997 年美国桑迪亚国家实验室（Sandia National Laboratory，SNL）在驱动电流为 20 MA 的 Z 装置上取得的里程碑意义的突破，预示着 Z 箍缩可以经济地提供强大的 X 射线源，在聚变能源研究方面发挥重要的作用。之后 SNL 实验室与美国劳伦斯利弗莫尔国家实验室（Lawrence Livermore National Laboratory，LLNL）、美国洛斯阿拉莫斯国家实验室（Los Alamos National Laboratory，LANL）等实验室合作，在 Z 箍缩电磁内爆实验、物理及聚变靶的研究与设计方面开展了大量工作，提出了实现聚变的两类概念设计——动态黑腔模型和双端驱动模型。同时对 Z 装置进行改造升级（ZR 装置），将驱动电流由 20 MA 提升至 26 MA。2010 年，Sandia 实验室发展了直接驱动的磁化套筒惯性聚变构型，利用 Be 套筒内爆压缩经过预热和磁化的氘氚燃料，获得了 2×10^{12} 个聚变中子[16]。

2000 年以来，中国工程物理研究院建立了专门的 Z 箍缩理论和数值模拟研究团队，围绕 Z 箍缩辐射源物理开展了大量研究[17]。在 2000 年，中物院着手开展 Z 箍缩研究，到目前为止，已逐步成立了理论、实验、测试、制靶和驱动器五位一体的研究团队并已开展多轮 Z 箍缩电磁内爆实验。同时利用国内的“阳”“强光一号”加速器以及俄罗斯 S－300、Angara－5 等装置，持续开展了十几年的 Z 箍缩研究。2002 年中物院启动驱动电流达 8～10 MA 的 PTS“聚龙一号”装置研究，为 Z 箍缩研究提供更有力的实验平台。该装置与 2013 年建成，目前已可用于物理实验。2008 年，中物院联合国内许多单位，开始先进混合堆概念研究，提出了“先进次临界能源堆”概念。目前已经就 Z－FFR 的主要方面开展了研究，并形成了基本技术路线和初步概念方案[18]。先进次临界能源堆主要具有以下技术特点：

1）次临界能源堆 $k_{eff} \ll 1$，无临界安全事故，且易于实现非能动余热安全，避免出现放射性泄漏事故，具有很好的固有安全性，不需要场外应急系统。

2）次临界能源堆能够烧 ^{238}U 和 ^{232}Th 燃料，并可以从天然铀燃料开始，铀利用率大于 80%且少受资源约束，因而可以成为千年能源。

3）能量放大倍数 M 大于 10，可达 20 甚至更高。因而大大降低了对聚变技术的要求，可促进聚变技术尽早应用。

4）核燃料制造和循环简单，换料周期长，核废料少，易处理（多数裂变产物半衰期较短），具有很好的经济性。

5）不需要进行铀－钚循环，也不依赖铀同位素分离，具有独到的防核扩散功能。

6）具有较好的嬗变功能，且在核燃料循环过程中基本不向外界排放放射性物质。所产生的次锕系元素基本都被嬗变掉，是非常清洁环保的能源系统。

美国 Sandia 国家实验室开展了 Z－Pinch 驱动的、以嬗变超铀元素为目的的聚变裂变混合堆（简称 In－Zinerater）概念设计。由于混合堆是次临界系统，包层内燃料可全部采用 TRU，嬗变效率高于快堆。按每 MW 热功率每天可使 1.05 gTRU 裂变来计，假设包层热功率为 3 000 MW，则每年可嬗变超铀核素约 1 150 kg。快堆是临界系统，TRU 含量过高对缓发中子寿命、多普勒系数等反应堆安全参数有不利影响。由于快堆燃料中含大量 ^{238}U，嬗变 TRU 的同时还会产生新的 TRU，嬗变效率不如混合堆 In－Zinerater 利用 Z－Pinch 产生氘氚聚变，每 10 s 打靶一次，每次反应产生 200 MJ 能量，等效聚变功率 20 MW。聚变中子源驱动含 TRU 核素的包层，燃料是锂的氟化物与锕系元素氟化物形成的熔盐。

In－Zinerater 设计目标是[19]：包层能量放大倍数（M）和氚增值比（TBR）分别为 150 和 1.2，但美国 Sandia 国家实验室的设计方案只是在寿期初实现了设计目标，考虑燃耗后实现 M 和 TBR 分别约 120 和 0.8，还需加以改进。

如果 8-13 所示，Z－Pinch 聚变堆芯为半径 2 m，高 6 m 的圆柱体，等效聚变功率 20 MW，包层热功率为 3 000 MW。设计中燃料初始成分为 1.056×10^{5} kg 的含锕系元素的（LiF）0.85（AnF3）0.15，其中 Li 的丰度为 3%，Sandia 国家实验室对此开展了系列计算分析[20]。其中，燃料初装量如表 8-7 所示。

表 8-7　TRU 核素初始装量

核素	初始装载量（核子密度）
^{6}Li	0.011 09
^{7}Li	0.358 48
^{9}F	0.565 22
^{235}Np	1.000E－15
^{236}Np	4.772E－09
^{237}Np	0.004 79
^{238}Np	2.026E－12
^{239}Np	1.174E－09
^{236}Pu	1.000E－15
^{237}Pu	1.000E－15
^{238}Pu	0.001 74
^{239}Pu	0.029 63
^{240}Pu	0.017 13
^{241}Pu	0.000 60
^{242}Fu	0.003 74
^{243}Pu	1.000E－15
^{244}Pu	7.214E－07
^{241}Am	0.006 01
^{242}Am	1.060E－05
^{243}Am	0.001 34
^{241}Cm	1.000E－15
^{242}Cm	2.575E－08
^{243}Cm	1.799E－06
^{244}Cm	0.000 13
^{245}Cm	5.643E－05
^{246}Cm	1.259E－05
^{247}Cm	2.433E－07
^{248}Cm	2.793E－08
^{249}Bk	1.000E－15
^{249}Cf	1.000E－15
^{250}Cf	1.000E－15

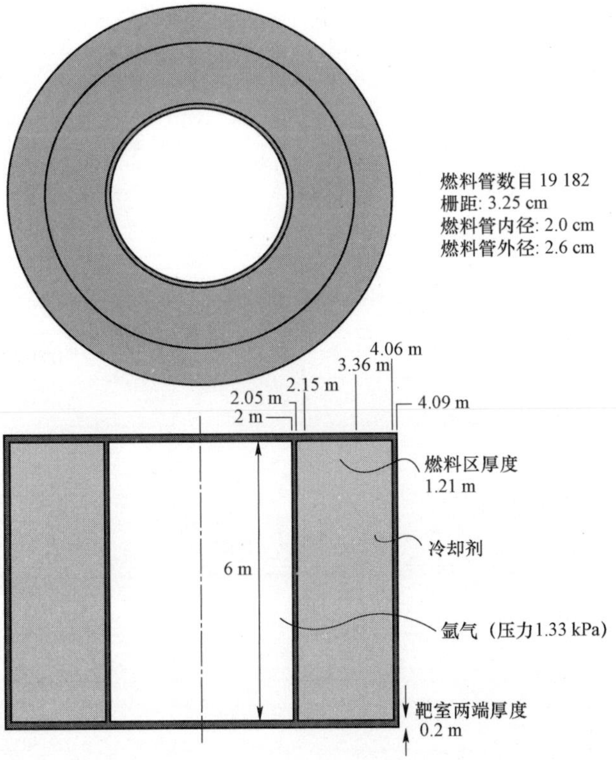

图 8-13 In－Zinerater 简化模型示意图

在保持包层功率波动小于 5%的情况下，基于 MCise 程序对 In－Zinerater 堆芯前 5 年进行模拟计算，得到 TRU 嬗变为 5 560 kg，氚增值比维持在 1.4～1.6 之间。同时，对 23 种锕系核素的产量进行了计算，从图 8-14 可知，Pu 在整个锕系核素产量中占据主要部分，且随时间变量并不明显，而 Cm 随时间逐渐增长并趋于饱和。

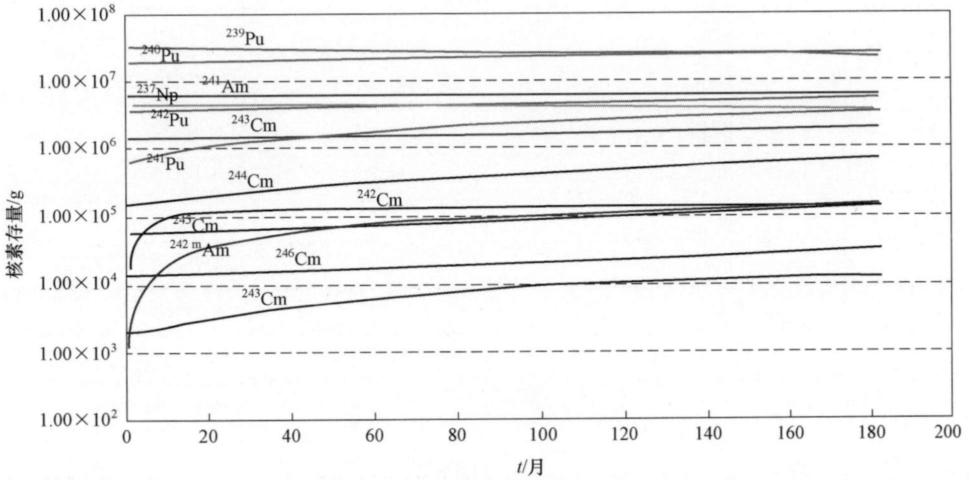

图 8-14 TRU 核素存量随时间的变化

在前 5 年中，TRU 核素的消耗/产生率情况如表 8-8 所示。其中，表格中正值表示净消耗率，负值表示净产生率，从中可以得到 In－Zinerater 包层每天 TRU 的净消耗率 3.62 kg。图 8-15 给出了部分重要 TRU 核素的消耗/产生率情况，可以看到 ^{237}Np、^{239}Pu、^{241}Am 等核素消耗显著，^{238}Pu、^{241}Pu 等核素产生明显，而其他核素产量变化较小。

表 8-8　TRU 核素消耗/产生率

核素		消耗/产生率/（g/d）	核素		消耗/产生率/（g/d）
Np	235	－5.64E－05	Am	241	541
	236	9.08E－04		242	30.4
	237	536		243	－18.2
	238	2.19	Cm	241	－8.59E－05
	239	7.07E－03		242	－4.94
Pu	236	－4.80E－03		243	－2.37
	237	0.0200		244	56.3
	238	－626		245	－6.74
	239	3 410		246	－0.862
	240	12.8		247	－0.233
	241	－351		248	－0.013 7
	242	6.35	Bk	249	1.23E－03
	243	33.3	Cf	249	－9.53E－04
	244	0.023 4		250	－1.41E－05

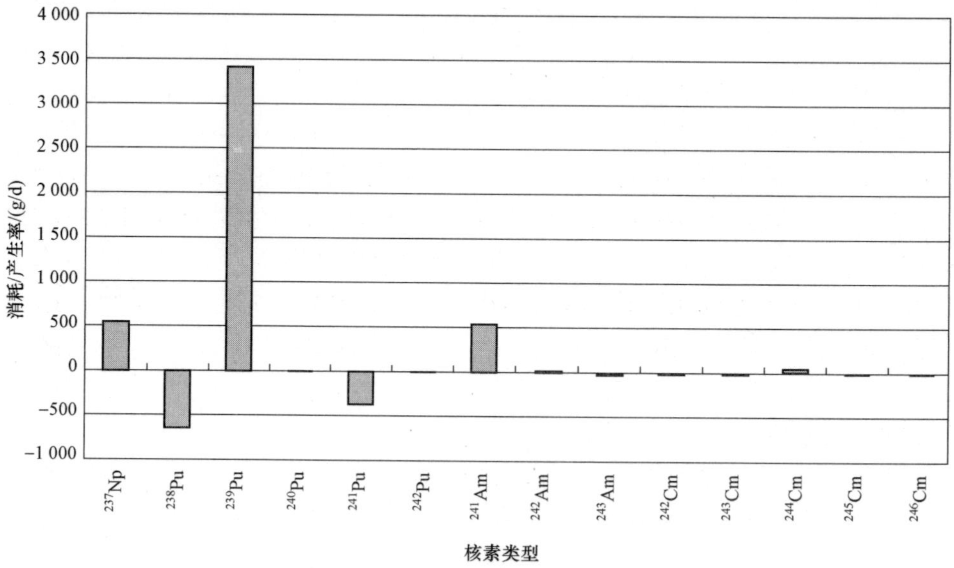

图 8-15　TRU 核素的消耗/产生率

8.4　激光惯性约束 FDS 嬗变技术

激光惯性约束聚变是指利用激光作驱动源，脉冲式地提供高强度能量，均匀地作用于装填氘氚燃料的微型球状靶丸外壳表面，形成高温高压等离子体，利用反冲压力，使靶外壳极快地向心运动，压缩氘氚主燃料层到每立方厘米的几百克质量的极高密度，并使局部氘氚区域形成高温高密度热斑，达到点火条件，驱动脉冲宽度为纳秒级，在高温高密度热核燃料来不及飞散之前，进行充分热核燃烧，放出大量聚变能。激光惯性约束聚变裂变混合堆，是以激光为驱动源的混合堆。美国的劳伦斯–利佛莫尔国家实验室提出了基于国家点火装置 NIF 的混合堆概念 LIFE（Laser Inertial Fusion Engine），如图 8-16 所示。2010 年，美国国家点火装置进行了首次综合点火实验，用 350 nm 波长、能量为 1～1.3 MJ 的激光束，间接驱动中心热斑靶聚变。

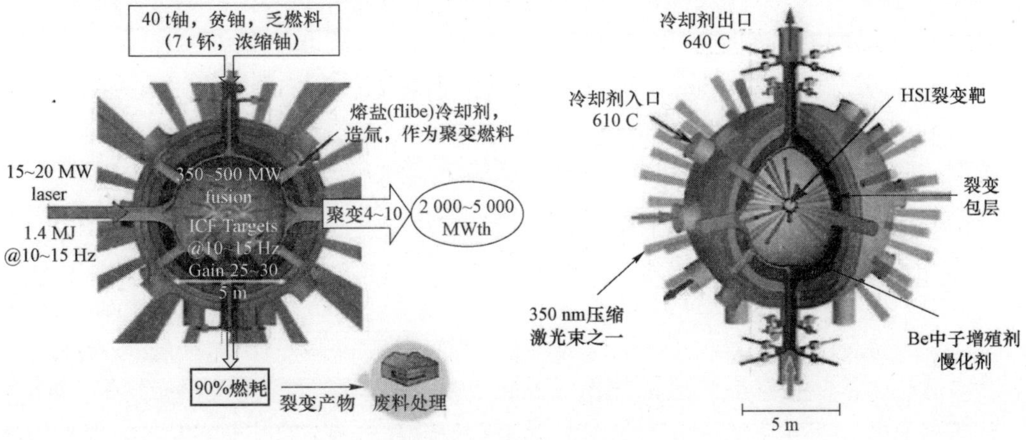

图 8-16　LIFE 结构示意图

LIFE 系统主要包括聚变系统和裂变包层系统[21]。其中聚变系统主要包括：

1）激光系统。为实现 LIFE 的目标，拟开发高能、高功率 Nd 玻璃和高能二极管泵浦固体激光技术，以增加激光强度和频率。要求未来电能转换为激光能的效率达到 10%～15%。激光器由 192 路独立的激光束流组成，每束激光束能量为 100 kJ 量级，波长 350 nm，激光束对聚焦点的聚焦要达到最佳的运行状态。激光器件用高速流动的氦气冷却。

2）聚变靶。设想用间接驱动方式实现热斑点火。高能激光束入射于靶室的内壁上，在高 Z 的金属室壁上转换为 X 光，X 光在靶丸上形成内爆压缩激波，内爆压缩有高度的对称性，使靶丸达到高温和高密度。要求在靶球内 D–T 燃料的中心部位 1%内点火，避免中心外燃料混进熱斑，造成熄火。

3）靶室靶室。采用球形设计，半径 2.5 m。室壁（即包层第一壁）由低活性纳米结构的氧化奥氏体钢构成，以承受高能中子的辐照损伤。室壁的表面覆以 250～500μm 的钨，以承受 X 射线形成的 1 000 K 以上的高温。

4）聚变靶控制系统。聚变靶控制系统须能以 200～400 m/s 的速度，每天发射 106～107 颗靶丸。要求靶丸以高精度到达靶室中心指定的位置，靶丸测试、跟踪和定位的精度要求也很高。这种精度与弹道导弹防御系统击准太空飞行的弹道导弹相当。

裂变包层系统由第一壁、铍增殖层、裂变燃料区以及屏蔽层组成。第一壁和 Be 要经受强流高能中子的辐照，它们需要定期更换。由于燃料中易裂变核素浓度低，需要在第一壁后布置 15 cm 厚的铍球床来增殖中子，FliBe 熔盐在球床中流过以冷却铍球床。Be 的用量成为制约混合堆发展规模的一个重要因素。LIFE 大部分能量是裂变区中产生的，必须设计出能实现极高燃耗 90%以上的原子分数燃耗）、以高功率密度长时间稳定运行的燃料元件。这种设计不需换料，只需在包层裂变燃料消耗殆尽时作一次后处理。随着中子的辐照，易裂变核素浓度会出现先增加后缓慢减小的过程，但在整个寿期内系统的有效增殖系数 k_{eff} 均小于 0.9。LIFE 包层安全性好，失冷事故下燃料可快速排放到包层外的大型容器中，用自然对流的方式冷却衰变余热。

LIFE 包层的裂变燃料可采用贫铀、天然铀或轻水堆的乏燃料、U 等重金属的装量为 40 t 左右，以 2 000 MW 的平均功率可运行 50 a 左右，达到 90%以上燃耗深度。为了处理从核武器拆卸下来的核材料，也可以装入 7 t 武器级 Pu 或者 U，经过 7 a 左右的燃耗，达到 90%以上的燃耗深度。包层内也可以用 Th，实现 Th－U 循环。

在连续的聚变中子源的驱动下，理论上系统燃耗可达 100%，当然在极深燃耗下，固体燃料的构型应作特殊的改进。由于易裂变材料浓度先升后降，包层能量放大倍数及包层功率波动较大。为了保持功率输出水平恒定，可以调节 ^{6}Li 和 ^{7}Li 的相对含量。当易裂变材料的浓度较高时，可增加 ^{6}Li 含量，提高中子造氚率，从而降低功率水平；反之亦然。前期积累的氚可用于弥补后期氚的不足，保证整个寿期内氚自持。在寿期的末端，裂变燃料消耗殆尽，只剩部分裂变产物，此时主要目标不是放能而是嬗变裂变产物。

日本在 20 世纪 90 年代就开始了 IFE 的概念设计，并制定了长期的发展计划。用了 10 a 时间开展了 100 J/10 Hz 的 HALNA 项目的研究，目前正在进行 1 kJ/100 Hz 的 GENB 玄武计划。

在我国，20 世纪 70 年代于敏先生提出了“激光惯性约束聚变是一项非常复杂的大科学研究系统工程，涉及理论、实验、诊断、制靶和激光驱动器等 5 个方面的研究内容和彼此之间的协调发展”，开启了中国 ICF 研究的先河[22-23]。此后，面向 ICF 研究的激光驱动器技术迅速发展，以中物院星光系列装置为代表，形成了我国高功率固体激光技术基本能力。20 世纪 90 年代初，我国制定了以实现聚变点火为阶段目标的 ICF 发展战略与总体规划，明确提出“三个台阶三步走”的发展路径，使我国 ICF 研究从基础研究进入具有明确物理目标的新的发展阶段。2007 年，中物院激光聚变研究中心建成“神光－Ⅲ”原型装置，使我国全面掌握第二代高功率固体激光技术，并具备万焦耳级 3 倍频物理实验能力。2015 年，中物院激光聚变研究中心完成具有 48 路激光的“神光－Ⅱ”主机装置建设，重点解决了更大规模激光驱动器建设的工程化、规模化问题，使我国具备十万焦耳级 3 倍频打靶的 ICF 研究平台，推动我国 ICF 研究进入新的阶段。其中，以“神光－Ⅲ”主机装置为代表的第二台阶，标志着我国在大型 ICF 激光驱动器总体设计、总体集成、运行维护、大口径光学元件加工与检测、洁净控制与精密装校、关键单元器件等方面实现了体系化发展，并趋于成熟。“神光－Ⅱ”主机装置是我国有史以来最大的光学工程，其规模是继美国国家点火装置、法国兆焦耳激光装置之后第三大激光驱动器，目前的输出能力仅次于美国国家点火装置排名世界第二。2015 年，“神光－Ⅲ”主机装置的建成使我国高能量密度物理实验研究的国家能力由 20 世纪 90 年代的“望尘莫及”到过去十年的“望其项背”并最终实现当前的“并驾齐驱”，标志着我国高功率固体激光技术进入全新的历史阶段，使我国迎来了激光聚变事业发展新的历史时期，使世界 ICF 研究形成美、中、欧三足鼎立之势，成为显示我国综合国力和核心竞争力的重要标志之一。

8.5 小 结

核聚变能被视为是人类可持续发展最理想的未来能源，受控核聚变研究的最终目标是实现聚变能的商业化应用。目前世界最大的核聚变大科学工程计划“国际热核聚变实验堆（ITER）”正在持续推进中。在通向聚变能商业化的道路上，世界主要磁约束核聚变研究国家集中主要力量和科技成果保证合作建设 ITER 的研发需求，同时保持各国大型研究装置的运行，为未来研发商用示范聚变堆积累技术和人力资源。

核能对于实现能源可持续发展具有重要意义，但核能自身需解决好资源利用效率问题和实现闭合燃料循环以解决放射性废物处置的问题，最终的解决方案是受控核聚变，但在实现具有商业价值的纯聚变能之前，还有大量的理论和工程问题需要解决。发展聚变裂变混合堆技术，不仅有利于优化核能发展战略，同时也是实现聚变能提前商业应用的重要技术途径，是裂变能向聚变能发展的自然选择。

参考文献

[1] 励俭，王相綦，吴斌．核能物理与技术概论［M］．中国科学技术大学出版社，2012．

[2] 彭先觉，师学明．核能与聚变裂变混合能源堆［J］．物理，2010，39（6）：385-389．

[3] 冯开明．聚变实验增殖堆 FEB—E 放射性废物处置指标的计算［J］．核聚变与等离子体物理，2000（1）：12-20．

[4] 金鸣，蒋洁琼，刘松林，等．聚变裂变混合发电堆水冷包层热工水力学设计分析［J］．核科学与工程，2010，30（1）：77-82．

[5] 蒋洁琼，王明煌，陈忠，等．聚变裂变混合发电堆水冷包层中子学设计分析［J］．核科学与工程，2010，30（1）：70-76．

[6] 倪木一，宋勇，金鸣，等．多功能聚变裂变混合实验堆 FDS－MFX 氚系统设计与初步分析［C］．核能软件自主化研讨会会议，2011．

[7] Stacey W M，Rooijen W V，Bates T，et al．A TRU－Zr Metal－Fuel Sodium－Cooled Fast Subcritical Advanced Burner Reactor［J］．Nuclear Technology，2008，162（1）:

53-79.
[8] 王海. 世界首个托卡马克诞生地——俄罗斯的聚变研究之路 [J]. 科技情报开发与经济，2014，24（3）：157-160.
[9] 伍浩松，戴定. 俄开展聚变-裂变混合堆研究 [J]. 国外核新闻，2018（6）：17.
[10] 刘永康，马季敏，李润东，等. 聚变-裂变混合核能源的发展 [C]. 第二届全国核技术及应用研究学术研讨会大会论文摘要集，2009.
[11] 张明春，冯开明，栗再新，等. 聚变-裂变混合堆三种嬗变包层中子学方案初步分析 [J]. 核聚变与等离子体物理，2012，32（4）：344-350.
[12] 马续波，陈义学，王悦，等. 聚变裂变混合堆钍基增殖锕系元素嬗变包层中子学初步研究 [J]. 原子能科学技术，2010，44（1）：54-59.
[13] 杨超，曹良志，吴宏春，等. 聚变驱动的次临界系统嬗变 MA 的研究 [J]. 原子能科学技术，2013，47（S1）：250-254.
[14] 彭先觉. Z 箍缩驱动聚变裂变混合堆——一条有竞争力的能源技术途径 [J]. 西南科技大学学报，2010，25（4）：1-4.
[15] 李正宏，黄洪文，王真，等. Z 箍缩驱动聚变-裂变混合堆总体概念研究进展[J]. 强激光与粒子束，2014，26（10）：100202.
[16] 喻章程. 聚变—裂变混合能源堆非能动安全系统的应用及安全分析 [D]. 清华大学，2013.
[17] 高翔，万元熙，丁宁，等. 可控核聚变科学技术前沿问题和进展 [J]. 中国工程科学，2018，20（3）：25-31.
[18] 彭先觉，王真. Z 箍缩驱动聚变-裂变混合能源堆总体概念研究 [J]. 强激光与粒子束，2014，26（9）：7-12.
[19] 杨俊云，刘成安. In-Zinerater 液态包层输运燃耗数值模拟 [J]. 原子核物理评论，2014，31（2）：248-252.
[20] Smith J D，Rochau G E，Martin W J，et al. The role of Z-pinch fusion transmutation of waste in the nuclear fuel cycle. [R]. Office of Scientific & Technical Information Technical Reports，2007.
[21] 刘成安，师学明. 美国激光惯性约束聚变能源研究综述. 原子核物理评论，2013，30（1）：89-93.
[22] 江少恩，丁永坤，缪文勇，等. 我国激光惯性约束聚变实验研究进展 [J]. 中国科学，2009，39（11）：1571.
[23] 邓学伟. 神光-Ⅲ” 主机装置研制及其性能 [C]. 2017 年版中国工程物理研究院科技年报，2017.